Solarturmreceiver für überkritische Dampfprozesse und ihre technische und ökonomische Bewertung

Csaba Singer

Solarturmreceiver für überkritische Dampfprozesse und ihre technische und ökonomische Bewertung

 Springer Vieweg

Csaba Singer
Stuttgart, Deutschland

D 93

Zugl.: Dissertation Universität Stuttgart

ISBN 978-3-658-02210-5   ISBN 978-3-658-02211-2 (eBook)
DOI 10.1007/978-3-658-02211-2

Die Deutsche Nationalbibliothek verzeichnet diese Publikation in der Deutschen Natio-
nalbibliografie; detaillierte bibliografische Daten sind im Internet über http://dnb.d-nb.de
abrufbar.

Springer Vieweg
© Springer Fachmedien Wiesbaden 2013

Springer Vieweg ist eine Marke von Springer DE. Springer DE ist Teil der Fachverlagsgruppe
Springer Science+Business Media.
www.springer-vieweg.de

Vorwort

Das vorliegende Werk entstand in den Jahren 2007 bis 2012 am Deutschen Zentrum für Luft- und Raumfahrt in Stuttgart bei der Abteilung Solarforschung des Instituts für Technische Thermodynamik. Diese Abteilung erhielt im Jahr 2011 ihr eigenes Institut, in welchem verstärkt die schnelle Entwicklung von solarthermischen Innovationen bis zur Marktreife stattfinden soll. Diese Aussichten sowie das Bedürfnis, meine Energie und Kreativität für eine nachhaltige Zukunft einzusetzen, beflügelten und motivierten mich bis zur Fertigstellung.

Außerordentlich dankbar bin ich Herrn Prof. Dr. Dr.-Ing. habil. Hans Müller-Steinhagen für die Übernahme des Hauptberichts. Stets offen für neue Ideen und mit fachlichem Weitblick für den Weg zur Verwirklichung dieser Ideen, ebnete er diesen Weg wirkungsvoll mit motivierenden, unterstützenden und konstruktiven Worten. Gleichzeitig gilt mein ganz besonderer Dank Herrn Dr.-Ing. Jens von Wolfersdorf für die Übernahme des Mitberichts, aber auch für seine wohlwollende und wertvolle Unterstützung, seitdem ich ihn kenne. Weiterhin sei Herrn Prof. Dr.-Ing. Alfred Voß als Vorsitzendem des Prüfungsausschusses für die durch ihn mitbewirkte angenehme Prüfungsatmosphäre gedankt.

Herrn Dr.-Ing. Reiner Buck, der über die Jahre hinweg die Entstehung dieser Forschungsarbeit betreute und dessen Tür jederzeit für jegliche Belange offen stand, danke ich aufrichtig von ganzem Herzen. An dieser Stelle möchte ich es nicht versäumen, meinen treuen Dank an Herrn Prof. Dr.-Ing. Robert Pitz-Paal für seine wertvollen fachlichen Ratschläge kundzutun.

Für ihre vielfältigen Beiträge möchte ich insbesondere den Herren Dipl.-Ing. (FH) Ralf Uhlig, Dipl.-Ing. Juan Felipe Vasquez Arango, Dipl.-Ing. Fabian Feldhoff und Dr.-Ing. Edgar Teufel danken. Des Weiteren danke ich Herrn Markus Schilder und Herrn Dipl.-Ing. Lars Amsbeck für die Behebung diverser IT-Probleme, Herrn Dr.-Ing. Thomas Bauer für die „lange Leine" im Salzlabor sowie Frau Gabriele Taube und Herrn Andreas Krause für den technischen Support bei der spektroskopischen Vermessung von den bis zu 800°C heißen Salzschmelzen.

Mit Worten unbeschreiblich ist meine Dankbarkeit gegenüber meinem Vater.

Baden-Baden   Csaba Singer

Für meinen Sohn Felix

„Man kann nicht in die Zukunft schauen,
aber man kann den Grund für etwas Zukünftiges legen
- denn Zukunft kann man bauen"

Antoine de Saint-Exupéry

INHALTSVERZEICHNIS

Nomenklatur

Symbol	Bezeichnung	Einheit
A	Fläche	m^2
A_V	spezifische Oberfläche	m^2/m^3
C_{Annu}	Annuitätenfaktor	–
D	Durchmesser	m
$D_{1,2}$	Diffusionskoeffizient	m^2/s
E, E_{Netto}	Energie, in das Stromnetz eingespeiste elektrische Nettoenergie	J, kWh
$\dot{E}$	Energiefluss	W
F	Kraft	N
G_λ	spektrale Bestrahlungsstärke	W/m^2
H	Höhe	m
I_λ	spektrale Strahlungsflussdichte	W/m^2
J	Trägheitsmoment	$kg\,m^2$
K_{Inv}, $K_{B\&W}$	Investitionskosten, Betriebs- und Wartungskosten	€
L	charakteristische Länge	m
L_1, L_2, L_3	Cavity Durchmesser, Cavity Tiefe/Länge, Apertur Durchmesser	m
$LCOE$	Stromgestehungskosten	€$/kWh$
M	molare Masse	kg/mol
$M_{\lambda,S}(\lambda,T)$	spektrale spezifische Ausstrahlung des schwarzen Körpers	$W/(m^2 \cdot m)$
P	Leistung	W
Q, $\dot{Q}$	Wärme, Wärmestrom	J, W
R_{HF}	Feldauslastung	–
RG	Referenzgrößen bei der Kostendegression	–
RV	Rotationsverhältnis zur kritischen Winkelgeschwindigkeit	–
SF	Skalierfaktor für die Kostendegression	–
SKK	spezifischen Komponentenkosten	–
T, T^*	Temperatur, reduzierte Temperatur	K, –
TDR	Massenstromverhältnis bezogen auf den Auslegungszeitpunkt	–
TLF_{PB}	Teillastfaktor des Kraftwerksblocks	–
V	Volumen	m^3
W	Flüssigfilmbreite bzw. benetzter Umfang	m
X	Beladung	–
X_U	Umfangsposition des Modulrandes	m

Kleine lateinische Symbole:

Symbol	Bezeichnung	Einheit
a	Viskositätskoeffizient	m^{-2}
a_z	Zentrifugalbeschleunigung	m/s^2
az	Azimutwinkel der Sonne	$\circ$
b	Inertialkoeffizient	m^{-1}
c_p	spezifische Wärmekapazität	$J/(kg\ K)$
c_w	Luftwiderstandsbeiwert	–
d	Rohrdurchmesser	m
f	normierte Einstrahlung, $\dot{Q}_{sol}/\dot{Q}_{sol,DP}$	–
h	Wärmeübergangskoeffizient	$W/(m^2 K)$
hw	Höhenwinkel der Sonne	$\circ$
i_V	jährliche Versicherungsrate	–
i_Z	Zinssatz	–
k_a	Wärmedurchlasskoeffizient	$W/(m^2 K)$
k_r	Rauheit	m
$\dot{m}, \dot{m}_A$	Massenstrom, Massenstromdichte	$kg/s, kg/(s\,m^2)$
$\dot{m}_D$	Diffusionsmassenstrom	kg/s
n	Betriebsdauer	$Jahre$
n_P	Rohranzahl eines Rohrreceivermoduls	–
n_1	Brechungsindex auf der Seite des einfallenden Strahls	$\circ$
n_2	Brechungsindex auf der Seite des ausfallenden Strahls	$\circ$
p, p_D	Druck, Dampfdruck	Pa
$par_{T\&P}$	flächenspezifische elektrische Verluste des Heliostatenfeldes	W/m^2
par_{PB}	parasitärer Anteil der erzeugten Elektrizität	–
Δp	Druckverlust	Pa
$\dot{q}$	flächenspezifischer Wärmestrom	W/m^2
$\dot{q}'''$	volumenspezifischer Wärmestrom	W/m^3
r	Radius des zylindrischen Koordinatensystems	m
t	Zeit	s
$x_U, \Delta x_U$	Umfangskoordinate des Receivers, Umfangslänge des Moduls	m
u	Geschwindigkeit	m/s
z	z-Koordinate des zylindrischen Koordinatensystems	m

Griechische Symbole:

Symbol	Bezeichnung	Einheit
α	Neigungswinkel der oberen Absorberwand zur Horizontalen	°
α	Absorptivität	–
α_λ	spektrales Absorptionsmaß des Wärmeträgermediums	m^{-1}
α_{por}	Absorptionsmaß der porösen Absorberstruktur	m^{-1}
β	Neigungswinkel der seitlichen Absorberwand zur Vertikalen	°
β_D	Stoffübergangskoeffizient	m/s
δ_F	Filmdicke	m
ε	Emissionsgrad	–
ϕ_1, ϕ_2	Einfallswinkel und Brechungswinkel gemessen zum Lot	°
Φ	Neigung der Aperturebene zur Vertikalen	°
φ	Winkelkoordinate des zylindrischen Koordinatensystems	°
η	dynamische Viskosität	$kg/(m\ s)$
η	Wirkungsgrad	–
λ	Wellenlänge	m
λ_c	Wärmeleitfähigkeit	$W/(m\ K)$
ν	kinematische Viskosität	m^2/s
θ	Neigungswinkel zur Horizontalen	°
θ_O	Kontaktwinkel	°
ρ	Dichte	kg/m^3
ρ	Reflexionsgrad	–
$\sigma_{1,2}$	Lennard-Jones-Stoßdurchmesser	m
σ_o	Oberflächenspannung	N/m
$\tau_{i,j}$	Spannungstensor	–
ω	Winkelgeschwindigkeit	$°/s$
ζ	Widerstandsbeiwert	–
Ψ_V	volumenbezogene Porosität	–
$\Omega_{1,2}^{\ *}$	reduziertes Stoßintegral	–
ξ_1	Konstante für das Polynom der Einstrahlung	W/m^6
ξ_2	Konstante für das Polynom der Einstrahlung	W/m^5
ξ_3	Konstante für das Polynom der Einstrahlung	W/m^4
ξ_4	Konstante für das Polynom der Einstrahlung	W/m^3

Indizes:

Symbol	Bezeichnung
ab	Abgeführt
abs	Absorbiert
abw	Abwärts
A	Basisgröße der Skalierung
Ap	Apertur
at	Verlustmechanismus durch atmosphärische Auslöschung
aufw	Aufwärts
Aus	am Auslass des Receivers
AW, AWO, AWS	Absorberwand, obere Absorberwand, seitliche Absorberwand
bl	Verlustmechanismus durch blockierter Strahlen
B	Zielgröße der Skalierung
cl	Verlustmechanismus durch die Verschmutzung der Spiegel
cos	Verlustmechanismus durch die Flächenprojektion (Kosinusverluste)
diff	Diffus
DNI	solarer Direktstrahlungsanteil
DP	zum Auslegungszeitpunkt
DR	Austrag durch Tropfen
eff	Effektivwert
Ein	am Einlass des Receivers
ek	erzwungene Konvektion
el	Elektrisch
em	Emittiert
F	Flüssigfilm
fk	freie Konvektion
HF	Heliostatenfeld
HT	Wärmetransport
i	Innenseite
ic	Verlustmechanismus durch den Receiver verfehlende Strahlen
in	in das System hinein
ist	Ist-Zustand
j	Laufindex der Modulnummerierung
k	Laufindex der Iterationsschritte
K	Konzentration
kin	Kinetisch
krit	kritischer Wert
l	Flüssigkeit
L	Luft

Weitere Indizes:

Symbol	Bezeichnung
lam	Laminar
loss	zum Verlust beitragend
m, max, min	Mittelwert, Maximalwert, Minimalwert
nutz	Nutzbar
o	Außenseite
out	aus dem System heraus
P	Rohrreceivermodul (engl. Panel)
PB	Power Block
par	Verlustmechanismus durch parasitären Energieaufwand
por	poröses Medium
PU	Pumpe
pyr	Pyromark-Beschichtung
R	Receiver
rad	thermische Strahlung
refl	reflektierte Strahlung
RW	Rohrwand
s	Feststoff
sh	Verlustmechanismus durch Abschattung der Spiegelfläche
sol	Solar
soll	Soll-Zustand
sp	Verlustmechanismus durch Oberflächenfehler der Spiegel
ST	thermisches Speichersystem
th	Thermisch
TK	Thermokapillareffekt
total	Gesamt
tr	Transmittiert
turb	Turbulent
W	Luftwiderstand
WTM	Wärmeträgermedium
zu	Zugeführt
∞	Umgebung

Hochgestellte Zeichen:

Symbol	Bezeichnung
P	Planck'sches Strahlungsgesetz
W	Wien'sche Näherung
—	Gemittelt

Naturkonstanten:

Symbol	Bezeichnung	Wert	Einheit
c	Lichtgeschwindigkeit	$2.9979 \cdot 10^{8}$	m/s
g	Erdbeschleunigung	9.8067	m/s^{2}
h	Planck'sches Wirkungsquantum	$6.6261 \cdot 10^{-34}$	$J\,s$
k	Boltzmann-Konstante	$1.3807 \cdot 10^{-23}$	J/K
N_A	Avogadro'sche Zahl	$6.022 \cdot 10^{23}$	mol^{-1}
$\mathfrak{R}$	ideale Gaskonstante	8.31451	$J/(mol\ K)$
σ	Stefan-Boltzmann-Konstante	$5.67 \cdot 10^{-8}$	$W/(m^{2}K^{4})$

Dimensionslose Kennzahlen:

Bezeichnung	Zusammenhang
Froude-Zahl	$Fr = \dfrac{u}{\sqrt{g \cdot L}}$
Grashof-Zahl	$Gr_L = \dfrac{\lvert T_\infty - T \rvert}{T_\infty} \cdot \dfrac{g \cdot L^{3}}{v^{2}}$ für ideale Gase
Kapitsa-Zahl	$Ka = \dfrac{\sigma_o^{\,3}}{g \cdot \rho^{3} \cdot v^{4}}$
Lewis-Zahl	$Le = \dfrac{Sc}{Pr}$
Nusselt-Zahl	$Nu_L = \dfrac{h \cdot L}{\lambda_c}$
Prandtl-Zahl	$Pr = \dfrac{\eta \cdot c_p}{\lambda_c}$
Rayleigh-Zahl	$Ra_L = Gr_L \cdot Pr$
Reynolds-Zahl	$Re_L = \dfrac{u \cdot L}{v}$
Film-Reynolds-Zahl	$Re_N = \dfrac{u \cdot \delta_F}{v} = \dfrac{\dot{m}}{W \cdot \eta}$ nach Nusselt, alternativ $Re_F = 4 \cdot Re_N$
Schmidt-Zahl	$Sc = \dfrac{v}{D_{1,2}}$
Sherwood-Zahl	$Sh_L = \dfrac{\beta_D \cdot L}{D_{1,2}}$
Weber-Zahl	$We = \dfrac{\rho_L \cdot (u_L - u_{WTM})^{2} \cdot \delta_F}{\sigma_o}$

Abkürzungen:

Symbol	Bezeichnung
AV	Additional Variable (Benutzerdefinierte Variable in CFX)
BDS	Beam Down System (Turmreflektorsystem)
B & S	Blocking and Shading (blockierte Strahlen und Schattenwurf)
B & W	Betrieb und Wartung
CEL	CFX Expression Language (Benutzerdefinierte Programmiersprache in CFX)
CL	Coefficient-Loop (CFX-Systemiteration)
CPC	Compound Parabolic Concentrator (Sekundärkonzentrator)
CSP	Concentrating Solar Power (konzentrierende Solarthermie)
DAR	Direct Absorption Receiver (direkt absorbierender Receiver)
DLR	Deutsches Zentrum für Luft- und Raumfahrt e.V.
DP	Design Point (Auslegungszeitpunkt)
DNI	Direct Normal Irradiation (solarer Direktstrahlungsanteil)
DTM	Diskrete Transfer Methode
ECOSTAR	European Concentrated Solar Thermal Roadmap
HT	Hochtemperatur
IDAR	Internal Direct Absorption Receiver (innen liegende Direktabsorption)
LCOE	Levelised Costs of Electricity (Stromgestehungskosten)
LIT	Liquid In Tube (Rohrreceiver mit Flüssigmedium)
MC	Monte-Carlo Methode
SC	Super Critical (überkritischer Dampfprozess)
SIT	Salt In Tube (Rohrreceiver mit Salzschmelze)
SKK	Spezifische Komponentenkosten
SUB	Subcritical (subkritischer Dampfprozess)
SV	Solarvielfaches
TDR	Turn Down Ratio (Massenstromverhältnis)
USC	Ultra Super Critical (überkritischer Dampfprozess - 700°C)
WTM	Wärmeträgermedium

Kurzfassung

In der kommerziellen Kraftwerkstechnik befinden sich überkritische Dampfprozesse aufgrund ihrer Potenziale die Stromgestehungskosten und den spezifischen Brennstoffbedarf gegenüber herkömmlichen Dampfprozessen zu reduzieren in der Phase der Markteinführung und Weiterentwicklung. In dieser Arbeit werden die Potenziale bei der Interaktion mit solarthermischen Turmkraftwerken untersucht. Das Ziel ist die Steigerung des Receiverwirkungsgrades und das Aufzeigen und Bewerten kritischer Aspekte von innovativen Receivertechnologien. Zunächst erfolgt eine Konzeptstudie, die dazu dient, den Stand der Technik der Solarturmkraftwerke mit ausgewählten Receiveroptionen für die Erhöhung der Dampfprozesstemperaturen zu vergleichen. Die Konzeptstudie zeigt, dass die Direktabsorption auf der inneren Mantelfläche des Receivers mit nach unten geöffneter Apertur und Flüssigfilmkühlung die höchsten Potenziale zwischen den verglichenen Optionen aufweist. Daraufhin erfolgt die detaillierte strömungsmechanische und thermodynamische Modellbildung dieses Receiverkonzepts im Maßstab 1:1, mit welcher die offenen Receiverparameter hinsichtlich der Machbarkeit und der Funktionalität analysiert werden. Es werden verschiedene Betriebsführungsstrategien beleuchtet und bewertet, die am Ende dieser Arbeit zum Vorschlag eines kostenoptimierten Leitkonzeptes führen. Dieses weist ein rotierendes Receiversystem mit geneigten Absorberflächen auf. Es wird gezeigt, dass durch die räumliche Anordnung der Absorberwände die thermischen Verluste des Receivers minimiert, während durch die auf den Flüssigfilm wirkenden Fliehkräfte die Einhaltung der gestellten Betriebsanforderungen bei reduziertem Kostenaufwand erreicht werden. Die Modellergebnisse zeigen eine gute Übereinstimmung mit Vergleichsmodellen und experimentellen Daten aus der Literatur. Die getroffenen Kostenannahmen sind bezüglich der ermittelten Senkung der Stromgestehungskosten mit Sensitivitätsanalysen relativiert.

Stichworte:

Solarturm-Kraftwerke, überkritische Dampfprozesse, Hochtemperatur, Receiver, Direktabsorption, Wärmeträgermedium, Flüssigfilmkühlung, CFD, Jahresanalyse, Kostenreduktion

Abstract

In the conventional power plant technology, supercritical steam power plants are in the phase of market introduction and further development, due to their potential to reduce the levelised cost of electricity at reduced specific fuel demand. In the present thesis, the potential combination of supercritical steam power plants with solar towers is analysed, to reduce the consumption of fossil fuels. The immediate objective is to enhance the receiver efficiency and to identify and assess critical aspects of novel receiver technologies. At first a concept study is carried out, which compares the ability of selected receiver options to increase the steam cycle temperature. The concept study shows that the direct absorption receiver with downwards oriented aperture, whose absorber structure at the internal lateral area is cooled by a molten salt film, has the highest potential of the compared options. Subsequently, a detailed fluid mechanic and thermodynamic receiver model of this receiver concept is developed for full-scale receiver geometries. The model is used to analyse the open parameters concerning the feasibility and functionality of the concept. Hence, different system management strategies are examined and assessed, which lead to the proposal of a cost optimized lead-concept at the end of this work. This concept involves a rotating receiver system with inclined absorber walls. The spatial arrangements of the absorber walls minimize thermal losses of the receiver, while the centrifugal forces acting on the liquid salt film are essential to realise the required system criteria at reduced cost. The results of the model developed in this thesis are in good agreement with benchmark models and experimental data reported in the literature. Assumptions for the assessment of potential reductions of levelised electricity cost are quantified with sensitivity analysis.

Key words:

Solar Tower Plant, Supercritical Steam Cycle, High Temperature, Receiver, Direct Absorption, Heat Transfer Medium, Liquid Film Cooling, CFD, Annual Performance, Cost Reduction

1 Einleitung und Aufgabenstellung

Sowohl aus dem Bestreben eine nachhaltige und umweltschonende Energieversorgung zu erschaffen, als auch aus dem Blickwinkel der Wirtschaftlichkeit, besteht derzeit reges Interesse die primären Güter, wie aufbereitetes Trinkwasser, Strom und speicherbare Wärme bzw. chemische Verbindungen mit hoher Energiedichte mit Hilfe regenerativer Energieträger bereitzustellen. Dies begründet sich zum einen durch den exponentiellen Zuwachs der Weltbevölkerung und den dadurch steigenden Energiebedarf und zum anderen durch die zunehmende Knappheit der fossilen Energiequellen und die daraus resultierenden steigenden Kosten der fossilen Energieträger. Neuesten Prognosen des Weltbevölkerungswachstums zufolge werden im Jahre 2050 zwischen 8 bis 10.5 Milliarden Menschen die Erde bewohnen [1], während bis 2050 die Energienachfrage verglichen zu 2010 bei einem vorhergesagtem jährlichen Anstieg der weltweiten Energienachfrage von 1.4 % [2] um 74 % anwachsen wird. Im Referenzszenario (business-as-usual) bedeutet dies bei einem Anstieg des Ölpreises von etwa 55 US\$/Barrel im Jahr 2009 auf 133 US\$/Barrel im Jahr 2035, einen jährlichen Anstieg um 3.4 % und somit Ölpreise von 217 US\$/Barrel in 2050. Ein Argument um den Prognosen des Referenzszenarios entgegen zu wirken, besteht in der wachsenden gesellschaftlichen Unsicherheit hinsichtlich der kontrovers diskutierten Problematik des Klimawandels durch den übermäßigen CO2-Ausstoß führender Industrienationen. Die gesellschaftliche Unsicherheit gegenüber den Möglichkeiten radioaktive Energieträger ohne verseuchende Rückstände für die kernenergetische Versorgung nutzen zu können, sind noch ausgeprägter. Aufgrund dieser Aspekte ist der Ausbau eines regenerativen Energieparks erstrebenswert, um dem steigenden Energiebedarf nachhaltig umweltschonend, preiswert und rentabel nachkommen zu können. Ein Energiemix aus Geothermie, Gezeitenenergie, Windenergie, Wellenenergie, Meeresströmung, biomechanischer Energie, Laufwasserenergie und solarer Strahlung kann trotz zeitlicher Unregelmäßigkeiten zur flächendeckenden Versorgungssicherheit beitragen.

Die auf der Erde vielfältig nutzbaren regenerativen Energiequellen resultieren aus den primären Energiequellen. Während die geothermische Energie aus dem Isotopenzerfall im Erdinneren, und die Gezeitenenergie aus der Planetenbewegung hervorgehen, gehen alle weiteren nutzbaren Energiequellen aus der Sonnenstrahlung hervor. Deshalb stellt die nutzbare Solarstrahlung den größten Anteil der nutzbaren regenerativen Energiequellen und damit das größte Potenzial zur Umwandlung in andere Energieformen dar [3]. Mit Hilfe der Solarstrahlung ist es möglich alle genannten primären Güter bereitzustellen. So besteht die Möglichkeit zur solaren Meerwasserentsalzung [4], zur Speicherung der Solarstrahlung in Form von umgewandelter Wärme nach der Absorption [5, 6], die Stromerzeugung mittels photovoltaischer Anlagen oder thermodynamischen Kreisprozessen [7] und die Produktion von speicherbaren chemischen Verbindungen mit hohem Energiegehalt [8]. Dabei kann die Solarthermie eine übergeordnete Rolle spielen, welche durch die Konzentration der Solarstrahlung mittels Reflexion an Spiegelsystemen und durch die Absorption an geeigneten Absorberflächen in Wärme umgewandelt werden kann, die in eine Vielzahl von kommerziellen Industrieanlagen einkoppelbar ist. Auf diesem Wege vermag die Solarthermie einen großen Beitrag zum Ziel der Bundesregierung zu leisten, den Beitrag der erneuerbaren Energien an der gesamten Energieversorgung auf rund 50 % zu steigern [9]. Dies spiegelt sich unter anderem in der im Jahr 2009 gegründeten DESERTEC Initiative der europäischen Energieversorgungsindustrie wider [10].

Um die Strahlungsenergie der Sonne in elektrischen Strom umzuwandeln existieren zwei auf-
strebende Technologien, die solarthermische Stromerzeugung und die am Markt etablierte pho-
tovoltaische Stromerzeugung. Die frühere Markteinführung der Photovoltaik ist nicht durch ein
höheres Potenzial zur Reduktion der Stromgestehungskosten gegenüber der Solarthermie gegeben. Die frühere Etablierung ist eher mit der frühen Entdeckung des photoelektrischen Effekts
(1839 / A. E. Becquerel) und früheren geschichtlichen Entwicklung der Technologie
(1958 / erster Satellit mit Solarzellen), deren dezentralen Funktionsweise und dadurch bedingten verteilten Kostenstruktur, sowie durch politisch bewirkte Einspeisevergütungen, welche die
Photovoltaik auch für Kleininvestoren attraktiv macht, zu begründen. Die solarthermische
Stromerzeugung unterscheidet sich von der photovoltaischen Stromerzeugung darin, dass unterschiedliche physikalischer Effekte zur Erzeugung eines Spannungsgefälles genutzt werden.

Bei der Photovoltaik geschieht dies auf direktem Wege unter Nutzung des inneren Photoeffekts.
Dabei werden die Valenzelektronen eines Halbleiters durch auftreffende Photonen in ihrem
Energieniveau angehoben und aus ihrem Valenzband gelöst. Das Prinzip macht sich die Elekt-
ronen-Loch-Paare in Halbleitern mit unterschiedlich dotierten, hintereinander liegenden Halb-
leiterschichten zu Nutze, wodurch ein Spannungsgefälle aufgebaut wird. Der erzeugte elektrische Strom kann in einem Akkumulator zwischengespeichert, oder mit Hilfe eines netzgeführ-
ten Wechselrichters in das Stromnetz eingespeist werden. Die Stromerzeugung mit photovoltaischen Anlagen unterscheidet sich daher wesentlich von der herkömmlichen Stromerzeugung
mit Wärmekraftmaschinen.

Die solarthermische Stromerzeugung basiert hingegen auf der herkömmlichen Stromerzeugung,
die sich den technologischen Fortschritt der heutigen Kraftwerksprozesse zu Nutze machen
kann. Der Unterschied zu herkömmlichen Kraftwerken liegt darin, dass die fossil befeuerte
Wärmequelle gegen eine Wärmequelle auf der Basis konzentrierter Solarstrahlung ausgetauscht
wird. Die Konzentration erfolgt auf optischem Wege, indem die Solarstrahlung an konkav gekrümmten Reflektoren umgelenkt wird. Die konzentrierte Solarstrahlung wird von einem Strahlungsempfänger absorbiert. Durch Absorption der konzentrierten Solarstrahlung in einem Receiver erhöht sich dessen Temperatur. Dabei wird die Wärme an ein geeignetes Wärmeträgermedium übertragen. Das Wärmeträgermedium kann wiederum als Wärmespeicher verwendet werden, oder die Wärme nach dem Transport an ein zusätzliches Wärmespeichermedium
abgeben. Die gespeicherte Wärme wird für das Antreiben eines thermodynamischen Kreisprozesses zur Stromerzeugung genutzt. Wesentliche konzeptionelle Unterscheidungen der solarthermischen Kraftwerke liegen in der Art der Konzentration, sowie der Auswahl der Receivertechnologie, des Wärmeträgermediums, der Speichertechnologie, des Speichermediums und des
angetriebenen Kreisprozesses.

Bei der Art der Konzentration unterscheidet man zwischen linien- und punktfokusierenden
Konzentratorsystemen. Es hat sich in vorangegangenen theoretischen Potenzialbewertungen
gezeigt, dass in großtechnischem Maßstab die Solarturmtechnologie sowohl linienfokusierenden Konzepten, als auch Dish-Stirling-Systemen, hinsichtlich ihrer Potenziale zur Kostenreduktion überlegen ist. Dennoch sind die Stromgestehungskosten von Solarturmkraftwerken
(15-17 €cent/kWh$_{el}$) im Vergleich zur Stromerzeugung auf fossiler Basis (3-5 €cent/kWh$_{el}$) zu
hoch, um mit ihnen ohne eine politisch unterstützte Subventionen kurzfristig konkurrieren zu können. Daraus leitet sich die Notwendigkeit ab, das Potenzial zur Senkung der Stromgestehungskosten von Innovationen im Bereich der Solarturmtechnologie zu bewerten [11-13].

Solarturmanlagen mit subkritischen Dampfprozessparametern befinden sich derzeit in der Markteinführung. Die im Juni 2011 in Betrieb genommene Gemasolar-Anlage ist in Abbildung 1 zu sehen. Der bislang noch nicht untersuchte Ansatz dieser Arbeit zur Senkung der Stromgestehungskosten für Solarturmkraftwerke mit Dampfprozessen leitet sich dabei aus gegebenen Innovationen in der fossilen Kraftwerkstechnik ab, die mit überkritischen Dampfprozessen (SC, USC) signifikant höhere thermische Wirkungsgrade des Clausius-Rankine-Prozesses realisieren lassen [15, 16].

Abbildung 1 Das kommerzielle Solarturmkraftwerk Gemasolar nahe Sevilla [14]

Die Aufgabenstellung der vorliegenden Arbeit ist es daher Möglichkeiten von zukunftsträchtigen Receiverkonzepten zu benennen, welche die Option bieten moderne überkritische Dampfprozesse mit Hochtemperaturwärme zu versorgen, diese miteinander zu vergleichen und hinsichtlich ihrer Potenziale zur Senkung der Stromgestehungskosten von Solarturmkraftwerken zu bewerten. Die untersuchten Receivertypen sind dabei Turmreceiver- bzw. Turmreflektorkonzepte mit indirekter oder direkter Absorption, jeweils mit unterschiedlichen Wärmeträgermedien. Der Kern dieser Arbeit besteht in der Detaillierung des aus der Bewertung resultierenden Leitkonzepts und der Untersuchung seiner Betriebsführung und Funktionalität, um für weitere Arbeiten Ansätze zu bieten, die Technologie des Leitkonzepts zu verwirklichen. Diesbezüglich wurden folgende Teilaufgaben abgeleitet und bearbeitet:

- Entwurf und thermodynamische Modellbildung neuartiger Receivertypen für erhöhte Auslasstemperaturen des Receivers, die Rohrreceiver, Turmreflektorkonzepte sowie direkt absorbierende Receivertypen mit unterschiedlichen Wärmeträgermedien beinhalten. Ferner die Bewertung des Potenzials zur Reduktion der Stromgestehungskosten der untersuchten innovativen Receiverkonzepte. (Kapitel 3)

- Detaillierte Modellbildung der Receivertechnologie mit dem höchsten aus der Konzeptbewertung hervorgegangenen Potenzial zur Kostenreduktion. Die Anforderung an das Berechnungsmodell besteht darin, verschiedene neuartige Betriebsstrategien und Betriebskriterien bei Voll- und Teillast im Maßstab 1:1 des Receivers analysieren und optimieren zu können. (Kapitel 4)

- Auslegung und Analyse eines Referenzsystems für mittelfristig realisierbare Solarturmkonzepte mit überkritischem Dampfprozess, welches auf der Receivertechnologie des Leitkonzepts basiert und unter den untersuchten Optionen die geringsten Stromgestehungskosten bietet. (Kapitel 5)

- Überprüfung der Berechnungsmodelle und der Modellannahmen unter Zuhilfenahme von verfügbaren Vergleichsmodellen und experimentellen Datensätzen aus der einschlägigen Literatur, sowie die Erfassung der noch nicht untersuchten grundlegenden Probleme, woraus Ansätze für weiterführende Arbeiten abgeleitet werden können. (Kapitel 8)

2 Stand des Wissens

2.1 Konzepte zur solarthermischen Stromerzeugung

Die Anfänge der solarthermischen Kraftwerke reichen bis in das Jahr 1906 zurück. Es handelte sich bei den ersten Testanlagen um linienfokusierende Systeme, die bereits eine große Ähnlichkeit mit den heutigen Parabolrinnen-Anlagen aufwiesen. Die großtechnische Verwirklichung scheiterte jedoch nach acht Jahren Forschung und Entwicklung aufgrund ungelöster technischer Probleme. Erst im Jahre 1978 wurden die Entwicklungsarbeiten in Folge der Ölkrisen wieder aufgenommen. Seither erlebt die solarthermische Energiewandlung eine stetig wachsende konzeptionelle Vielfalt [17], welche in Abbildung 2 wiedergegeben ist. Aus der Variation der in Abbildung 2 dargestellten bekanntesten Komponentenkonzepte ergibt sich bereits eine große Bandbreite an Möglichkeiten, wie die Sonneneinstrahlung mittels Solarthermie in elektrischen Strom umgewandelt werden kann.

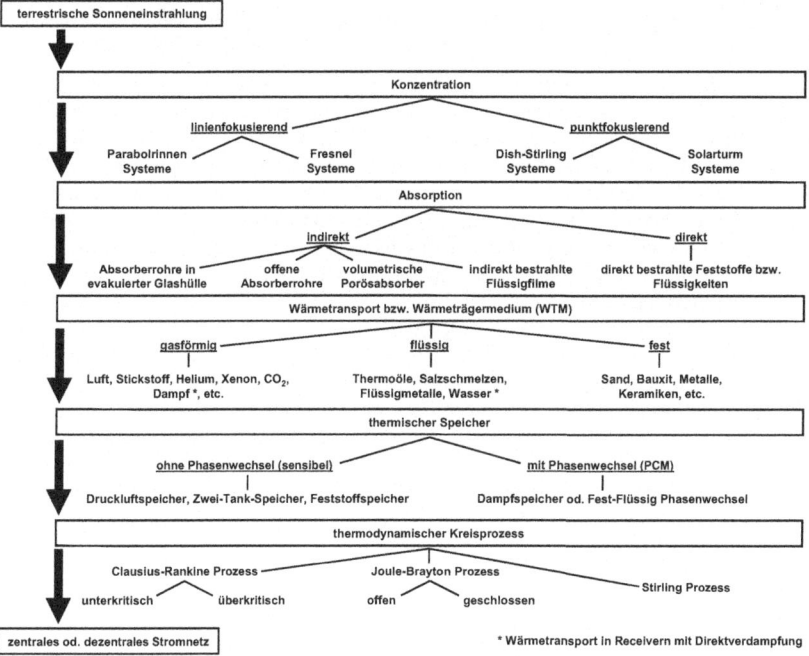

Abbildung 2   Konzeptüberblick der solarthermischen Stromerzeugung

Um diese für die Untersuchung hinsichtlich des Potenzials zur Kostenreduktion einzuengen, werden in diesem Kapitel zunächst die zwei Hauptgruppen der Konzentration kurz erläutert. Darauf folgend werden die vorangegangenen Potenzialbewertungen bezüglich linienfokusierender und punktfokusierender Systeme zusammengefasst, da sich bereits aus deren Ergebnissen die voraussichtliche zukünftige Relevanz der Solarturmkraftwerke ableiten lässt. Im Anschluss werden die Komponenten von Solarturmkonzepten, speziell die unterschiedlichen Receiverkonzepte, sowie der Stand der Umsetzung, näher beschrieben.

2.1.1 Linienfokusierende Systeme

Zu den linienfokusierenden Systemen gehören Parabolrinnen- oder auch Fresnel-Kollektoren. Parabolrinnen sind einachsig der Sonne nachgeführte konzentrierende Solarkollektoren. Ihre Einsatzgebiete sind größere Solarsysteme, deren Betriebstemperaturen im Bereich von 80°C bis 400°C

Abbildung 3   Parabolrinnen-Kollektor (links), Fresnel-Kollektor (rechts)

liegen. Ihr Reflektor folgt der Form eines parabolischen Zylinders, der ideale Fokus ist eine gerade Linie, die Fokallinie. In der Position der Fokallinie befindet sich das sogenannte Absorberrohr, das die konzentrierte Strahlung absorbiert und bei Temperaturen bis zu derzeit 400°C an das hindurch strömende Wärmeträgermedium (WTM) überträgt. An der Oberfläche des Absorberrohres herrschen Strahlungsflussdichten bis etwa der 100-fachen Sonneneinstrahlung. Das WTM ist Wasser/Dampf, Thermo-Öl oder auch Salzschmelze. Um hohe Wirkungsgrade zu erreichen, wird zusätzlich zu einer selektiven Absorberrohr-Beschichtung, zur Isolation ein Vakuum zwischen dem inneren Absorberrohr und dem konzentrischen äußeren Glasrohr erzeugt. Der Reflektor muss mit ausreichender geometrischer Präzision und Widerstandsfähigkeit, gegen alle aufkommenden Windlasten, die einfallende Solarstrahlung effizient reflektieren. Eisenarmes Glas, einachsig gekrümmt und mit rückseitiger Verspiegelung, ist aufgrund der dauerhaft guten Reflektivität für das solare Spektrum und wegen bester Beständigkeit gegen Erosion geeignet. Fresnel-Kollektoren arbeiten ähnlich wie Parabolrinnen-Kollektoren, jedoch besteht der Reflektor nach dem Prinzip einer Fresnellinse aus mehreren zu ebener Erde angeordneten parallelen Spiegelstreifen. Die Spiegelstreifen werden ebenfalls einachsig nachgeführt. Ein zusätzlicher Sekundärspiegel hinter dem Absorberrohr lenkt die Strahlung auf die Brennlinie [18].

2.1.2 Punktfokusierende Systeme

Zu den punktfokusierenden Systemen gehören Dish-Stirling-Systeme und die hier näher untersuchten Solarturmkraftwerke. Die Dish-Stirling-Systeme sind Anlagen zur dezentralen solarthermischen Stromerzeugung, welche die direkte Sonnenstrahlung nutzen. Ihre elektrische Leistung liegt typischerweise zwischen 5 und 50 kW. Bei Dish-Stirling-Systemen bündelt eine rotationssymmetrisch parabolisch gekrümmte Konzentratorschale mit kurzer Brennweite die Solarstrahlung auf den nahe seinem Brennpunkt angeordneten Receiver mit der Stirlingeinheit. Konzentrator und Stirlingeinheit werden kontinuierlich zweiachsig der Sonne nachgeführt. Der Receiver absorbiert die Strahlung und führt sie als Hochtemperaturwärme dem Stirlingmotor zu, der sie

über den Stirling-Kreis-
prozess in mechanische
Energie umwandelt. Ein
direkt an die Kurbelwelle
des Stirlingmotors gekop-
pelter Generator formt diese
dann in elektrische Energie
um. Auch die Verwendung
einer zentralen Gasturbine
anstatt der Stirlingeinheiten
ist zukünftig denkbar. Das
Haupteinsatzgebiet ist die
dezentrale Stromversorgung
mit kleinen bis mittleren
Leistungen [18].

Abbildung 4 Dish-Stirling-System (links),
Solarturmkraftwerk Solar-Two (rechts)

In Solarturmkraftwerken hingegen lenken der Sonne nachgeführte Einzelspiegel, sogenannte
Heliostate, die Sonnenstrahlung auf einen zentralen Wärmeübertrager (Receiver), der sich auf
einem Turm befindet. Auf diese Weise lässt sich die Sonnenstrahlung einige hundert Mal konzentrieren, sodass sich effizient einige 100 MW an Strahlungsleistung kompakt übertragen lassen. Die konzentrierte Strahlung wird benutzt um Hochtemperaturwärme bis zu 1100°C bereitzustellen. Seit Anfang der achtziger Jahre wurden weltweit 10 Demonstrationsanlagen in Betrieb genommen, um die grundsätzliche Machbarkeit der Solarturmtechnik nachzuweisen. Bei
allen getesteten Systemen erfolgte die Stromerzeugung über ein Dampfturbinensystem. Der
wesentliche Unterschied bestand in der Wahl des WTMs, welches die Wärme von der Spitze
des Turmes zum Dampferzeuger des Dampfprozesses transportiert. Es erschien zunächst naheliegend, Wasserdampf selbst als Wärmeträger zu verwenden, da man damit ohne weiteren
Wärmeübertrager, bzw. Dampferzeuger direkt das Dampfturbinensystem bedienen kann. Dieses
Konzept zeigte jedoch zwei wesentliche Schwächen: Erstens war die Erzeugung von überhitz-
tem Dampf mit konstanten Dampfparametern unter schwankender solarer Einstrahlung im Receiversystem technisch nicht einfach zu beherrschen, sodass zum Teil erhebliche Anfahrverluste
in Kauf genommen werden mussten. Zweitens war es technisch nicht möglich die thermische
Energie im Wasserdampf ohne erhebliche thermodynamische Verluste zu speichern. Nach ihren
Erfahrungen mit Wasserdampf an der Solar-One-Demonstrationsanlage, realisierten amerikanische Wissenschaftler Anfang der neunziger Jahre das erstmals in Frankreich verwirklichte Konzept mit einer Salzschmelze als WTM. Sie führten die Technologie (Solar-Two, 10 MW$_{el}$) bis
zur Demonstrationsreife. Salzschmelzen aus Mischungen von Kalium- und Natriumnitrat lassen
sich in ihren Schmelztemperaturen an die notwendigen Dampfparameter anpassen. Der Vorteil
des Konzepts ist, dass das relativ kostengünstige Salz über gute Wärmeübertragungseigen-
schaften verfügt und gleichzeitig auch als Speichermedium in großen Tanks aufbewahrt werden
kann. Dies macht die Wärmeübertragung zu einem weiteren Speichermedium überflüssig.
Nachteilig ist der relativ hohe Schmelzpunkt, weshalb alle Rohrleitungen elektrisch beheizbar
sein müssen, um die Erstarrung des WTMs und dadurch eine Verstopfung der Rohre zum Beispiel beim Anfahren des Systems zu verhindern [18-21].

2.1.3 Vorangegangene Potenzialbewertungen

Das Wachstumspotenzial solarthermischer Anlagen gegenüber der alternativen regenerativen und der aus heutiger Sicht (2011) kommerziellen fossilen Stromerzeugung ist aus [4, 22, 23] zu erkennen. Diesbezüglich analysiert Trieb [23] das Wachstumspotenzial verschiedener regenerativer Energieträger und vergleicht diese mit den fossilen Energiewandlungsoptionen aus Öl, Gas und Kohle in Mitteleuropa. Aus seinen Ergebnissen wird die Prognose ersichtlich, dass die Gewinnschwelle der solarthermischen Stromerzeugung gegenüber der fossilen Stromerzeugung etwa ab dem Jahr 2015 bezogen auf die Stromerzeugung aus Öl und Gas und etwa ab dem Jahr 2025 bezogen auf Stromerzeugung aus Kohle erreicht sein wird.

Die wesentlichen Potenzialbewertungen der konzentrierenden Solarthermie (CSP, engl. Concentrating Solar Power), an welchen sich diese Arbeit orientiert, sind Arbeiten von Sargent & Lundy [12, 13] und des Deutschen Zentrums für Luft- und Raumfahrt e.V. (DLR), Pitz-Paal et al. bzw. Trieb [11, 23]. Die Sargent & Lundy Studie vergleicht für amerikanische Standorte bzw. Pitz-Paal et al. für europäische Standorte die erwarteten Einsatz- und Marktpotenziale von Parabolrinnen- bzw. Solarturmanlagen, sowie deren Kostensenkungspotenziale.

Nach der Bewertungsmethode der im Jahr 2003 erstellten Studie von Sargent & Lundy [12] zeigen die erreichbaren Stromgestehungskosten (LCOE, engl. Levelised Cost of Electricity) der Parabolrinnentechnologie mit thermischem Speicher 10.4 cents/kWh$_{el}$ (US$) im Jahr 2004 und 6.2 cents/kWh$_{el}$ im Jahr 2020. Aus den Bewertungsergebnissen der im Jahr 2008 ebenfalls von Sargent & Lundy [13] erstellten Studie wird die Prognose der erzielbaren LCOE zu 12 cents/kWh$_{el}$ im Jahr 2008 und im Jahr 2020 zu 6.8 cents/kWh$_{el}$ relativiert. In beiden dieser Studien sind ebenfalls die erzielbaren LCOE der Solarturmtechnologie bewertet. Dementsprechend weist die Prognose aus 2003 kurzfristig erzielbare LCOE der Solarturmtechnologie von 12.3 cents/kWh$_{el}$ und 5.5cents/kWh$_{el}$ für die langfristige Betrachtung auf. Die Prognose aus 2008 offenbart 20.5 cents/kWh$_{el}$ im Jahr 2012 und 7.5 cents/kWh$_{el}$ im Jahr 2025. Während die Ergebnisse beider Studien signifikante Unterschiede aufweisen, welche aus unterschiedlichen Kostenannahmen und Zeitpunkten der Markteinführung der zwei Technologiezweige hervorgehen, wird beiden ein hohes Potenzial zur Reduktion der LCOE zugesprochen. Dieses wird aus den Möglichkeiten der technologischen Weiterentwicklung in Folge von Lernprozessen, aus Skalierungseffekten und Optionen zur Massenproduktion abgeleitet.

Während die Studien von Sargent & Lundy sowohl die Parabolrinnen-, als auch die Solarturmtechnologie für unterschiedliche zeitlich anwachsende Leistungsklassen bewerten, strebt die im Jahr 2005 erfolgte ECOSTAR-Studie [11] einen Vergleich der Technologien auf gleicher Leistungsklassenbasis an. Dabei werden realisierte solarthermische Kraftwerke bzw. Demonstrationsanlagen, sowie Testanlagen aus Demonstrationsprojekten im kleinen Maßstab, jeweils zu Modulen zusammengefasst, die einer Leistungsklasse von 50 MW$_{el}$ entsprechen. Somit werden die unterschiedlichen Konzeptvarianten der Parabolrinnen-, Solarturm- und Dish-Technologie hinsichtlich ihrer Potenziale zur Kostenreduktion bewertet. Der Fokus dabei liegt auf der erzielbaren Kostenreduktion durch technische Innovationen. Die Kostenannahmen der ECOSTAR-Studie stützen sich sowohl auf die Kostenkorrelationen der Sargent & Lundy Studie aus 2003, als auch auf Kostenannahmen der an der Studie beteiligten Forschungsinstitute aus Spanien, Frankreich, Schweiz, Israel und Russland. Aus den Konzeptvergleichen der ausschließlich solar betriebenen solarthermischen Kraftwerkstypen, ohne Hybridisierung durch fossile Zufeuerung, gehen die in Tabelle 1 zusammengefassten Ergebnisse hervor. Es wird darauf hingewiesen, dass die ermittelten LCOE der Konzeptvarianten nicht direkt miteinander vergleichbar sind, da die Kostenannahmen aus unterschiedlichen Projekten mit unterschiedlichem Entwicklungsstand der jeweiligen Technologie stammen. Die technologiespezifischen Potenziale zur LCOE Reduktion können jedoch als gute Schätzungen aufgefasst werden.

Tabelle 1   LCOE-Vergleich der in der ECOSTAR-Studie untersuchten solarthermischen Anlagen auf einer Leistungsklassenbasis von 50 MW$_{el}$

Technologie (WTM)	Basisprojekt bzw. Studie	Leistung (MW$_{el}$)	Anzahl (-)	Temperatur (°C)	LCOE (€cent/kWh$_{el}$)	LCOE Reduktionspotenzial
Parabolrinne (Thermoöl)	Andasol I & II	50	1	393	17.2	13 %-30 %
Parabolrinne (Wasser / Dampf)	INDITEP	4.7	10	411	16.2	11 %-28 %
Solarturm (Salzschmelze)	Solar-Tres	17	3	565	15.5	11 %-25 %
Solarturm (Wasser / Dampf)	PS10	11	5	250	16.9	21 %-33 %
Solarturm (Luft - 1 atm)	PS10	4.7	10	750	17.9	24 %-37 %
Solarturm (Luft - 14.3 bar)	Solgate	14.6	4	800	13.9	18 %-29 %
Dish-Stirling (He, H$_2$, Na)	Eurodish	0.025	2907	800	19.3	23 %-39 %

Aus den aufgeführten Potenzialbewertungen wird ersichtlich, dass unter den solarthermischen Konzepten die Solarturmtechnologie signifikante Potenziale zur Kostenreduktion erwarten lässt. Der ECOSTAR-Studie folgend kann das Potenzial zur Reduktion der LCOE hauptsächlich durch technische Innovationen erzielt werden, während der Anteil der technischen Innovationen am Gesamtpotenzial rund 50 % entspricht. Der Anteil der Skalierungseffekte zu größeren 50 MW$_{el}$-Einheiten ist rund ein Viertel des Gesamtpotenzials. Den Rest nehmen Massenfertigungseffekte ein. Welche Kostensenkungspotenziale durch die Erhöhung der Betriebstemperatur von Solarturmsystemen und durch die Interaktion mit überkritischen Dampfprozessen erzielbar sind, ist Gegenstand dieser Arbeit, mit dem Fokus auf Receiversysteme, die dies ermöglichen.

2.2 Komponenten von Solarturmkraftwerken

Die wichtigsten Untersysteme eines Solarturmkraftwerkes sind die folgenden:

- Heliostatenfeld
- Turm mit Receiver
- Wärmetransportsystem
- Thermischer Speicher
- Konventioneller Dampfprozess

Die erzeugbare elektrische Leistung eines Solarturmkraftwerks lässt sich aus der Wirkungsgrad-kette der Untersysteme wie folgt ermitteln:

$$P_{el} = I_{DNI} \cdot A_{HF} \cdot \eta_{HF} \cdot \eta_R \cdot \eta_{HT} \cdot \eta_{ST} \cdot \eta_{PB} \tag{1}$$

Diese Arbeit konzentriert sich im Wesentlichen auf innovative Receiverkonzepte und auf deren thermische Wirkungsgrade. Um die mit ihnen erreichbaren Potenziale zur Kostenreduktion bewer-ten zu können, ist neben der methodischen Modellbildung für unterschiedliche neuartige Strah-lungsempfänger auch die Abbildung der Zusammenhänge im Gesamtsystem erforderlich. In diesem Abschnitt werden daher nachfolgend die einzelnen Untersysteme des Solarturmkraftwerkes kurz beschrieben. Bereits vorhandenen Werkzeuge, die zur Auslegung der Untersysteme verwendet wer-den können, sind im Abschnitt 3.2 zusammengetragen. Die Zusammenführung der Auslegungs-werkzeuge um das Gesamtsystem zu modellieren erfolgt im Abschnitt 3.3.

2.2.1 Heliostatenfeld, Turmreflektor und CPC

Das System zur Strahlungskonzentration, das sogenannte Heliostatenfeld, besteht aus einzelnen Heliostaten. Die Heliostate sind aus leicht gekrümmten Spiegelfacetten zusammengesetzte Spiegelsysteme, welche zweiachsig der Sonne nachgeführt werden. Die Nachführung erfolgt derart, dass mit Hilfe der Heliostate die Sonneneinstrahlung auf die Apertur eines auf einem Turm befestigten Receivers reflektiert wird. Dabei fällt die Spiegelflächennormale eines jeden Heliostats mit der Winkelhalbierenden zwischen den zwei sich im Mittelpunkt der Heliostaten-fläche kreuzenden Schenkeln zusammen, die durch den Vektor der einfallenden Sonnenein-strahlung und durch den Zielpunkt auf der Receiverapertur definiert werden können. Das He-liostatenfeld weist den größten Anteil an den Gesamtinvestitionskosten des Solarturmkraftwer-kes auf, weshalb die sorgfältige Auswahl des verwendeten Heliostatentyps unumgänglich ist. Dabei wird ein Kompromiss zwischen den Kosten des ausgewählten Heliostats und dessen Strahlgüte angestrebt. Die Strahlgüte des Heliostats wird mit dessen Fehlerquellen definiert, die den Astigmatismuseffekt, mikro- und makroskopische Oberflächenfehler des Spiegelmaterials, Nachführfehler und Fehler aufgrund von Wind und Eigengewichtsdeformation umfassen. In Zusammenhang mit den PS10- und PS20-Projekten in Spanien wurden 2006 und 2007 He-liostate des Typs Sanlúcar-120 mit einer Gesamtspiegelfläche von über 200,000 m^2 installiert, da dieser nach der Bewertungsphase als die kostengünstigste Option hervorging [24-26].

Entscheidend für die Effizienz des optischen Systems sind neben der Strahlgüte der Heliostate die optimale Positionierung und die gewählte Größe der Spiegelfläche, um bei geringstem Kos-tenaufwand die Apertur des Receivers maximal zu bestrahlen. Die Grundlagen dieser Optimie-rung sind daher die optischen Fehler und die sich aus ihnen ergebende Wirkungsgradkette des Konzentratorsystems:

$$\eta_{HF} = \frac{\dot{Q}_{HF,out}}{\dot{Q}_{HF,in}} = \rho_{sp} \cdot \eta_{cl} \cdot \eta_{cos} \cdot \eta_{sh} \cdot \eta_{bl} \cdot \eta_{at} \cdot \eta_{ic} \cdot \eta_{HF,par} \tag{2}$$

Diese besteht aus der Strahlgüte der Heliostate, dem Sauberkeitsfaktor, der Reflektivität des Spiegelmaterials, dem Kosinuswirkungsgrad, dem Verschattungswirkungsgrad, dem Blockingwirkungsgrad, dem Wirkungsgrad der atmosphärischen Auslöschung, dem Interceptwirkungsgrad und dem Anteil der parasitären Verluste [24].

Ein besonderes Ausführungsbeispiel eines Solarturmkraftwerkes ist das sogenannte Turmreflektorsystem (BDS, engl. Beam-Down-System). Beim BDS kommen der Turmreflektor und der Sekundärkonzentrator (CPC, engl. compound parabolic concentrator) als zusätzliche Komponenten der Konzentration hinzu. Dabei handelt es sich um ein Konzentratorsystem nach Cassegrainschem Prinzip, um die Strahlung aus dem Heliostatenfeld nach einer weiteren Konzentration zum Boden zu reflektieren, wo sich der Receiver befindet. Die Umwandlung der konzentrierten Solarstrahlung in Wärme erfolgt dabei vorteilhaft am Boden, jedoch muss dafür ein filigranes windempfindliches Spiegelsystem auf dem Turm angebracht werden. Das BDS ist seit der 70-er Jahre bekannt, eine Demonstrationsanlage befindet sich am Weizmann Institute of Science in Israel. Aus Gründen der Turmhöhe und der erforderlichen Spiegelfläche des Turmreflektors, sowie der damit einhergehenden erhöhten Windlasten, werden in jüngster Zeit facettierte Spiegelflächen des Turmreflektors mit einer Leichtbau-Tragwerksstruktur vorgeschlagen. Dadurch sollen die Kosten der Turmreflektorstruktur stark verringert werden [27, 28].

Der CPC eines BDS, welcher sich üblicherweise über der Receiverapertur befindet, hat die Funktion, die vom Turmreflektor reflektierte und konzentrierte Solarstrahlung nochmals zu bündeln und zu homogenisieren. Er dient ebenfalls zur Reflexion von Strahlen zur Receiverapertur hin, welche ohne CPC diese verfehlen würden. Des Weiteren kann die erforderliche Aperturfläche des Receivers verkleinert werden, wodurch der Receiverwirkungsgrad gesteigert werden kann [24, 29, 30]. Bekannt ist jedoch auch, dass die Konzentrationskosten eines BDSs die Konzentrationskosten eines Turmreceiversystems übertreffen [24]. Daher besteht hinsichtlich BDS die offene Frage, ob durch technische Innovationen bezüglich erhöhter Temperaturen eine konkurrenzfähige Alternative zu Turmreceiversystemen realisiert werden kann. Dazu müssen die technischen Verbesserungen den unvermeidbaren Nachteil der erhöhten Konzentrationskosten ausgleichen können.

2.2.2 Turm

In Solarturmkraftwerken dient der Turm als Tragwerk für den Receiver oder für den Turmreflektor, die in einer optimalen Höhe oberhalb des Heliostatenfeldes platziert werden müssen, um ein effizientes, kostenoptimiertes Heliostatenfeld zu ermöglichen.

In Abbildung 5 sind zwei Turmbauweisen dargestellt, ein Stahlbetonturm und ein Stahlturm in Gittermast-Bauart. Für die Leistungsklassen dieser Arbeit ab 50 MW$_{el}$ sind Türme ab 180 m Höhe erforderlich. Weltweit existieren diverse Turmkonstruktionen dieser Größenordnung, sowie signifikant höhere Türme, die meistens als Funktürme dienen [33]. Ihre Konstruktion ist vergleichbar mit den benötigten Türmen für Solarturmanwendungen.

Abbildung 5   Turmkonzepte [31, 32]
Stahlbetonturm (links)
Gittermastturm (rechts)

2.2.3 Receiver

Die Aufgabe des Receivers besteht darin, die konzentrierte Solarstrahlung in Wärme umzuwandeln. Diese wird vom Turm in einen Speicher transportiert oder direkt an ein Arbeitsmedium eines thermodynamischen Kreisprozesses im Turm oder am Boden abgegeben. In diesem Zusammenhang lässt sich der Receiver nach dem Aggregatzustand seines WTMs klassifizieren. So existieren Überlegungen zu Receiverkonzepten, welche Gase, Flüssigkeiten aber auch Feststoffe als WTM nutzen. Eine weitergehende Klassifikation kann durch die Fragestellung erfolgen, ob das WTM indirekt, über die Kühlung einer Absorberstruktur, die in Wärme umgewandelte konzentrierte Einstrahlung aufnimmt oder durch direkte Bestrahlung selbst absorbiert und gleichzeitig zum Transport der Wärme verwendet wird [34-39].

Die Klassifikation des Receivers kann ebenfalls hinsichtlich der Ausführung des Heliostatenfeldes erfolgen. Dieses kann sowohl als ein gerichtetes Nord- oder Südfeld, als auch als ein Rundumfeld ausgeführt sein. Ein gerichtetes Feld erfordert eine ebenfalls zum Feld hin gerichtete Receiverapertur, während ein Rundumreceiver die konzentrierte Strahlung aus allen Richtungen des Heliostatenfeldes empfängt. Ferner unterscheidet man sogenannte Cavity-Receiver, die sich durch eine im Hohlraum befindende Absorberstruktur ausweisen. Der Hohlraum verringert die thermischen Abstrahlverluste der Absorberstruktur sowie die konvektiven Verluste und reduziert die Strahlungsdichte auf dem Absorber. Jedoch ist die Konstruktion kostenaufwändiger im Vergleich zu offenen Receivern ohne Hohlraum und weist einen begrenzenden Akzeptanzwinkel bezüglich der Einstrahlung aus dem Heliostatenfeld auf. Es hat sich in mehreren Studien gezeigt, dass ab etwa 320 MW thermischer Auslegungsleistung des Receivers Rundumfelder zu kostengünstigeren Systemen führen [24, 25, 40-42].

Welcher Receivertyp sich demnach am besten für einen gegebenen thermodynamischen Kreisprozess eignet ist im Wesentlichen von der geforderten Austrittstemperatur des WTMs, von dem erzielbaren Receiverwirkungsgrad, von der Leistungsklasse des Receivers und dessen Kosten abhängig. Die Verlustmechanismen des Receivers sind die Reflexionsverluste, die thermischen Abstrahlverluste, die Konvektionsverluste und die parasitären Verluste. Die Reflexionsverluste resultieren aus der Gegebenheit, dass das Absorbermaterial definitionsgemäß nicht als ein ideal schwarzer Körper ausgeführt werden kann und ein Teil der konzentrierten Einstrahlung am Absorber wieder reflektiert wird. Die thermische Abstrahlung kann aus dem Planckschen Strahlungsgesetz für graue Körper abgeleitet werden. Die konvektiven Verluste entstehen aufgrund der Temperaturdifferenz zwischen dem Receiver und der Umgebungsluft, durch freie Konvektion und Windeinfluss. Die parasitären Verluste entstehen durch den Energiebedarf für den Betrieb des Receivers. Mit Hilfe der Verlustmechanismen lässt sich der thermische Wirkungsgrad des Receivers, wie folgt definieren:

$$\eta_R = \frac{\dot{Q}_{R,\,out}}{\dot{Q}_{R,\,in}} = \frac{\dot{Q}_{R,\,in} - \dot{Q}_{refl} - \dot{Q}_{rad} - \dot{Q}_{fk} - \dot{Q}_{R,\,par}}{\dot{Q}_{R,\,in}} \quad \text{mit} \quad \dot{Q}_{R,\,in} = \dot{Q}_{HF,\,out} \tag{3}$$

Diese Arbeit konzentriert sich auf die Entwicklung neuartiger Receiver für Solarturmkonzepte mit gesteigerten Temperaturen für moderne überkritische Clausius-Rankine-Prozesse. Daher werden die unterschiedlichen Receiverkonzepte für Solarturmsysteme in Abschnitt 2.3 gesondert zusammengestellt.

2.2.4 Thermischer Speicher und Wärmetransportsystem

Die Schlüsselkomponente, welche die solarthermische Stromerzeugung gegenüber der Photovoltaik abgrenzt und attraktiv macht, ist der thermische Speicher für die vom Receiver bereitgestellten Wärme. Mit dem thermischen Speicher kann die fluktuierende Intensität der Sonneneinstrahlung (Sonnengang, Wolkendurchgänge und Nachtstunden) gepuffert und der gleichmäßige Betrieb der hinter dem Speicher geschalteten Kraftwerksanlage erreicht werden.

Die derzeitige thermische Speichertechnologie ist der sogenannte Zwei-Tank-Speicher mit einer Alkalinitratsalzschmelze (Solar-Salt, 60 Gew.-% $NaNO_3$ - 40 Gew.-% KNO_3, od. andere ternäre Zusammensetzungen) als Speichermedium. Diese wurde zuerst in der französischen Themis-Anlage, später in der amerikanischen Solar-Two-Anlage experimentell erforscht und findet im spanischen Parabolrinnenkraftwerk Andasol I & II seine Anwendung [19, 40, 43, 44].

Weitere alternative Konzepte basieren auf Feststoffen (Sand, Beton, Salzkeramik, NaCl, Partikel und aufbereiteter Asbest), Phasenwechselmaterialien bzw. anderen Flüssigkeiten, wie bspw. Thermoöl oder gasförmigen Speichermedien, wie Dampf oder Luft. Dabei wird die Synergie angestrebt, für das WTM des Receivers und für das Speichermedium möglichst das gleiche Medium zu verwenden. Daraus resultiert der zusätzliche Vorteil, dass die Schnittstelle zwischen Receiver und Speicher, das ohnehin komplexe Wärmetransportsystem, aus einfachen Rohrleitungen mit Pumpen und Ventilen bestehen kann und kein zusätzlicher Wärmeübertrager zum Speichersystem erforderlich ist. Dennoch erreicht bis heute keine Speichertechnologie oder WTM alle erwünschten technischen, ökonomischen und ökologischen Ziele [45-49].

Die Verluste des Speichers und des Wärmetransportsystems setzen sich aus den thermischen Verlusten, sowie aus ihren parasitären Verlusten zusammen:

$$\eta_{HT} = \frac{\dot{Q}_{HT,\,out}}{\dot{Q}_{HT,\,in}} = \frac{\dot{Q}_{HT,\,in} - \dot{Q}_{HT,\,rad} - \dot{Q}_{HT,\,fk} - \dot{Q}_{HT,\,par}}{\dot{Q}_{HT,\,in}} \tag{4}$$

$$\eta_{ST} = \frac{Q_{ST,\,out}}{Q_{ST,\,in}} = \frac{Q_{ST,\,in} - \left(Q_{ST,\,rad} - Q_{ST,\,fk} - Q_{ST,\,par}\right)}{Q_{ST,\,in}} \tag{5}$$

Während die thermischen Verluste durch eine gute Isolierung gering gehalten werden können, fallen vergleichsweise höhere elektrische Verluste für das Flüssighalten des Speichermediums, das Vorwärmen der Leitungen beim Anfahren, und für den Energieeinsatz der Pumpen beider Komponenten an.

2.2.5 Dampfprozesse

Um Wärme in mechanische Energie und schließlich mit einem Generator in Strom umzuwandeln, müssen über Zustandsänderungen thermodynamische Kreisprozesse durchlaufen werden. In welchem Verhältnis sich die zugeführte Wärme in Arbeit umwandeln lässt, hängt direkt von der Prozessführung ab. Um die Effizienz von Kreisprozessen zu beschreiben, wird der thermische Wirkungsgrad gebildet. Der Carnot-Prozess beschreibt das höchstmöglich erreichbare Umwandlungsvermögen von Wärme in Arbeit, wobei der thermische Wirkungsgrad ausschließlich vom Temperaturniveau der zu- und abgeführten Wärme abhängt. Hinsichtlich der Kraftwerkstechnik setzen die Festigkeitseigenschaften der eingesetzten Werkstoffe die Obergrenze der zugeführten Temperatur. Die Untergrenze der abgeführten Temperatur ist durch örtliche Gegebenheiten und somit durch das Kühlkonzept festgelegt.

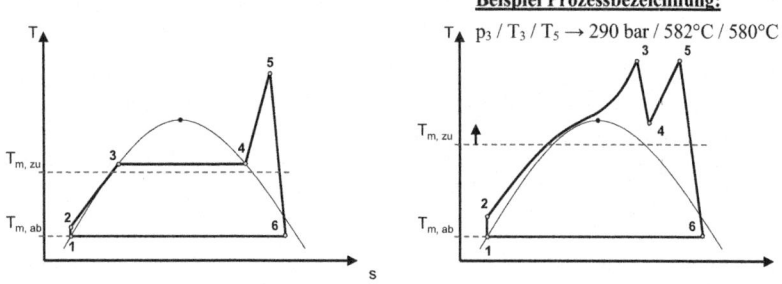

Abbildung 6   Subkritischer (links) und überkritischer (rechts) Dampfprozess im T, s Diagramm

Daher steht für Prozessoptimierungen die Anhebung der mittleren Temperatur der Wärmezufuhr ($T_{m, zu}$) an erster Stelle. Um Dampfturbinenprozesse effizienter zu gestalten, werden folgende Maßnahmen zur Prozessoptimierung in Betracht gezogen:

• Erhöhung des Frischdampfdruckes

• Erhöhung der Frischdampftemperatur

• Zwischenüberhitzung

• Regenerative Speisewasservorwärmung

• Erhöhung der Komponentenwirkungsgrade

• Verringerung des Eigenbedarfs

Verläuft bei der Temperaturzufuhr die Kurve der Zustandsänderung nicht isotherm durch das von der Siede- bzw. Taulinie begrenzte Zweiphasengebiet (subkritischer Dampfprozess), sondern oberhalb dieser und somit auch über dem kritischen Punkt des Wassers, spricht man von überkritischen Dampfprozessen (s. Abbildung 6). Für höchste Wirkungsgrade werden die einzelnen Optimierungsmaßnahmen, in Form von überkritischen Prozessen mit Zwischenüberhitzung und regenerativer Speisewasservorwärmung kombiniert angewendet. Weitere Möglichkeiten der Wirkungsgraderhöhung bieten die Eigenbedarfsreduzierung, sowie die Steigerung der Komponentenwirkungsgrade durch Technologiefortschritt.

Erfahrungen aus dem Betrieb von Kraftwerken mit überkritischen Dampfparametern bis zu Temperaturen von 600°C haben bereits eine erfolgreiche Leistungscharakteristik bezüglich Funktionssicherheit, Flexibilität, Schadstoffemission und Wirtschaftlichkeit gezeigt. Die relativ hohen Dampfparameter dieser Kraftwerke basieren auf neu entwickelten Verdampfer- und Turbinenkomponenten und einen weitreichenden Anwendung neu entwickelter „high Performance" Materialien [15, 16]. Die Erprobung der kritischen Kraftwerkskomponenten für Frischdampftemperaturen bis zu 700°C erfolgt im Kraftwerk „Scholven F" der E.ON-Kraftwerke innerhalb des Projekts COMTES-700. Dabei werden in einem existierenden steinkohlengefeuerten 750 MW$_{el}$ Kraftwerk Heizflächenabschnitte, dickwandige Komponenten, Rohrleitungen und Armaturen im Kraftwerksbetrieb bei 700°C für einen Zeitraum von über drei Jahren getestet. Bei solch hohen Temperaturen ist der Einsatz von Nickel-Basis-Werkstoffen erforderlich, deren Fertigung in großtechnischem Maßstab sich besonders anspruchsvoll gestaltet. Zusätzlich sollen im Betrieb Erfahrungen bezüglich Dehn-, Dampfoxidations- und Rauchgaskorrosionsverhalten für die kritischen Kraftwerkskomponenten gewonnen werden [50].

Beim Vergleich subkritischer Dampfparameter (174.5 bar / 540°C / 540°C) und überkritischer Dampfparameter (290 bar / 582°C / 580°C / 580°C bzw. 375 bar / 700°C / 720°C / 720°C) auf einer Leistungsbasis von 500 MWel, ergab sich eine Wirkungsgradsteigerung der Kraftwerksprozesse von 38.1 % über 41.1 % zu entsprechend 44.4 %. Bei den höchsten Prozessparametern betragen die Verluste 46.1 % durch die Wärmeabgabe an das Kühlwasser, 8.3 % durch die Wärmeabgabe verbunden mit dem Rauchgasausstoß und 1.2 % sonstige Verluste. In einem entsprechenden fossilen Kraftwerksblock betragen die thermischen Verluste durch Rauchgasausstoß bis zu 15 % der Gesamtverluste [51]. Wendet man die überkritischen Prozessparameter von 375 bar / 700°C / 720°C / 720°C auf solarthermische Turmsysteme an, steigt der thermische Wirkungsgrad des Dampfprozesses auf 52.7 % an, da kein Rauchgas durch einen Schornstein entweicht.

Aufgrund der Möglichkeit zur Steigerung des thermischen Prozesswirkungsgrades im Vergleich zu subkritischen Kraftwerksprozessen, sind überkritische Dampfprozesse auch eine Option für die hocheffiziente Energieumwandlung in Solarturmkraftwerken der nächsten Generation. Für erhöhte Temperaturen bedarf es für die Solarthermie geeigneter WTM, Wärmeübertrager und Speicher. Bislang existieren keine Studien für die Anwendung von Dampfprozessen über die aus dem Solar-Tres-Projekt bekannten Prozessparameter hinaus. Vor der Fertigstellung der Gemasolar-Anlage wurde der Maximalwert deren thermischen Dampfprozesseswirkungsgrades zu 39,4 % prognostiziert [35].

2.3 Receiverkonzepte für Solarturmsysteme

Im Folgenden werden vorangegangene Arbeiten bezüglich unterschiedlicher Receiverkonzepte für Solarturmsysteme, wie Rohrreceiver, volumetrische Receiver, direkt absorbierende Receiver und Receiver für BDS zusammengefasst.

2.3.1 Rohrreceiver

Metallische Rohre sind wesentliche Konstruktionselemente vieler Solarturmreceiver. Die konzentrierte Solarstrahlung wird an der äußeren Mantelfläche der Absorberrohre in Wärme umgewandelt und durch die Rohrwand zur inneren Mantelfläche der Rohre geleitet. Die konvektive Wärmeübertragung an das WTM bzw. die Kühlung der Absorberrohre wird erzwungen, indem das WTM durch die Rohre gepumpt wird. Bei der Kühlung der Absorberrohre soll das verwendete WTM einen möglichst großen Temperaturhub bei entsprechend geringen thermischen und parasitären Verlusten erfahren.

Als WTM können sowohl Gase wie Luft, Kohlendioxid, Stickstoff, Helium, Xenon und auch deren Mischungen, als auch Flüssigkeiten, wie Salzschmelzen oder Metallschmelzen dienen. Die Direktverdampfung von Wasser stellt dabei eine Zwischenvariante dar, bei der eine Zwei-phasenströmung vorliegt. Neuerdings existieren auch Arbeiten zur Direktverdampfung von Al-kalimetallschmelzen in Rohrreceivern. Potentielle Konzepte sind zudem chemische Reaktionen im Rohr, wie z.B. die Schwefelsäurespaltung [8, 36, 52].

Rohrreceiver können in verschiedenen Bauarten ausgeführt sein. Die unterschiedlichen Bauar-ten lassen sich nach der geometrischen Anordnung der Absorberrohre, die sich oft nach der er-wünschten Leistungsklasse richtet, oder nach dem verwendeten Rohrmaterial, welche vom Temperaturbereich des Receivers abhängt, aber auch nach dem verwendeten WTM, welches die Absorberrohre von innen kühlt, charakterisieren. Hinsichtlich der Receivergeometrie lassen sich geneigte oder ungeneigte 360° Rundumreceiver von gerichteten Nord- oder Südfeldreceivern mit oder ohne Hohlraum unterscheiden. Die Rohrgeometrie kann gerade oder gebogen sein und vertikal, horizontal oder auch spiralenförmig angeordnet verlaufen. Es sind sowohl Anordnun-gen denkbar, bei denen mehrere Schichten von Rohren versetzt hintereinander bei großer Rohr-dichte gruppiert sind, als auch einzelne Rohre mit großem Abstand und geringer Rohrdichte in einer Cavity. Um die Druckverluste des Receivers zu minimieren und um eine modulare Ferti-gung der Receiver zu erreichen, werden die Absorberrohre zu Receivermodulen zusammenge-fasst, die parallel und/oder seriell durchströmt werden. Die Module weisen am Moduleinlass Verteiler und am Modulauslass Sammler auf, an welche die Rohre angeschweißt werden. Oft weisen die Absorberrohre Kompensatoren auf. Diese gleichen die unterschiedliche Wärmeaus-dehnung der Absorberrohre aus. Je nach gewünschtem Temperaturhub sind unterschiedlich viele Receivermodule vom Receivereinlass zum Receiverauslass in Reihe geschaltet. Mit zwischen den Modulen verteilten Ventilen zu einer Bypassleitung kann der Durchfluss der unterschiedli-chen Module hinsichtlich eines besseren Betriebsverhaltens oder zur Verlängerung der Lebens-dauer geregelt werden [21, 53-56].

Bezüglich der Rohrmaterialien lassen sich Nieder- und Hochtemperaturmaterialien unterschei-den. Zu den Materialien für niedrige Receivertemperaturen bis 600°C gehören handelsübliche austenitische oder ferritische Edelstähle, während für die hohen Temperaturen über 600°C Ni-ckelbasislegierungen verwendet werden können. Da die Rohre meistens einseitig bestrahlt wer-den, bildet sich ein ungünstiger Temperaturgradient über den Umfang der Rohre aus. Um die Reflektivität der Rohre herabzusetzen, werden sehr gut absorbierende Pyromark-Beschich-tungen auf der Rohraußenseite aufgetragen [21, 35, 54].

2.3.2 Volumetrische Receiver

Das Prinzip des volumetrischen Receivers beruht auf der Verwendung einer porösen Absorber-struktur, die z.B. aus einem Drahtgeflecht oder auch aus einem Keramikschaum bestehen kann. Die konzentrierte Solarstrahlung dringt in das Innere der Struktur ein und wird absorbiert. Das WTM, wie z.B. Luft wird durch die offenporöse Struktur geleitet und nimmt die Wärme mittels erzwungener Konvektion von den erwärmten Materialstegen auf. Der spezifische Wärmeeintrag durch Absorption der Solarstrahlung ist dabei an der Oberfläche maximal und nimmt ins Innere der Struktur sukzessive ab. Da die zugeführte Kühlluft in die gleiche Richtung strömt, kann die-se maximal bis zur Absorbermaterialtemperatur am Austritt des Absorbers aufgeheizt werden.

Der Vorteil dieses Receivertyps liegt sowohl in seiner Verwendbarkeit bei sehr hohen Bestrahlungsstärken bis 1000 kW/m², als auch in seinen vergleichsweise geringen Oberflächentemperaturen und damit geringen Rückstrahlungsverlusten. Charakteristisch für den volumetrischen Receiver ist das Vorhandensein eines sogenannten „volumetrischen Effekts", der sich dadurch kennzeichnet, dass die Temperatur der zur Umgebung weisenden bestrahlten Absorberfläche niedriger ist als die Austrittstemperatur des WTMs auf der Rückseite des porösen Absorbers. Tests wurden bereits an unterschiedlichen Konzeptvarianten, wie an offenen volumetrischen Luftreceivern am Jülicher Testzentrum (HITREC-, SOLAIR-, PHOEBUS-Receiver), an geschlossenen volumetrischen Luftreceivern (ATLANTIS-Receiver) und Receiverreaktoren (CAESAR-Receiver) sowie druckbeaufschlagten volumetrischen Luftreceivern (SOLGATE-, REFOS-Receiver) ausgeführt [57-63].

Insbesondere bei Gas-Austrittstemperaturen größer als 800°C werden die volumetrischen Receiver häufig als Cavity-Receiver ausgeführt. Zur weiteren Verringerung von Rückstrahlverlusten und zur Anwendung von druckbeaufschlagten Wärmewandlungsprozessen kann ein Receiverfenster eingesetzt werden, durch das die konzentrierte Solarstrahlung in das Innere des Receivers fällt. Durch entsprechende Formgebung des Fensters kann eine druckfeste Geometrie hervorgehen, die im Falle eines solarchemischen Receiver-Reaktors zudem die Reaktanden von der Umgebung abhält [64-66].

Bislang werden volumetrische Receiver überwiegend mit gasförmigen WTM bzw. Reaktanden ausgeführt. Derartige Receiver neigen jedoch zu instabilem Verhalten. Die Ursache für die instabile Durchströmung des porösen Absorbers sind durch die inhomogene Bestrahlung entstehende Temperaturdifferenzen des Absorbers. Dadurch verändern sich die thermophysikalischen Eigenschaften des WTMs dahingehend, dass die Druckabfallcharakteristik des Absorbers lokale Extrema aufweist. Dabei erhöht sich der Druckabfall an den Stellen mit höherer Temperatur, weshalb die Strömung des WTMs dazu neigt diese Zonen zu umströmen und weniger zu kühlen. Mögliche Folgen sind die lokale Überhitzung und die Zerstörung des Receivers. Mit der Änderung der strömungshydraulischen Eigenschaften der Absorberstruktur, Anbringung zusätzlicher Strömungswiderstände mit geeigneter Druckverlustcharakteristik hinter dem Absorber, Serienschaltung mehrerer Receivermodule und Teilrückführung des WTMs, kann eine Stabilisierung des Receiverbetriebs erzielt werden [57].

Mit semitransparenten Flüssigkeiten gekühlte volumetrische Receiver für solarthermische Anwendungen sind nicht bekannt. Dies ist hauptsächlich dadurch bedingt, dass diese in Turmreceiversystemen mit Receiverfenstern von der Umgebung abgehalten werden müssten, jedoch die verwendbaren Salzschmelzen mit Quarzglas keine stabile Materialpaarung darstellen. Im BDS jedoch ist die Anwendung von volumetrischen Receivern, die mit Salzschmelzen gekühlt werden, auch ohne Receiverfenster denkbar und wird unter anderen Innovationen in dieser Arbeit untersucht.

2.3.3 Direkt absorbierende Receiver

Direkt absorbierende Receiver (DAR, engl. Direct Absorption Receiver) zeichnen sich dadurch aus, dass das WTM, sei es eine semitransparente Flüssigkeit oder ein Feststoff, von der konzentrierten Solarstrahlung direkt bestrahlt wird. Der Vorteil auch dieses Receivertyps liegt in der Verwendbarkeit bei sehr hohen Bestrahlungsstärken sogar oberhalb 1000 kW/m^2. Wegen hoher mittlerer Strahlungsdichten können DAR kleiner gebaut werden. Mit der daraus hervorgehenden verkleinerten Receiverapertur können die Abstrahlungsverluste verringert werden. Des Weiteren wird der Anteil der thermischen Strahlungsverluste bei der Direktabsorption dadurch verringert, dass kein zusätzlicher Temperaturgradient auftritt, wie bspw. bei Rohrreceivern, bei welchen die Wärmeleitung über die Rohrwand die Abstrahltemperatur der Absorberfläche erhöht. Da keine zu kühlende Absorberstruktur vorhanden ist, treten auch keine schädigenden Temperaturgradienten auf. Dies ermöglicht das Potenzial zur Auslegung einfacherer Konstruktionen und zu einer erhöhten Lebensdauer von DAR. Wenn die Absorberfläche des DAR und das WTM nicht von einer Cavity umgeben sind, ist das WTM Winden, Konvektionsströmungen der Luft oder der Eigeninteraktion, z.b. wenn fallende Partikel kollidieren, ausgesetzt. Dies kann zu einem Austrag des WTMs aus der Receiverzone in die Umgebung führen, wodurch Anteile des WTMs verloren gehen und bspw. die Spiegel des Heliostatenfeldes beschädigen oder das Personal gefährden können. In den 80-er Jahren, als die DAR erstmals experimentell demonstriert wurden, konnte das Problem des Austrags nicht gelöst werden. Weitere Forschungsgelder blieben wegen der sinkenden Nachfrage an der solarthermischen Stromerzeugung aus, weshalb diese Konzeption eine Alternative auf dem Papier blieb.

Eine der ersten Veröffentlichungen über DAR publizierten Shaw *et al.* [37] in Zusammenhang mit einem Lösungsvorschlag um sehr hohe Prozesstemperaturen zwischen 1000 K und 2000 K zu erreichen. Sie beschrieben dabei den Solarreceiver, dessen WTM während der Direktabsorption einen Phasenwechsel von der festen Phase zur flüssigen Phase erfährt und einen druckbeaufschlagten Direktkontaktwärmeübertrager zum anschließenden Brayton-Prozess. Copeland *et al.* [67] führten vergleichende Berechnungen mit Rohrreceivern und DAR aus, um Verbesserungen des Receiverwirkungsgrades beurteilen zu können. Dabei wurden zwei spezielle Receivermodifikationen bezüglich eines DAR mit Cavity bewertet. Eine dieser Modifikationen betraf die Verwendung eines zusätzlichen, sogenannten „overhead" Reflektors, während sich die zweite Modifikation auf die Verwendung eines direkt absorbierenden Flüssigkeitsfilms zur Kühlung einer stählernen Absorberplatte bezog. Des Weiteren wurde untersucht, wie sich ein Fenster in der Apertur auf den Receiverwirkungsgrad auswirkt. Die Schlussfolgerungen der Forschungsarbeiten weisen auf eine Erhöhung des Receiverwirkungsgrades durch den zusätzlichen Reflektor aufgrund der verringerten Aperturfläche hin. Eine weitere Reduktion der thermischen Verluste geht aus der Filmkühlung hervor, wodurch niedrigere mittlere Abstrahltemperaturen erreichbar sind, da keine Übertemperaturen entsprechend einer Rohrwand auftreten. In den späten 80-Jahren wurde das DAR-Konzept von den Sandia National Laboratories intensiv erforscht. Mehrere Experimente und Berechnungsmodelle wurden zur Bewertung des Konzepts entwickelt. Im Wesentlichen dienten sie dazu, die grundlegenden Probleme des DARs mit Flüssigfilmkühlung, wie Filmstabilität, Austrag, Wärmeübergangskoeffizient der Filmkühlung, Wellenbildung, der Einfluss von schwarzen Doping-Partikeln, Rauheit der Absorberwand und Wärmeausdehnung der Absorberstruktur, um die Wichtigsten zu nennen, zu untersuchen [38, 68-71].

Die Untersuchungen zur Wellenbildung zeigen, dass der Austrag von WTM durch die Neigung der Absorberoberfläche vermindert werden kann [38]. Gegeben ist auch der Vergleich von experimentellen Messwerten des dimensionslosen Wärmeübergangskoeffizienten mit gängigen Korrelationen für Flüssigfilme mit und ohne Doping-Partikel [68]. Weitere Überlegungen führten zu einer vorgespannten Modulstruktur, um so der Problematik der dynamischen Belastung durch Wärmeausdehnung zu begegnen. Dabei wird die mehrschichtige Modulstruktur von unten gezogen und von innen heraus radial nach außen gedrückt, während sich zwischen den zwei Schichten eine Isolierung befindet. Daraus ergab sich eine überschlägige Kostenabschätzung, welche das ausgeprägte Potenzial zur Kostenreduktion hinsichtlich der Investitionskosten des Receivers verdeutlicht [69]. Die Analyse der Modellparameter eines Simulationsmodells für die Flüssigfilmkühlung einer opaquen Oberfläche mit einem semitransparenten Medium erfolgte in [70]. Auf der Basis von Versuchsergebnissen mit Wasser [71] sollte schließlich ein Forschungsexperiment namens PRE die Funktionalität demonstrieren. Es handelte sich um ein 10m langes, durch einen Flüssigsalzfilm gekühltes Modul, dessen Wärmeeintrag mit 3 MW$_{th}$ konzentrierter Solarstrahlung erfolgen sollte. Das Modul zeigte bereits am Boden so große Schwierigkeiten bezüglich des stabilen Flüssigsalzfilms aufgrund von Windeinflüssen, dass PRE niemals auf die Turmstruktur der späteren Solar-Two-Anlage gehoben wurde. Durch Windeinflüsse auf das offene Modul mit Flüssigsalzfilm fanden die Forscher erstarrte Salztropfen auf den Scheiben und auf dem Lack ihrer in der Nähe stehenden Fahrzeuge wieder. Obwohl das theoretische Potenzial der DAR mit Flüssigfilmkühlung jene von Rohrreceiverkonzepten signifikant übersteigt, wurde das Konzept aufgrund ungelöster technischer Probleme bezüglich des Austrages vom WTM nicht weiterverfolgt. Die Forscher konzentrierten sich anschließend auf das später verwirklichte Solar-Two-Konzept mit Rohrreceivern [72].

Zu dieser Zeit wurden ebenfalls DAR mit frei fallenden absorbierenden Partikeln, welche einen Partikelvorhang ausbilden, bewertet. Dieses Konzept wird derzeit in parallelen Arbeiten, sowohl bei den Sandia National Laboratories [73] als auch am DLR weiter verfolgt [74], weshalb in dieser Arbeit auf die direkte Absorption mit Partikeln nicht näher eingegangen wird. Es werden jedoch Untersuchungen hinsichtlich innovativen DAR mit Flüssigfilmen ausgeführt, welche den Austrag an WTM minimieren oder gar verhindern sollen. Dabei werden die vorangegangenen Forschungsergebnisse hinsichtlich der Wirkungsgraderhöhung und der sicheren Betriebsführung bezüglich der Filmstabilität einbezogen.

2.3.4 Receiver für Turmreflektorsysteme

BDS weisen sich dadurch aus, dass sich der Receiver nicht auf dem Turm, sondern unter dem Turm auf dem Boden mit nach oben gerichteter Apertur befindet. Ein zweiter Konzentrator, der Turmreflektor, welcher auf einem Turm angebracht ist, bündelt und reflektiert die vom Heliostatenfeld bereits konzentrierte Solarstrahlung zur Receiverapertur am Boden. Dabei stellt die Spiegelflächengeometrie des Turmreflektors meist ein Hyperboloid mit einem oberen und einem unteren Fokalpunkt dar. Vor der Receiverapertur wird üblicherweise ein CPC angebracht, dessen Aperturebene sich auf der Höhe des unteren Fokalpunktes befindet. Eine Literaturübersicht über die Entstehungsgeschichte des Turmreflektorkonzepts für solarthermische Anwendungen, sowie die theoretischen Grundlagen zur Konzentration einschließlich CPCs, sind in der von Schmitz verfassten Dissertation [24] wiedergegeben. Die Arbeit fasst vorangegangene Analysen des Turmreflektorkonzepts und Vergleichsstudien zwischen BDS und Turmreceiversystemen zusammen, während sie selbst einen systematischen Vergleich beider Konzentratorkonzepte auf der Basis von Wärmegestehungskosten darstellt. Die Ergebnisse zeigen signifikant höhere Wärmegestehungskosten von BDS im Wesentlichen aufgrund der erhöhten Konzentrationskosten.

Die vorliegende Arbeit vergleicht Turmreceiver- bzw. Turmreflektorkonzepte mit Fokus auf dem Potenzial zur Reduktion der Stromgestehungskosten bei erhöhten Receivertemperaturen. In diesem Zusammenhang werden komplette Systeme von der Sonneneinstrahlung bis zur Stromerzeugung abgebildet. Für die vorliegende Arbeit sind daher die Receivertypen von Interesse, mit welchen hohe Receiver-Auslasstemperaturen bis 730°C erreicht werden können. Entsprechende Receivertypen für BDS, jedoch für Receiveraustrittstemperaturen bis 560°C, wurden bereits von M. Epstein [75] und von Y. Tamaura [76] (s. Abbildung 11, S.- 35 -) vorgeschlagen. Beim Receiver nach Epstein handelt es sich um einen zylindrischen und doppelwandigen Receiver, in welchem das WTM zwischen den Wänden von unten nach oben geführt wird. Die Strahlungsabsorption findet an der inneren Seitenfläche der inneren Wände statt. Ein weiteres Ausführungsbeispiel stellt einen zylindrischen Receivertank dar, welcher mit einer semitransparenten Salzschmelze gefüllt ist. Am Boden des Tanks sind Absorptionslamellen angebracht, während sich der Einlass für das WTM im unteren Bereich der Receiverseitenfläche und der Auslass im oberen Bereich der Receiverseitenfläche befinden. Vom Tokyo Institute of Technology wurde ein beidseitig gekühlter Rohrreceiver zum Patent [77] angemeldet. Die auf der inneren Mantelfläche eines zylindrischen Behälters spiralenförmig verlaufenden Rohre werden beidseitig gekühlt, indem das WTM einerseits durch die Rohre gepumpt wird und andererseits als Flüssigfilm an der absorbierenden Außenfläche der Rohre herunter fließt.

2.4 Stand der Umsetzung von Solartürmen mit Salzschmelzen

Seit Anfang der 80-Jahre wurden weltweit zehn Demonstrationsanlagen errichtet um die grundsätzliche Machbarkeit der Solarturmtechnik nachzuweisen. Im März 2007 wurde die erste kommerzielle Solarturmanlage Planta-Solar-10 (PS10) nahe Sevilla in Spanien in Betrieb genommen. Die im April 2009 in Betrieb genommene Planta-Solar-20 (PS20) ist die derzeit größte kommerzielle Solarturmanlage der Welt und befindet sich direkt neben der PS10-Anlage. In diesen beiden Solarturmkraftwerken wird in Rohrreceivern Sattdampf erzeugt [18, 25, 78]. Gemasolar ist das erste kommerzielle solarthermische Großkraftwerk, das Flüssigsalz als WTM und als Speichermedium nutzt. Anfang 2011 begann der Testbetrieb von Gemasolar, die offizielle Inbetriebnahme erfolgte am 1. Mai 2011 [14].

Im Folgenden werden die wichtigsten Meilensteine der Solarturmtechnologie zusammengefasst, in deren Receivern Salzschmelzen als WTM verwendet wurden. Diese betreffen das Solar-Two-Projekt und die Gemasolar-Anlage. In Anhang 8.14 sind weitere basislegende Demonstrations- bzw. Testanlagen mit Salzschmelzen oder Flüssigmetallen als WTM aufgeführt. Nähere Daten zu den hier nicht erwähnten Testanlagen können [79] entnommen werden. Während die aufgeführten Solarturmprojekte bereits abgeschlossen sind oder sich in der fortgeschrittenen Projektphase befinden, gibt es eine Vielzahl an angekündigten Projekten, die aktuell in der konkreten Planung befinden und unter [80] aufgelistet sind.

2.4.1 Solar-Two

In 1995 wurde die Solar-One-Demonstrationsanlage [20], die damals als größte Solarturmanlage der Welt galt (10 MW$_{el}$) und mit einem Rundumfeld ein zylindrisches offenes 360° Rohrreceiversystem mit Direktverdampfung aufwies (H$_2$O) in die Solar-Two-Demonstrationsanlage umgewandelt. Die Zielsetzung des Solar-Two-Projekts war die Validierung und die technische Charakterisierung von Solarturmkonzepten mit einer Salzschmelze als WTM, kurz von Salzturmtechnologien. Die technische Charakterisierung bezog sich neben der Gesamtanlage im Wesentlichen auf die innovativen Komponenten, wie auf den Rohrreceiver (SIT, engl. Salt in Tube) mit Solar-Salt als WTM, auf das Zwei-Tank-Speichersystem mit ebenfalls Solar-Salt als Speichermedium und auf das auf diesem Wege betriebene Dampferzeugersystem. Neben der technischen Charakterisierung bestand ein großes Interesse die Datenbasis über Investitions-, Betriebs- und Wartungskosten solcher Anlagen zu erweitern, um genauere Vorhersagen für nachfolgende kommerzielle Projekte treffen zu können. Solar-Two nahm im Juni 1996 den Betrieb auf und war das bislang größte erfolgreiche Demonstrationsprojekt für die Salzturmtechnologie. Das Heliostatenfeld der Solar-Two-Anlage umfasste die Heliostate des Solar-One-Heliostatenfeldes und wurde um 108 Heliostate mit je 95 m^2 Spiegelfläche erweitert. Dies führte zu einem neuen Solarfeld mit 1926 Heliostaten und einer Gesamtspiegelfläche von 82750 m^2. Wegen der geringen Verfügbarkeit der Heliostate von 85 % bis 95 % gegenüber den erwarteten 98 %, der Degradation der Spiegelflächen und des schlechten Cantings der Heliostate, verfehlte das Heliostatenfeld dessen geplante Leistungsfähigkeit. Die meisten Probleme mit dem Heliostatenfeld wurden der Tatsache zugeschrieben, dass zwischen dem Solar-One und dem Solar-Two-Projekt sechs Jahre vergingen und das Solarfeld unbenutzt und ungewartet allen wetterbedingten Schädigungsmechanismen ausgesetzt war. Während die Turmstruktur aus dem Solar-One-Projekt beibehalten wurde, kam ein neuer Rohrreceiver mit einer Auslegungsleistung von 42 MW$_{th}$ zum Einsatz. Der gemessene thermische Wirkungsgrad des Receivers betrug bis zu 88%. Hinzu kamen ein neues Zwei-Tank-Speichesystem mit einer Speicherkapazität von 110 MWh$_{th}$, dessen thermischer Gesamtwirkungsgrad über 97 % erreichte, ein neues Dampferzeugersystem (535°C, 100 bar) mit 35 MW$_{th}$ Nennleistung, sowie ein neues Regelungssystem. Da die Dampfturbine des Solar-One-Projekts nach Überarbeitung weiterbetrieben wurde, entsprach die Stromproduktion des Solar-Two-Kraftwerks ebenfalls 10 MW$_{el}$ bei einem thermischen Bruttowirkungsgrad von 34 %. Der Gesamtwirkungsgrad der Anlage (eingespeiste elektrische Energie zur eingestrahlten Solarenergie) entsprach 13.5 %. Am längsten lief die Testanlage 154 Stunden dauerhaft und erreichte im Falle der vorhergesagten Verfügbarkeit des Heliostatenfeldes die ausgelegten Betriebsparameter aller Komponenten. Obwohl es Probleme beim Hochfahren der Anlage gab und sie nicht lange genug in Betrieb war um eine jährliche Leistungsbilanz ziehen zu können, wurden durch das Projekt etliche Bereiche identifiziert, wie zukünftige solarthermische Anlagen einfacher und zuverlässiger gebaut werden können. Am 8. April 1999 wurden die Tests und das Projekt beendet. Ohne weitere Fördermittel konnte die Testanlage wirtschaftlich nicht mit der kommerziellen Stromerzeugung konkurrieren, zumal sie zu klein war und die Kosten für die fossilen Energieträger nach der Ölkrise wieder nominale Werte annahmen. Kommerzielle, ausschließlich solar betriebene Anlagen zur Stromerzeugung ohne Subventionen müssen größer ausgeführt sein (50 MW$_{el}$ bis 200 MW$_{el}$), um aus der Wirtschaftlichkeit durch Massenproduktion und aus den durch Rationalisierung erreichbare Senkung der Betriebs- und Wartungskosten bis hin zur Konkurrenzfähigkeit profitieren zu können [11-13, 21, 55, 56, 81, 82].

2.4.2 Gemasolar

Im Mai 2011 wurde westlich der spanischen Stadt Écija, in Andalusien, die erste kommerzielle Solarturmanlage mit Salzreceivertechnologie, namens Gemasolar, in Betreib genommen. In vorangegangenen Publikationen wurde dieses Solarturmkraftwerk als Solar-Tres bezeichnet. Der Erbauer des Solarturmkraftwerks ist SENER Ingeniería y Sistemas. Das Heliostatenfeld der Gemasolar-Anlage ist dreimal so groß wie die der Solar-Two-Anlage, deren Heliostatenfeld 2650 Heliostate mit jeweils 110 m^2 Spiegelfläche aufweist. Die daraus resultierende Gesamtspiegelfläche der Gemasolar-Anlage beträgt 291500 m^2. Auf einem 140 m hohen Turm ist der Strahlungsempfänger angebracht, dessen thermische Receiverleistung zum Auslegungszeitpunkt 120 MW beträgt. Die Einlasstemperatur des Rohrreceivers liegt bei 285°C und die Auslasstemperatur bei 565°C. Der Receiver ist aus hochtemperaturbeständigen Nickel-Basis-Legierungen mit hohem Nickelanteil gefertigt. Dadurch akzeptieren die Receiverrohre höhere Strahlungsdichten und weisen geringere Wärmeverluste auf als der Solar-Two-Receiver. Für die hohen Anforderungen an das Receivermaterial wurden in einer Testphase in 2008 verschiedene potenzielle Nickel-Basis-Legierungen zur thermischen und korrosionstechnischen Untersuchung ausgewählt. Zu ihnen gehörten die Legierungen 625LCF, 625, C4, 230, und 617LCF gehörten, sowie der austenitische rostfreie Stahl 800H. Die Anlage ist mit einem Zwei-Tank-Speichersystem ausgerüstet, welches die Betreiber in die Lage versetzt im Sommer fortlaufend einen Dampfturbinenprozess anzutreiben. Der thermische Speicher bestehend aus dem Kalt- bzw. Heißtank (285°C und 565°C) und dessen Subsystemen wurde gegenüber Solar-Two ebenfalls vergrößert, sodass 8500 Tonnen Salzschmelze rund 800 MWh thermische Energie speichern können. Diese reicht aus um den Dampfprozess mit einem 43 MW$_{th}$ Dampferzeuger 15 Stunden lang zu betreiben. Der Dampfprozess des Gemasolar Solarturmkraftwerkes speist im Volllastbetrieb 19.9 MW elektrische Leistung in das spanische Stromnetz, bei einem maximalen thermischen Wirkungsgrad von 39.4% bzw. 38% Wirkungsgrad im Jahresmittel, ein [11-14, 35, 83, 84].

3 Konzeptbewertung

Die ersten kommerziellen Anlagen arbeiten mit einer Technologie bei der in Rohrreceivern die Direktverdampfung von Wasser stattfindet. Dies liegt an der gewerblichen Verfügbarkeit der benötigten Schlüsselkomponenten für die moderaten Betriebsparameter dieser Solarturmkraftwerke, wie Rohrreceivermodule und Dampfspeicher, sogenannte Gleitdruckspeicher nach dem Prinzip von Ruths. Mit ihnen lässt sich die Markteinführung der Solarturmkraftwerke risikoarm verwirklichen, zumal bei der Betriebsführung das WTM in den Receivern dem Speichermedium und auch dem Arbeitsmedium des Kraftwerksprozesses entspricht. Jedoch stellt die Übertragung dieser Technologie auf überkritische Dampfparameter einen größeren Entwicklungsschritt voraus, als die Übertragung der alternativen Technologien mit Salzschmelzen oder Flüssigmetalle. Das ist im Wesentlichen dadurch bedingt, dass die überkritischen Parameter signifikant höhere Drücke bzw. Temperaturen des Receivers und des Speichers erfordern. Dies setzt sowohl auf der Receiverseite als auch auf der Speicherseite eine Materialumstellung auf hochwarmfeste Legierungen voraus. Ferner sind durch den erhöhten Druck erhöhte Materialdicken der Receiverrohre bzw. des Druckbehälters zu erwarten. Auf der Receiverseite wirken sich erhöhte Materialdicken der Receiverrohre aufgrund der ungleichmäßigen Bestrahlung auf der Vorder- bzw. Rückseite in vergrößerten Temperaturgradienten über den Rohrumfang aus. Diese führen bei Drücken bis 350 bar nicht nur zu einer verkürzten Lebensdauer, auch bezüglich des Receiverwirkungsgrades sind aufgrund höherer Strahlungsverluste signifikante Einbußen zu erwarten. Auf der Speicherseite ist der dominante Kostenfaktor der Druckbehälter, weshalb sich in der Prozesstechnik Ruths-Speicher nur für Anwendungen bei moderatem Druck und kurzen Speicherzeiten durchgesetzt haben [49]. Aus diesen Gründen ist die Umstellung der Sattdampfreceivertechnologie auf überkritische Dampfparameter im großtechnischen Maßstab voraussichtlich mit signifikant gesteigerten leistungsspezifischen Kosten, bei gleichzeitig verschlechterter leistungsspezifischer Betriebscharakteristik, verbunden.

Die Direktverdampfung von Alkalimetallen in Rohrreceivern, um sogenannte Topping-Cycle mit Alkalimetalldampf als Arbeitsmedium bei moderaten Drücken [52] vor einem überkritischen Dampfprozess anzutreiben, könnte eine potentielle Technologie darstellen. Jedoch ist die erforderliche Sicherheitstechnik bezüglich der reaktionsaktiven Alkalimetalle und ihrer Dämpfe ebenfalls mit einem hohen Entwicklungsaufwand behaftet. Ferner existieren derzeit keine Dampfturbinen mit Alkalimetalldampf und deren industrielle Entwicklung ist mittelfristig nicht absehbar.

Aufgrund dieser Gegebenheiten wird die Möglichkeit der überkritischen Direktverdampfung in dieser Arbeit nicht behandelt. Dies gilt ebenfalls für solare GuD-Kraftwerke [36, 63, 85], deren Rohrreceiver- bzw. druckbeaufschlagtes volumetrisches Receiversystem mit gasförmigem WTM zunächst einen Gasturbinenprozess antreibt, dem ein Dampfprozess mit überkritischen Parametern nachgeschaltet ist. Der Anspruch dieser Arbeit liegt in der Entwicklung eines Leitkonzepts, dessen Fokus auf der rein solaren, im großtechnischen Maßstab realisierbaren Stromerzeugung mit ausschließlich überkritischen Dampfprozessen liegt, deren kommerzielle Verfügbarkeit im mittelfristigen Zeitraum wahrscheinlich ist. Die Thematik der kommerziellen Verfügbarkeit von überkritischen Dampfprozessen und ihrer voraussichtlichen Leistungsklassen ist im Anhang 8.12 diskutiert.

In der nachfolgenden Konzeptbewertung werden somit Turmreceiver- und Turmreflektorkonzepte aus dem Gesichtspunkt ihrer Potenziale zur Reduktion der Stromgestehungskosten gegenübergestellt. Neben der Innovation überkritische Dampfprozesse anzutreiben werden neuartige Receivertypen mit direkter bzw. indirekter Absorption bewertet.

3.1 Übergeordnete Annahmen

Um unterschiedliche Konzentratorkonzepte bzw. ihre Receiverkonzepte miteinander vergleichen zu können, bedarf es einiger übergeordneter Annahmen, welche die relative Vergleichbarkeit der Ergebnisse gewährleisten. Mit ihnen wird zudem die Anzahl der veränderlichen Parameter des Gesamtsystems reduziert. Die übergeordneten Annahmen der Konzeptbewertung sind im Folgenden aufgeführt und im Anhang 8.1 tabellarisch wiedergegeben (Tabelle 7).

3.1.1 Basis- bzw. Referenzkonzept und Leistungsklasse

In der ersten Bewertungsstufe werden für die Betriebsparameter des Basiskonzepts die in der ECOSTAR-Studie [11] angegebenen Werte der Solar-Tres-Anlage herangezogen. Demnach weist das Basiskonzept eine Leistungsklasse von 17 MW$_{el}$ mit subkritischen Dampfprozessparametern auf. Das Referenzkonzept, mit welcher alle weiteren Konzeptvarianten verglichen werden, entspricht einer skalierten Ausführung des Basiskonzepts mit beibehaltenen Betriebsparametern. Um die Ergebnisse der Konzeptbewertung mit den Ergebnissen der ECOSTAR-Studie vergleichen zu können, wird für die erste Bewertungsstufe eine repräsentative Leistungsklasse der untersuchten Anlagenvarianten von 50 MW$_{el}$ angenommen. Zur Vereinfachung wird das Referenzkonzept der ersten Bewertungsstufe mit Solar-50 bezeichnet. Die erste Bewertungsstufe vergleicht Anlagevarianten mit überkritischen Dampfprozessen (USC-Dampfprozesse), deren Dampfprozessparameter im AD700-Projekt [16] prognostiziert wurden, mit Solar-50. In der zweiten Bewertungsstufe werden zum Vergleich Anlagevarianten mit heute kommerziell verfügbaren überkritischen Dampfprozessen (SC-Dampfprozesse) vorausgesetzt. Diese weisen moderate überkritische Dampfprozessparameter auf. Die zweite Bewertungsstufe erfolgt auf einem Leistungsklassenniveau von 200 MW$_{el}$. Das Referenzkonzept der zweiten Bewertungsstufe wird mit Solar-200 bezeichnet und weist ebenfalls die Betriebsparameter des Basiskonzepts auf. Einen Einblick zum Hintergrund dieser Vorgaben gibt Anhang 8.12.

3.1.2 Standort und Auslegungszeitpunkt

Der Standort aller Anlagevarianten ist nahe Sevilla (37° 2' N, 05° 9' W, 20 m Höhe ü. M.) in Spanien, mit einer jährlichen terrestrischen Direkteinstrahlung (DNI, engl. Direct Normal Irradiation) von 2062 kWh/m^2. Der Auslegungszeitpunkt (DP, engl. Design Point) für alle Konzepte ist der 21.März, 12:00 h.

3.1.3 Heliostatenfeld

Für das Heliostatenfeld wird die Verwendung von Sanlúcar 120 m^2 Heliostaten [25] und in der Ausführung als Rundumfeld angenommen. Die Position der Heliostate bzw. die Aufstellparameter des Heliostatenfeldes, sowie die Turmhöhe, werden für jeden untersuchten Konzentrator- bzw. jedes Receiverkonzept neu optimiert. Dabei wird die thermische Einstrahlleistung auf die Fläche der Receiverapertur (Interceptleistung) festgesetzt, um so eine relative Vergleichbarkeit der Receiverkonzepte untereinander zu gewährleisten. Diese festgesetzte, einheitliche Interceptleistung aller miteinander verglichenen Konzepte orientiert sich an dem optimierten Heliostatenfeld bzw. Turmhöhe des Referenzkonzepts. Zur Vorauslegung von Solar-50 wird ein Solarfeld angenommen, welches am DP die dreifache thermische Leistung des Dampferzeugers (Solarvielfaches = 3) auf die Absorberfläche des Receivers konzentriert. Dabei wird ein thermischer Wirkungsgrad des Dampfprozesses von 44.7 % angenommen.

3.1.4 Receiver

Die Abschätzungen der geometrischen Dimensionen des Receivers erfolgen mit Hilfe empirischer Annahmen hinsichtlich der mittleren Strahlungsdichte am DP (Rohrreceiver) oder resultieren aus den Optimierungsergebnissen des Konzentratorsystems in Form von kostenoptimalen Aperturgrößen des Receivers (BDS, DAR). Für die Receivermodelle werden aus den jeweiligen, optimal ausgelegten, Heliostatenfeldern bzw. Turmhöhen hervorgehende inhomogene Strahlungsdichteverteilungen verwendet. In Abhängigkeit von den jeweiligen Receivermodellen bzw. deren Diskretisierung werden diskrete Absorberflächen definiert. Die inhomogene Einstrahlung wird in den Receivermodellen über die diskreten Absorberflächen gemittelt. Somit wird die ungleichmäßige und ortsabhängige Einstrahlung auf die bestrahlten Receiverflächen mit mittleren Flussdichteverteilungen erfasst. Die Berechnung des Wärmeübergangs zwischen dem WTM und der Absorberstruktur erfolgt je nach Receivertyp mit entsprechenden empirischen Korrelationen. Die berücksichtigten Verluste des Receivers umfassen die in Gl.(3) aufgeführten Verlustmechanismen.

3.1.5 Wärmeträgermedium

Eine praktikable Alternative zu Rohrreceivern mit Wasserdampf als WTM stellen Receiverkonzepte mit flüssigen WTM dar. Hierfür eignen sich WTM, welche im Temperaturintervall zwischen der minimalen und maximalen Betriebstemperatur des Receivers keinen Phasenwechsel erfahren. Entsprechend der untersuchten Dampfprozesstemperaturen liegen die maximalen Betriebstemperaturen des Receivers bei 570°C (Referenz), 620°C (SC) und 730°C (USC). Daher werden WTM in Erwägung gezogen, deren Verdampfungs- bzw. Zersetzungstemperatur jeweils oberhalb dieser Temperaturen liegt. Die Minimaltemperatur des WTMs wird 15 K höher als die untere Temperatur des Dampferzeugersystems angenommen. Sofern die Erstarrungstemperatur des WTMs dies nicht erlaubt, wird als Sicherheit gegen die Erstarrung des WTMs eine Minimaltemperatur, die 30 K höher als diese liegt, angesetzt. Die thermophysikalischen Eigenschaften der ausgewählten Salzschmelzen bzw. Flüssigmetalle sind in Anhang 8.1 aufgeführt.

3.1.6 Wärmetransportsystem und thermischer Speicher

Das Wärmetransportsystem von Solarturmanlagen stellt ein komplexes Leitungssystem dar. Neben beheizbaren, zur Umgebung hin isolierten Leitungen, besteht die Komplexität des Systems in der Interaktion von Pumpen, Ventilen und Puffertanks mit dem Receiversystem, dem thermischem Speichersystem bzw. dem Dampfprozess. Dabei kann aus den vorhergehenden Potenzialbewertungen abgeleitet werden, dass der Anteil des Wärmetransportsystems an den Gesamtinvestitionskosten vergleichsweise gering ist. Der Verlustanteil an den thermischen Gesamtverlusten ist aufgrund der Option einer guten Isolation ebenfalls als gering einzuschätzen. Da die Konzeptbewertung eine relative Vergleichbarkeit der Anlagevarianten untereinander anstrebt und angenommen werden kann, dass sich die jeweiligen Wärmetransportsysteme nur geringfügig voneinander unterscheiden, werden die finanziellen Aufwendungen und die thermischen Verluste des Wärmetransportsystems nicht explizit berücksichtigt.

Jeder Anlagevariante wird eine virtuelle Speichertechnologie zugeordnet, welche die entsprechenden Betriebsanforderungen unterstützt. Diese orientiert sich an der Zwei-Tank-Speichertechnologie. Bezüglich der Speicherkapazität werden thermische Speicher für 8h Volllastbetrieb des Dampfprozesses und für eine kostenoptimale Speicherkapazität bewertet. Der thermische Wirkungsgrad des Wärmespeichersystems wird analog zur ECOSTAR-Studie überschlägig mit 95% angenommen. Die getroffenen Kostenannahmen des thermischen Speichers werden mit Sensitivitätsanalysen relativiert, wodurch der Einfluss veränderter technologiebezogener Speicherkosten abgebildet wird.

3.1.7 Kosten

Die Kostenannahmen stammen aus Literaturquellen. Bei der Bewertung der Effekte durch Kostendegression der Komponenten werden die konservativen Skalierungsfaktoren aus der ECOSTAR-Studie verwendet. Durch Sensitivitätsanalysen werden die Ergebnisse hinsichtlich der Kostenannahmen relativiert. Alle getroffenen Kostenannahmen sind in Anhang 8.2 tabellarisch zusammengefasst (Tabelle 9).

3.2 Werkzeuge

Die Auslegung der Heliostatenfelder für die unterschiedlichen Konzentratorsysteme werden mit dem Auslegungs- und Optimierungsprogramm HFLCAL [86] durchgeführt. HFLCAL dient auch zur Ermittlung niedrig aufgelöster Strahlungsdichteverteilungen auf der Receiverapertur. Um hoch aufgelöste Strahlungsdichteverteilungen auf den Absorberflächen der Receiver zu ermitteln, wird das Strahlenverfolgungsprogramm SPRAY [87, 88] verwendet. Für die Analyse von CPCs für BDS dient ein vom DLR entwickeltes Excel-Sheet, welchem die Auslegungsalgorithmen für optimierte CPC-Geometrien von Denk [29] zugrunde liegen. Der Auslegung und Optimierung der Rohrreceiverkonzepte mit unterschiedlichen WTM dient das kommerzielle Computeralgebrasystem MathCad [89]. Die Modellbildung der innovativen Receivervarianten für BDS und DAR erfolgt aufgrund der physikalischen Komplexität mit dem kommerziellen CFD-Programm ANSYS-CFX [90]. Die Modellierung der Dampfprozesse erfolgt mit dem Kraftwerksauslegungsprogramm Cycle-Tempo der TU Delft [91]. Die Jahressimulationen des Gesamtsystems werden mit dem ECOSTAR-Excel-Sheet [92] ausgeführt. Experimentelle Untersuchungen bezüglich der optischen Eigenschaften von Flüssigsalzen bei hohen Temperaturen werden mit einem 632.8 nm 5 kW Laser, Schott Glasfiltern, einem konventionellen Kameradetektor und einem Spektrometer des Typs Equinox55 von Bruker-Optics vorgenommen.

3.3 Datenfluss

Zu Beginn werden die Komponenten für die Strahlungskonzentration (Heliostatenfeld, Turm, Turmreflektor bzw. CPC), entsprechend der übergeordneten Annahmen vorausgelegt und die geometrischen Dimensionen des Receivers abgeschätzt (HFLCAL). In Abhängigkeit vom Sonnenstand werden aus den Ergebnissen dieser Auslegung die Wirkungsgradkennfelder des Konzentratorsystems erzeugt. Unter Anwendung der optimierten Konzentratorkomponenten und der abgeschätzten Receivergeometrie wird die Strahlungsdichteverteilung auf den Absorberflächen der jeweiligen Receiversysteme mittels bekannter Methoden zur Strahlungsverfolgung ermittelt (HFLCAL, SPRAY).

Die ermittelte Strahlungsdichteverteilung dient zusammen mit den vorgegebenen Randbedingungen der jeweiligen Anlagevarianten als Eingangsgröße für die Berechnung des Temperaturfeldes auf der Absorberstruktur des Receivers. Dies erfolgt unter Anwendung von empirischen Korrelationen bzw. CFD-Methoden. Als abgeleitete Größen resultieren aus der Berechnung der Temperaturfelder die optischen, thermischen bzw. parasitären Verluste des Receivers und somit die Wirkungsgradkennfelder der jeweiligen Receivertypen in Abhängigkeit der eingestrahlten Leistung im Teil- bzw. Volllastzustand.

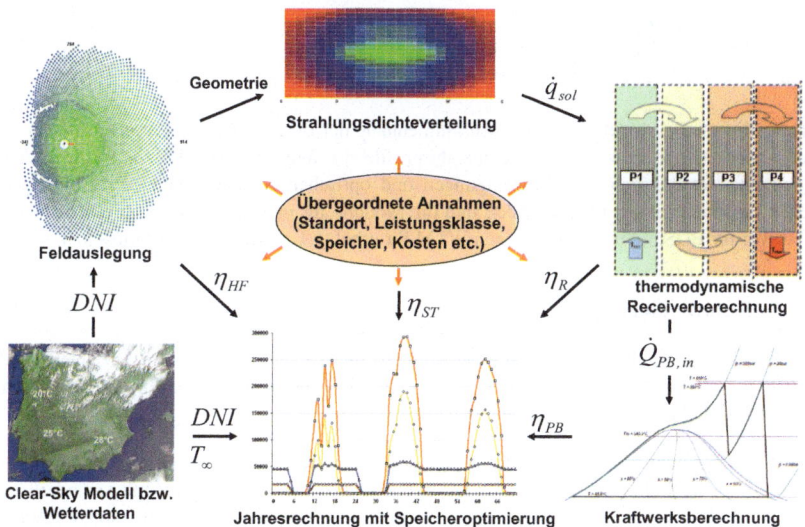

Abbildung 7   Datenfluss der Konzeptbewertung

Entsprechend der übergeordneten Annahmen werden die Kraftwerksblöcke für die subkritischen Referenzsysteme und für die SC- bzw. USC-Dampfprozesse ausgelegt. Daraufhin werden auf der Basis von Kennfeldern für die Isentropenwirkungsgrade existierender Dampfturbinen die Teillastprofile der untersuchten Dampfprozesse erzeugt.

Schließlich werden mit Hilfe der ermittelten Wirkungsgradkennfelder des Konzentratorsystems, des Receiversystems, und der Kraftwerksblocks, sowie der überschlägigen Verluste des Wärmetransport- bzw. thermischen Speichersystems die Jahreserträge der jeweiligen Anlagevarianten untersucht. Mittels einer Parameterstudie bezüglich der Speicherkapazität wird dessen Optimalwert ermittelt. Die Jahresanalyse erfolgt auf Stundenbasis und liefert die jährlich aus der Solareinstrahlung wandelbare Elektrizität. Unter Anwendung der Kostenmodelle werden daraus die LCOE der jeweiligen Anlagevarianten ermittelt und miteinander verglichen. Die Vorgehensweise für die Abschätzung der Stromgestehungskosten der betrachteten Systeme bzw. Konzeptvariationen ist in Abbildung 7 veranschaulicht.

3.4 Receiver für erhöhte Temperaturen

Das Ziel der Receivermodelle ist, in Abhängigkeit der Einstrahlungsverhältnisse im Voll- bzw. Teillastzustand und der vorherrschenden Umgebungstemperatur, die maßgebenden Verlustmechanismen abzubilden und die Wirkungsgradkennfelder des Receivers für die nachfolgende Jahresanalyse zu erzeugen. Im Allgemeinen kann der Receiverwirkungsgrad mit der übertragenen Nutzwärme an das WTM und der Interceptleistung des Receivers aus dem Heliostatenfeld wie folgt definiert werden:

$$\eta_R = \frac{\dot{Q}_{nutz}}{\dot{q}_{DNI} \cdot A_{HF} \cdot \eta_{HF}} \qquad (6)$$

Primär dienen die Modelle in diesem Zusammenhang der Berechnung der Temperaturfelder auf der Absorberstruktur, sowie der Temperaturprofile des angewendeten WTMs unter Berücksichtigung der gegebenen Randbedingungen und optischer, thermodynamischer und empirischer Zusammenhänge. Im Folgenden sind die Modelle für innovative Rohrreceiver, DAR und Receiver für BDS mit unterschiedlichen WTM für erhöhte Temperaturen beschrieben.

3.4.1 Rohrreceiver

Das für die Konzeptbewertung von Rohrreceivern für erhöhte Temperaturen mit unterschiedlichen WTM verwendete Modell ist in [93] ausführlich beschrieben. Nachfolgend werden die relevanten Modellannahmen zusammengefasst.

Für die Berechnung des Receiverwirkungsgrades in Abhängigkeit von der eingestrahlten Interceptleistung wird ein modular aufgebauter, zylindrischer 360°-Rohrreceiver mit veränderlicher Anzahl der Receivermodule angenommen. Für eine gegebene Interceptleistung am DP resultieren die Dimensionen des zylindrischen Receivers aus der vorgegebenen mittleren Strahlungsdichte. Eine entsprechende Modellskizze ist in Abbildung 8 dargestellt.

Nach dem Eintreten des WTMs in den Receiver, fließt es seriell durch die auf der Mantelfläche der Trägerstruktur nebeneinander angeordneten Module. Jedes Modul besteht aus der gleichen Anzahl an parallel durchflossenen Rohren mit gleichem Rohrdurchmesser bzw. gleicher Rohrwandstärke. Das WTM tritt mit der Einlasstemperatur (T_{Ein}) in das erste Modul (P_1) ein und verlässt den Receiver beim Austritt aus dem letzten Modul ($P_{n/2}$) mit der definierten Auslasstemperatur (T_{Aus}). Dabei entspricht die Gesamtanzahl der Receivermodule n. Aus thermodynamischer Sicht besteht der Unterschied zwischen den Modulen in der unterschiedlichen Einstrahlungsstärke und in den unterschiedlichen WTM- bzw. Rohrwandtemperaturen. Die iterative Berechnung der Modulwirkungsgrade und daraus resultierend des Receiverwirkungsgrades erfolgt bei gemittelter modulspezifischer Einstrahlung.

Die hierfür benötigte Strahlungsdichteverteilung auf der Mantelfläche des Receivers resultiert aus der Optimierung des Heliostatenfeldes. Die über die Receiverhöhe gemittelte Strahlungsdichte, in Abhängigkeit der Umfangskoordinaten des Receivers, wird als Polynom wie folgt ausgedrückt:

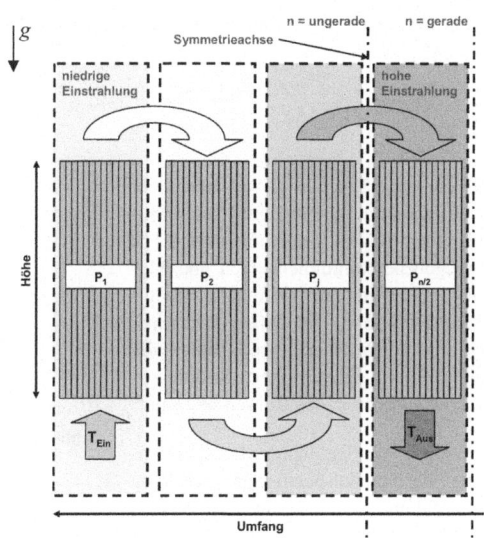

Abbildung 8 Modellskizze für Rohrreceiver

$$\dot{q}_{sol}(x_U, f) = (\xi_1 \cdot x_U^{\,4} + \xi_2 \cdot x_U^{\,3} + \xi_3 \cdot x_U^{\,2} + \xi_4 \cdot x_U) \cdot f \qquad (7)$$

Der Faktor f ist dabei das Verhältnis zwischen der aktuellen Interceptleistung und der Interceptleistung am DP und stellt die bezüglich des DPs normierte Einstrahlung dar. Er dient zur Skalierung des Einstrahlprofils und damit zur Erfassung der zeitlich variierenden Sonneneinstrahlung. Es sei darauf hingewiesen, dass die Abhängigkeit des Einstrahlprofils vom Sonnenstand vernachlässigt wird. Somit ist es möglich die Symmetrie des Receivers dahingehend zu berücksichtigen, dass nur eine Hälfte des Receivers berechnet wird. Die solare Einstrahlung jedes Moduls j ergibt sich aus dem folgenden Zusammenhang:

$$\dot{Q}_{sol}(f)_j = \int_{x_{Uj}}^{x_{Uj}+\Delta x_{Uj}} \dot{q}_{sol}(x_U, f) \cdot dx_U \qquad (8)$$

Abhängig von der Receivergeometrie, der definierten Minimal- bzw. Maximaltemperatur des jeweiligen WTMs und von dem thermischen Wirkungsgrad jedes Moduls wird der erforderliche Massenstrom des Receivers mit bestimmt:

$$\dot{m}(f) = \frac{\sum_j \left(\eta_{R,th_j} \cdot \dot{Q}_{sol}(f)_j \right)}{\overline{c_p} \cdot \left(T_{Ein} - T_{Aus} \right)} \qquad (9)$$

Die ermittelten Verluste führen zum thermischen Wirkungsgrad der Module j:

$$\eta_{R,\,th\,j,k+1} = \frac{\dot{Q}_{nutz\,j,k}}{\dot{Q}_{sol\,j}} \quad \text{mit} \quad \dot{Q}_{nutz\,j,k} = \dot{Q}_{sol\,j} - \left(\dot{Q}_{refl\,j,k} + \dot{Q}_{rad\,j,k} + \dot{Q}_{fk\,j,k} \right) \tag{10}$$

Für die erste Iteration ($k = 0$) entspricht der thermische Wirkungsgrad jedes Moduls einem geschätzten Anfangswert. Für vorgegebene Rohrdimensionen und Modulanzahl wird mit Hilfe der Modulwirkungsgrade des aktuellen Iterationsschrittes k der Massenstrom durch die Module und die mittlere Strömungsgeschwindigkeit in den Rohren bestimmt.

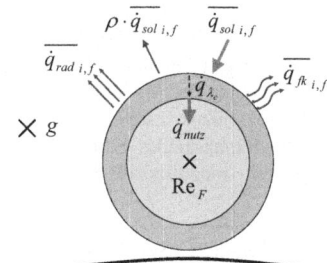

Daraufhin werden unter Berücksichtigung der modulspezifischen mittleren Einstrahlung die Temperaturen des

Abbildung 9   Auf die Verlustmechanismen basierende Skizze der flächenspezifischen Wärmebilanz

WTMs am Einlass bzw. Auslass jedes einzelnen Moduls ermittelt. Die Temperaturen auf der Rohrinnen- bzw. Außenwand resultieren aus der Wärmebilanz der Rohre jedes einzelnen Moduls. Entsprechend Abbildung 9 werden für die Wärmebilanz die relevanten Verlustmechanismen berücksichtigt. Das Gleichungssystem für die Wärmebilanz basiert für jedes Modul j auf den Gl.(11) bis Gl.(20).

Der Wärmestrom auf der Rohraußenseite für jedes Modul j wird wie folgt beschrieben:

$$\dot{Q}_{o\,j,k} = \overline{\dot{q}_{o\,j,k}} \cdot \sum_{n_P} A_{RW,\,o} = \dot{Q}_{sol\,j} \cdot \eta_{P,\,th\,j} \tag{11}$$

Der erzwungene umfangsgemittelte konvektive Wärmestrom auf der Rohrinnenseite entspricht:

$$\dot{Q}_{nutz\,j,k} = \overline{\dot{q}_{nutz\,j,k}} \cdot \sum_{n_P} A_{RW,\,i} = \overline{\dot{q}_{i\,j,k}} \cdot \sum_{n_P} A_{RW,\,i} = \overline{\dot{q}_{o\,j,k}} \cdot \frac{d_o}{d_i} \cdot \sum_{n_P} A_{RW,\,i} \tag{12}$$

Um die Temperatur an der Rohrinnenwand zu berechnen, wird die Nusselt-Korrelation nach Lyon-Martinelli angewendet, die zur Ermittelung des Wärmeübergangskoeffizienten bei der erzwungenen Konvektion mit Flüssigmetallen (Na, Sn, Pb-Bi Eutektikum) dient:

$$\overline{Nu_d} = 7 + 0.025 \cdot (\overline{Re_d} \cdot \overline{Pr})^{0.8} \tag{13}$$

Die Bezugslänge der Nusselt-Korrelation ist der Innendurchmesser des Rohrs. Die Gültigkeit der Korrelation ist für Reynoldszahlen zwischen 10^5 und 10^6 sowie für Prandtlzahlen zwischen 0.005 und 0.5 gegeben. Für die Rohrkühlung mit Salzschmelzen (60 % NaNO3 – 40 % KNO3, LiCl-KCl Eutektikum) wird die nachfolgende Nusselt-Korrelation verwendet:

$$\overline{Nu_d} = 0.0235 \cdot \left(\overline{Re_d}^{0.8} - 230\right) \cdot \left(1.8 \cdot \overline{Pr}^{0.3} - 0.8\right) \cdot \left[1 + \left(\frac{d_a}{H_R}\right)^{2/3}\right] \cdot \left(\frac{\overline{\eta_{WTM}}}{\overline{\eta_{RW,i}}}\right)^{0.14} \tag{14}$$

Diese ist im Reynoldszahlenintervall von 3000 bis 10^6, sowie für Prandtlzahlen zwischen 0.6 und 500 gültig [94]. Mit der mittleren Temperatur des WTMs zwischen der Einlass- und der Auslasstemperatur des entsprechenden Moduls resultiert die Temperatur an der Rohrinnenwand:

$$\overline{T_{ij,k}} = \frac{\overline{\dot{q}_{nutz\,j,k}}}{\overline{h_{ek\,j,k}}} + \overline{T_{WTM\,j,k}} \tag{15}$$

Bei der Ermittlung des Wärmeübergangskoeffizienten der freien Konvektion findet die Nusselt-Korrelation nach Churchill und Chu Anwendung [95]. Die Gültigkeit der Korrelation ist für Rayleighzahlen im Intervall $0.1 < Ra < 10^{12}$ und Prandtlzahlen im Intervall $0.01 < Pr < \infty$ gegeben. Die Außenwandtemperaturen der Rohre resultierten aus dem Erfahrungssatz nach Fourier unter Anwendung des Wärmedurchgangskoeffizienten des Rohrmaterials bzw. einer dünnen Pyromarkschicht:

$$\overline{T_{RW,o\,j,k}} = \frac{\overline{\dot{q}_{ij,k}}}{\overline{k_{a\,j,k}}} + \overline{T_{RW,i\,j,k}}, \quad \overline{k_{a\,j,k}} = \left[\frac{d_i}{2} \cdot \left(\frac{1}{\overline{\lambda_{c,RW\,j,k}}} \cdot \ln\left(\frac{d_{pyr}}{d_i}\right) + \frac{1}{\overline{\lambda_{c,pyr\,j,k}}} \cdot \ln\left(\frac{d_o}{d_{pyr}}\right)\right)\right]^{-1} \tag{16}$$

Die effektive Temperatur der emittierenden Absorberoberfläche wird für die Berechnung der thermischen Strahlungsverluste entsprechend dem nachfolgenden Zusammenhang ermittelt:

$$\overline{T_{RW,o,eff\,j,k}} = \sqrt[4]{\frac{1}{2} \cdot \left(\left(\overline{T_{Ein\,j,k}} + \overline{\Delta T_{RW\,j,k}}\right)^4 + \left(\overline{T_{Aus\,j,k}} + \overline{\Delta T_{RW\,j,k}}\right)^4\right)}$$

$$\text{mit} \quad \overline{\Delta T_{RW\,j,k}} = \overline{T_{RW,o\,j,k}} - \overline{T_{RW,i\,j,k}} \tag{17}$$

Unter Anwendung der Gl.(11) bis Gl.(17) können durch ihr Einsetzen in Gl.(18) bis Gl.(20) die Verluste durch freie Konvektion, thermische Strahlung und Reflexion für jedes Modul j bestimmt werden. Es wird vereinfachend angenommen, dass der Strahlungsaustausch mit der Umgebung (Absorption, Reflexion und thermische Ausstrahlung) auf der äußeren Rohrwandhälfte erfolgt, während an der konvektiven Wärmeübertragung (frei, erzwungen) die gesamte Mantelfläche (außen, innen) der Rohre teilnimmt. Das gesetzte Konvergenzkriterium entspricht einer geringeren Differenz als 10^{-4} zwischen den ermittelten Modulwirkungsgraden des Iterationsschrittes $k+1$ und k.

$$\dot{Q}_{fk\,j,k} = \overline{\dot{q}_{fk\,j,k}} \cdot \sum_{n_P} A_{RW,o} = \overline{h_{fk\,j,k}} \cdot \left(\overline{T_{RW,o\,j,k}} - T_\infty\right) \cdot \sum_{n_P} A_{RW,o} \tag{18}$$

$$\dot{Q}_{rad\,j,k} = \overline{\dot{q}_{rad\,j,k}} \cdot \sum_{n_P} \frac{A_{RW,o}}{2} = \sigma \cdot \varepsilon \cdot \left(\overline{T_{RW,o,eff\,j,k}}^{\,4} - T_\infty^{\,4}\right) \cdot \sum_{n_P} \frac{A_{RW,o}}{2} \tag{19}$$

$$\dot{Q}_{refl\,j,k} = \rho \cdot \dot{Q}_{sol\,j} = \rho \cdot \overline{\dot{q}_{sol\,j}} \cdot \sum_{n_P} \frac{A_{RW,o}}{2} \quad \text{mit} \quad \rho = (1 - \alpha) \tag{20}$$

Der Druckverlust des Receivers wird unter Anwendung der Colebrook-Gleichungen mittels der berechneten Strömungsgeschwindigkeiten und Temperaturen des WTMs bestimmt:

$$\Delta p_j = \zeta \frac{l}{d_i} \cdot \overline{\frac{\rho_{WTM\,j} \cdot \overline{u_{WTM\,j}}^{\,2}}{2}} \quad \text{mit} \quad \frac{1}{\sqrt{\zeta}} = -2 \cdot log\left(\frac{k_r}{3.71 \cdot d_i} + \frac{2.51}{Re_d \cdot \sqrt{\zeta}}\right) \tag{21}$$

Der Druckverlust des Receivers wird üblicherweise mit einer Pumpe überwunden, deren elektrische Leistung als parasitärer Verlust aufgefasst werden kann. Zum Vergleich wie gut sich unterschiedliche WTM zur Kühlung des Receivers eignen, ist es sinnvoll den Druckverlust eines Moduls zusammen mit dessen thermischen Verlusten in den Gesamtwirkungsgrad der Module bzw. des gesamten Receivers einfließen zu lassen. Demnach ist der Anteil an der thermischen Nutzleistung des Receivers zu ermitteln, welche nach der Umwandlung in elektrische Leistung die Receiverpumpe in die Lage versetzt den berechneten Druckverlust des Receivers zu überwinden. Unter Berücksichtigung der auf den Receiver folgenden Komponentenwirkungsgrade ist dieser Anteil der thermischen Nutzleistung des Receivers:

$$\dot{Q}_{par\,j} = \frac{P_{PU,el\,j}}{\eta_{PB} \cdot \eta_{ST} \cdot \eta_{R,th}} = \frac{\dot{m} \cdot \Delta p_j}{\rho_{WTM\,j} \cdot \eta_{PU} \cdot \eta_{PB} \cdot \eta_{ST} \cdot \eta_{R,th}} \tag{22}$$

Nachfolgend wird der Gesamtwirkungsgrad der Module j und des gesamten Receivers ermittelt:

$$\eta_{total\,j} = \eta_{th\,j} - \frac{\dot{Q}_{par\,j}}{\dot{Q}_{sol\,j}} = \frac{\dot{Q}_{nutz\,j} - \dot{Q}_{par\,j}}{\dot{Q}_{sol\,j}} \tag{23}$$

$$\eta_R(f) = \frac{\sum_j (\eta_{total\,j} \cdot \dot{Q}_{sol}(f)_j)}{\sum_j \dot{Q}_{sol}(f)_j} \tag{24}$$

Für Optimierungszwecke können die Parameter des dargestellten Gleichungssystems, wie bspw. das Verhältnis zwischen der Receiverhöhe und dem Receiverdurchmesser, die Rohrdimensionen oder die Anzahl seriell durchflossener Receivermodule als freie Parameter gewählt werden. Anhand publizierter Kostenschätzungen, der Interceptleistung am DP und der Rohrdimensionen werden leistungs- bzw. flächenspezifische Receiverkosten abgeleitet.

3.4.2 Direktabsorption mit Flüssigfilmkühlung

Die Bewertung des Reduktionspotenzials von DAR wird mit einem kommerziellen Heliostatenfeld als Konzentratorsystem und einem innovativen Receiverkonzept mit Flüssigfilmkühlung
ausgeführt. Während sich das Receiverkonzept an vorangegangenen Arbeiten [37, 38, 67-69, 71,
72] bezüglich DAR orientiert, besteht die Innovation im Wesentlichen in der Direktabsorption
und Kühlung einer Absorberstruktur, die sich auf der Innenseite eines nach unten geöffneten,
zylindrischen Cavity-Receivers befindet (IDAR). Durch die Verlagerung der Absorption von
der äußeren auf die innere Mantelfläche sollen auf den Flüssigfilm wirkende Windeinflüsse,
demnach der Austrag des WTMs und die Tendenz zu einer instabilen, ungleichmäßigen Film-
benetzung, minimiert werden. Die Bestrahlung einer nach unten weisenden Aperturfläche erfordert bei gleich gehaltener Leistungsklasse signifikant höhere Türme. Die Begründung hierfür
liegt in der zum Konzentratorfeld weisenden projizierten Fläche. Die Problematik der Turmhöhe und damit einhergehend der Windeinflüsse ist in Anhang 8.6 gesondert diskutiert. Wenn die
Aperturfläche nach unten zeigt, durchkreuzt die Struktur zur Lagerung des Receivers den Strahlengang zwischen dem Heliostatenfeld und der Absorberstruktur. Dies erfordert eine besondere
Ausführung der Receiverlagerung, um sowohl der Abschattung der Absorberstruktur, als auch
der thermischen Belastung der Receiverlagerung, zu begegnen. Auf diese Thematik wird im
Anhang 8.7 näher eingegangen.

Eine auf den Verlustmechanismen des IDARs basierende Modellskizze ist in Abbildung 10 dargestellt. Der Receiver entspricht einer nach unten
geöffneten Zylinderschale, dessen innere Mantelfläche vom Heliostatenfeld aus bestrahlt wird. Am
Rand der oberen Receiverfläche tritt das WTM in
den Receiver ein und kühlt die Absorberstruktur
indem es als ein Flüssigkeitsfilm an den Absorberwänden herunter fließt. Eine am unteren Rand
des Receivers angebrachte Rinne fängt das erwärmte WTM wieder auf und transportiert die
Nutzwärme durch ein Leitungssystem zum Boden,
wo sich das thermische Speichersystem und die
Kraftwerkskomponenten befinden.

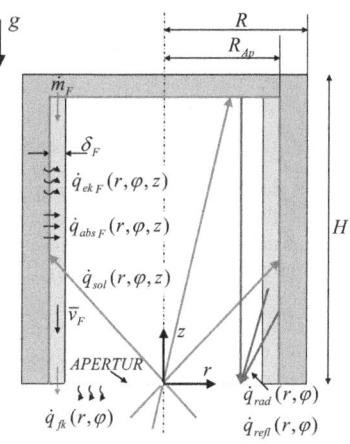

Abbildung 10 IDAR-Modellskizze

Bei der Optimierung des Heliostatenfeldes für den
vorliegenden IDAR wird dessen kreisförmige
Aperturfläche als zusätzlicher Optimierungsparameter berücksichtigt. Für die Optimierung der
Aperturfläche werden die thermischen Receiververluste mit einer konstanten Wärmeflussdichte,
entsprechend einer konstanten Oberflächentemperatur der Apertur, approximiert (HFLCAL).
Die Erfassung der Strahlungsdichteverteilung auf der Absorberwand erfolgt mit dem Strahlungsverfolgungsprogramm SPRAY unter Anwendung der Ergebnisse des optimalen Konzentratorsystems und einer vorausgelegten Receivergeometrie. Die Modellbildung und die Ermittlung des Temperatur- bzw. Strömungsfeldes, um daraus folgend den thermischen Wirkungsgrad
abzuschätzen, erfolgt iterativ mit einem kommerziellen CFD-Code. Die detaillierte Beschreibung der IDAR-Modellbildung erfolgt in Kapitel 4.

Der Massenstrom des WTMs resultiert aus den Vorgaben bezüglich der Ein- und Auslasstemperatur, der Interceptleistung und dem zu ermittelnden Wirkungsgrad des Receivers:

$$\dot{m} = \frac{\eta_R \cdot \dot{Q}_{sol}}{c_p \cdot (T_{Ein} - T_{Aus})} \quad \text{mit} \quad \eta_R = 1 - \frac{\dot{Q}_{refl} + \dot{Q}_{rad} + \dot{Q}_{fk}}{\dot{Q}_{sol}} \tag{25}$$

Die zur Lösung ausstehende Wärmebilanzgleichung des CFD-Modells entspricht:

$$\dot{Q}_{sol} = \dot{Q}_{refl} + \dot{Q}_{rad} + \dot{Q}_{nutz} \tag{26}$$

Die Reflexion und die Lichtbrechung an der Flüssigkeitsoberfläche wird unter Anwendung der
Fresnel'schen Formeln bestimmt, während das WTM für das solare Spektrum als ideal transparent angenommen wird. Die Verluste durch reflektierte Strahlen, sowie der thermischen Abstrahlung der Absorberstruktur, entsprechen dem Integral der Strahlungsintensität über die
Aperturfläche. Unter Anwendung der mittleren Temperatur zwischen der Absorberwand und
dem Flüssigfilm wird die Korrelation nach Chun und Seban [96] für den Wärmeübergangskoeffizienten bei der erzwungenen Konvektion mit Flüssigfilmen ausgewertet. Dies liefert die
Interpolationsmatrix des Wärmeübergangskoeffizienten für die Temperaturfeldberechnung. Der
Gesamtwirkungsgrad des Receivers ist:

$$\eta_{total} = \frac{\dot{Q}_{nutz} - \dot{Q}_{par}}{\dot{Q}_{sol}} \quad \text{mit} \quad \dot{Q}_{nutz} = \dot{Q}_{sol} - \dot{Q}_{refl} - \dot{Q}_{rad} - \dot{Q}_{fk} \tag{27}$$

Die aus der freien Konvektion hervorgehenden thermischen Verluste des IDARs werden mit
der Korrelation von Paitoonsurikarn und Lovegrove [97] abgeschätzt (s. Teilabschnitt 4.1.5).
Die parasitären Verluste des IDARs resultieren im relativen Vergleich aus dem Druckverlust
der aufgrund der Turmhöhendifferenz zusätzlich erforderlichen Rohrleitung. Analog zu Rohrreceivern fließen diese entsprechend Gl.(21) bis Gl.(24) in die Wirkungsgradabschätzung des
IDARs ein. Die Wirkungsgradkennfelder für die anschließenden Jahresrechnungen ergeben sich
aus den Lösungen für variierte Interceptleistungen bzw. Zeitpunkte, für variierte Umgebungstemperaturen und für variierte WTM.

3.4.3 Tankreceiver mit poröser Absorberstruktur

Die Bewertung des Potenzials zur Reduktion der Stromgestehungskosten vom BDS wird mit einem nach dem Cassegrainschem Prinzip erweiterten Konzentratorsystem bestehend aus Heliostatenfeld, Turmreflektor und CPC ausgeführt. Das innovative Receiverkonzept des BDS orientiert sich an den Receiverkonzepten von Epstein [75] und Tamaura [76], welche in Abbildung 11 dargestellt sind.

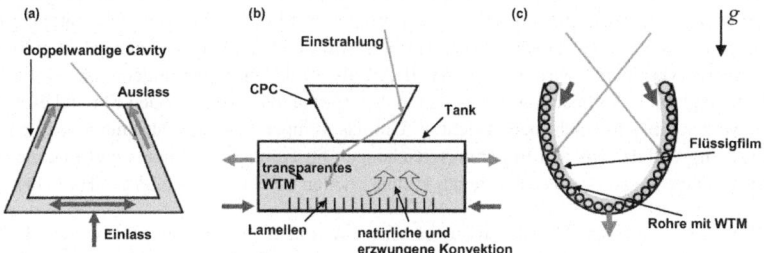

Abbildung 11   BD-Receiver mit a) doppelwandiger Absorberstruktur, b) vergrößerter Absorberfläche, c) doppelseitig gekühlter Absorberstruktur

Die Modellskizze des hier untersuchten Receivers veranschaulicht Abbildung 12. Der Receiver besteht aus einem zylindrischen Tank mit einer kreisrunden Grundfläche, dessen Innenseite mit einem absorbierenden porösen Medium ausgekleidet ist. Die Apertur des Receivers befindet sich an der oberen Fläche des Zylinders und ist mittig angeordnet. Der geschlossene Anteil der oberen Fläche ist zur Umgebung hin isoliert. Durch die Apertur tritt konzentrierte Solarstrahlung in den Receiver ein und wird im porösen Absorber in Wärme umgewandelt. Die Gestaltung des Receivers erlaubt es die poröse Absorberstruktur mit einem flüssigen, semitransparenten WTM von der Seitenwand eintretend und durch den Boden austretend zu durchströmen und zu kühlen. Anschließend kann das WTM durch ein Leitungssystem einem externen Wärmespeicher bzw. einem Dampferzeuger zugeführt werden.

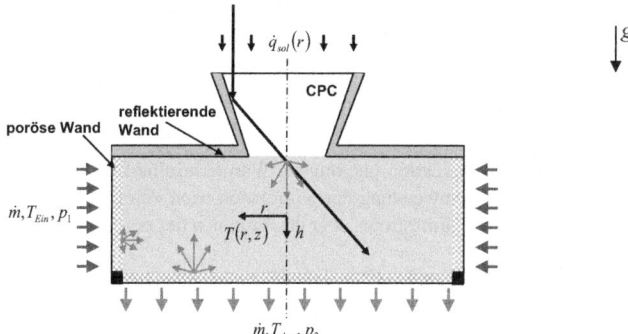

Abbildung 12   Vereinfachte Modellskizze des untersuchten Receivers für Turmreflektorkonzepte

Die Optimierung des Konzentratorsystems mit Turmreflektor und CPC erfolgt analog zur Vorgehensweise von Schmitz [24] mit HFLCAL. Verglichen mit einem konventionellen Konzentratorsystem werden beim BDS zusätzliche Optimierungsparameter berücksichtigt. Zu diesen gehören die geometrischen Parameter des Turmreflektors, wie dessen Randradius und Exzentrizität, sowie die Größe der kreisförmigen Aperturfläche des CPCs. Für die Optimierung der CPC-Geometrie bezüglich des Transmissionswirkungsgrades dient der Auslegungsalgorithmus von Denk [29]. Die Strahlungsdichteverteilung auf der bestrahlten Innenfläche des porösen Absorbers erfolgt mit dem Strahlungsverfolgungsprogramm SPRAY, unter Berücksichtigung des optimalen Konzentratorsystems inklusive Turmreflektor, CPC und einer vorausgelegten Receivergeometrie. Das WTM wird analog zum IDAR als ideal transparent angenommen. Die Reflektivität und die Lichtbrechung an der sich in der Aperturebene befindenden Flüssigkeitsoberfläche werden zunächst nicht berücksichtigt. Um das Temperatur- bzw. Strömungsfeld iterativ zu ermitteln, wird das aus den Erhaltungsgleichungen für Kontinuität, Impuls und Energie aufgespannte Gleichungssystem mit Hilfe des kommerziellen CFD-Codes ANSYS-CFX gelöst.

Die Problematik bei der Modellbildung besteht zum Einen in der flächenbasierten Modellsystematik des Strahlungsverfolgungsprogramms SPRAY, mit welcher die im porösen Volumen absorbierte konzentrierte Solarstrahlung nicht erfasst werden kann. Zum Anderen in der CFD basierten Berechnung einer porösen Struktur, die sowohl von einer transparenten Flüssigkeit konvektiv gekühlt wird, als auch am Strahlungsaustausch des Gesamtsystems teilnimmt. Die Vorgehensweise, wie beide dieser Teilaspekte gelöst werden können, ist in Anhang 8.3 gesondert beschrieben.

Vergleichbar zur Bewertung des IDAR-Konzepts führt die iterative Berechnung des Receivers zum Receiverwirkungsgrad, bei vorgegebener Einstrahlung und Temperaturrandbedingungen am Ein- bzw. Auslass. Der Massenstrom wird entsprechend Gl.(25) ermittelt. Die zur Lösung ausstehende Wärmebilanzgleichung des CFD-Modells beschreibt Gl.(26). Dabei wird die Reflexion der Flüssigkeitsoberfläche beim Durchdringen der Grenzfläche vom optisch dickeren Medium in das optisch dünnere Medium, unter Anwendung der Fresnel'schen Formeln mit der Annahme senkrecht einfallender Strahlen, abgeschätzt. Die Verluste durch thermische Abstrahlung ergeben sich durch das Flächenintegral der vom Receiverinneren eingestrahlten thermischen Strahlung an der Apertur:

$$\dot{Q}_{rad} = \iint_{A_{Ap}} I_{Ap}(r,\varphi) \, dA_{Ap} \tag{28}$$

Die durch erzwungene Konvektion übertragene Wärme resultiert für niedrige Reynoldszahlen in porösen Medien, unter Anwendung der Korrelation nach Petrasch [98], aus der Integration des volumenspezifischen Wärmestroms über das Volumen des porösen Absorbers:

$$\dot{Q}_{nutz}(T_s, T_l) = \iiint_{V_{por}} h_{por} \cdot A_V \cdot (T_s - T_l) \, dV_{por} \tag{29}$$

Der thermische Wirkungsgrad resultiert aus Gl.(25) der Gesamtwirkungsgrad aus Gl.(27). Die aus der freien Konvektion hervorgehenden thermischen Verluste werden mit der Churchill-Korrelation für die ebene Platte, gemäß der nach oben erfolgenden Wärmeabgabe [95], abgeschätzt. Die parasitären Verluste des Tankreceivers ergeben sich aus dem Druckverlust aufgrund der porösen Absorberwand. Analog zu Rohrreceivern fließen diese entsprechend Gl.(22) bis Gl.(24) in die Wirkungsgradabschätzung ein, während Gl.(21) mit der Forchheimer-Erweiterung der Darcy-Gleichung ersetzt wird (s. Anhang 8.4). Das Konvergenzkriterium der äußeren Iterationsschleife entspricht zwischen zwei aufeinanderfolgenden Iterationsrechnungen einer geringeren Differenz als 0.1 % der ermittelten Receiverwirkungsgrade. Die Wirkungsgradkennfelder für die anschließenden Jahresrechnungen ergeben sich aus den Lösungen für variierte Interceptleistungen bzw. Zeitpunkte, variierte Umgebungstemperaturen und WTM.

3.5 Dampfprozesse der Konzeptbewertung

Die Bewertung erfolgt mit subkritischen und überkritischen Dampfprozessparametern, woraus entsprechend der übergeordneten Annahmen (3.1.1) vier verschiedene Kombinationen aus Prozessparametern und Leistungsklassen resultieren:

- 125 bar / 540°C / 540°C, 50 MW$_{el}$ – Referenz

- 350 bar / 700°C / 720°C, 50 MW$_{el}$ – USC-Prozess

- 125 bar / 540°C / 540°C, 200 MW$_{el}$ – Referenz / mittelfristige Kommerzialisierung

- 300 bar / 600°C / 610°C, 200 MW$_{el}$ – SC-Prozess / mittelfristige Kommerzialisierung

Bei den Vergleichen der unterschiedlichen Receiverkonzepte steht das maximale Potenzial zur Senkung der Stromgestehungskosten im Vordergrund. Daher werden zunächst die sehr hohen und sich noch in der Entwicklung befindenden USC-Prozessparameter des AD700-Projektes der Konzeptbewertung zu Grunde gelegt. Diese erfolgt passend zur ECOSTAR-Studie bei einer repräsentativen Leistungsklasse von 50 MW$_{el}$. Um die Konzeptbewertung gegenüber mittelfristig kommerziell realisierbaren Optionen zu relativieren, wird diese nachfolgend mit kommerziell verfügbaren Kraftwerkskomponenten auf einer Leistungsklassenbasis von 200 MW$_{el}$ ausgeführt. Die Carnotisierung der Prozesse erfolgt durch eine einfache Zwischenüberhitzung und fünf Vorwärmstufen.

Die Prozesse werden mit dem Auslegungswerkzeug Cycle-Tempo [91] der TU Delft modelliert. Das Tool beinhaltet eine Datenbank von existierenden Dampfturbinen mit ihren isentropen Wirkungsgraden, wodurch die Teillastzustände realitätsnah ermittelt werden können. Nach der Berechnung der thermischen Wirkungsgrade der entsprechenden Clausius-Rankine-Prozesse bei Volllast folgt die Ermittlung der Teillastprofile, die als Interpolationsmatrix in die Jahresanalyse einfließen. Schaltpläne, Energiebilanzen und T, s-Diagramme der ausgelegten Kraftwerksprozesse sind im Anhang 8.13 gegenübergestellt.

3.6 Kostenmodelle

Die Stromgestehungskosten (LCOE) sind im Wesentlichen von den Investitionskosten der Anlage und dem Stromertrag abhängig. Für die Abschätzung der Investitionskosten sind die Kosten der fünf Kraftwerkskomponenten, deren Kostenanteil an den Gesamtinvestitionskosten am größten ist, in Betracht gezogen. Zu diesen zählen in sinkender Reihenfolge bezüglich des Kostenanteils die Kosten des Konzentratorsystems, die Kosten des Kraftwerksblocks, die Receiver-

kosten, die Speicherkosten und die Kosten der Turmstruktur [11, 13]. Zusätzlich gehen finanzielle Belastungen aufgrund der Grundstückskosten, der Wartungskosten und Zinsen, welche
durch die Finanzierung der Anlage und deren Versicherung entstehen, in die Abschätzung ein.
Entsprechend der ECOSTAR-Studie werden die LCOE wie folgt abgeschätzt:

$$LCOE = \frac{C_{Annu} \cdot K_{Inv} + K_{B\&W}}{E_{Netto}} \quad \text{mit} \quad C_{Annu} = \frac{i_Z (1 + i_Z)^n}{(1 + i_Z)^n - 1} + i_V \tag{30}$$

Für die Berechnung der Annuität wird ein Zinssatz von 8 % bzw. eine jährliche Versicherungs-
rate von 1 %, bei einer Betriebsdauer von 30 Jahren angenommen. Die Potenziale zur Kostenreduktion durch Massenproduktion gehen mit Skalierungsfaktoren in die Bewertung ein. Kostenannahmen, welche auf eine Referenzgröße (bspw. Anzahl der Heliostate) einer bestimmten
Komponente bezogen werden können, werden mit Hilfe der Skalierungsfaktoren (SF) an die
neue Referenzgröße (RG) angepasst:

$$SKK_B = SKK_A \cdot \left(\frac{RG_A}{RG_B}\right)^{1-SF} \tag{31}$$

Die in der Industrie üblichen Skalierungsfaktoren für Produktkosten bewegen sich nahe 70 %
[13, 99]. Die in dieser Arbeit verwendeten Skalierungsfaktoren bewegen sich im Bereich 90 %
und sind daher als konservative Annahme hinsichtlich der Kostenreduktion durch Massenproduktion zu betrachten.

Aufgrund der unzureichenden Datenbasis der tatsächlichen Komponentenkosten lassen sich die
absoluten LCOE nur näherungsweise bestimmen. Von Interesse ist daher eine relative, möglichst adäquate Vergleichbarkeit der untersuchten Receiverkonzepte untereinander. Entsprechend unterstützen die getroffenen übergeordneten Annahmen die angestrebte relative Vergleichbarkeit, während die Kostenannahmen bzw. Kostenkorrelationen aus möglichst zeitnahen
Literaturquellen entstammen. Aus Gründen der Übersichtlichkeit sind alle Kostenannahmen
und Kostenkorrelationen gebündelt in Anhang 8.2, unter Angabe der verwendeten Quellen,
wiedergegeben. Bezüglich der Kostenannahmen werden im Anschluss an die Jahresrechnungen
Sensitivitätsanalysen ausgeführt. Aus den so entstehenden Sensitivitätsdiagrammen können die
Potenziale zur Reduktion der LCOE für abweichende Kostendatensätze zugeordnet werden.

3.7 Jahresrechnung

Die Jahresrechnung dient zur Abschätzung des Stromertrages. Dafür werden von CIEMAT be-
reitgestellte Wetterdaten für Sevilla, welche die terrestrische Direkteinstrahlung (DNI) und die
Umgebungstemperaturen umfassen, verwendet. Der Datenbasis liegen Messungen des Jahres
2003 zu Grunde, welches, auf den langjährigen Mittelwert der Solareinstrahlung bezogen, einem typischen Jahr am ausgewählten Standort entspricht. Die in Microsoft Excel implementier-
te Jahresanalyse verwendet diese Datenbasis, um aus der Sonneneinstrahlung umgewandelte, in
das Stromnetz einspeisbare elektrische Leistungen, unter Anwendung eines thermischen Speichers, zu ermitteln. Bei der auf stündlicher Basis ausgeführten Jahresrechnung wird ein quasi-
stationärer Ansatz gewählt. Dementsprechend werden die komponentenbezogenen Zustände der
jeweils geltenden Stunde als konstant angenommen. Die Wetterdaten als Eingangsgrößen ver-
wendend, resultieren die für eine bestimmte Stunde im Jahr geltenden Wirkungsgrade der
Komponenten aus den zuvor ermittelten Wirkungsgradkennfeldern durch lineare Interpolation.
Die Eingangsleistung des Heliostatenfeldes gleicht der Multiplikation der Gesamtspiegelfläche
des Heliostatenfeldes mit der DNI der entsprechenden Stunde. Die Ausgangleistung des Konzentratorsystems resultiert aus der Eingangsleistung multipliziert mit dessen interpoliertem
Wirkungsgrad. Das Wirkungsgradkennfeld des Konzentratorsystems ist vom Sonnenstand, ge-
nauer von dem Höhenwinkel und dem Azimutwinkel der Sonne, abhängig. Für den gesuchten
Interpolationspunkt der jeweiligen Stunde im Jahr wird der Sonnenstand mit dem NREL
SUNPOS Algorithmus [100] bestimmt. Die Ausgangleistung des Heliostatenfeldes gibt Gl.(32)
wieder.

$$\dot{Q}_{HF,\,out}(az,\,hw) = I_{DNI} \cdot A_{HF} \cdot \eta_{HF}(az,\,hw) \tag{32}$$

Die Ausgangleistung des Konzentratorsystems entspricht der Interceptleistung des Receivers
und umfasst die Strahlungsleistung, welche die Absorberfläche des Receivers trifft. Die Ausgangleistung des Receivers resultiert aus dessen Interceptleistung multipliziert mit dessen interpoliertem Wirkungsgrad. Das Argument für die Interpolation des Receiverwirkungsgrades ist
die normierte Einstrahlung bezüglich der Auslegungsleistung im DP und die Umgebungstemperatur. Die zur Interpolation benötigten Wirkungsgradkennfelder resultieren aus den entsprechenden Receivermodellen. Die Ausgangleistung des Receiversystems beschreibt Gl.(33).

$$\dot{Q}_R(f,\,T_\infty) = \dot{Q}_{HF,\,out} \cdot \eta_R(f,\,T_\infty) \tag{33}$$

Die Ausgangleistung des Receivers entspricht entweder der Eingangsleistung des thermischen
Speichersystems oder des Dampfprozesses. Jeder Wärmeeintrag in das Speichersystem wird für
alle untersuchten Konzepte mit dem gleichen Verlustanteil beaufschlagt. Für alle betrachteten
Systemkonzepte wird eine einfache Betriebsführung des Speichers gewählt. Ob und in welchem
Maße die Anwendung verbesserter Betriebsstrategien zu einer Ertragserhöhung führt, wird in
dieser Arbeit nicht untersucht. Da aber fokussierte Fragestellungen bezüglich der Betriebsstrategie des Speichers in solaren Kraftwerken relevant für die Gesamtwirtschaftlichkeit der
Anlage sein können, sind im Anhang 8.11 einige Ansätze aufgeführt. Das Flussdiagramm der
hier angewendeten Betriebsführung ist in Abbildung 13 veranschaulicht.

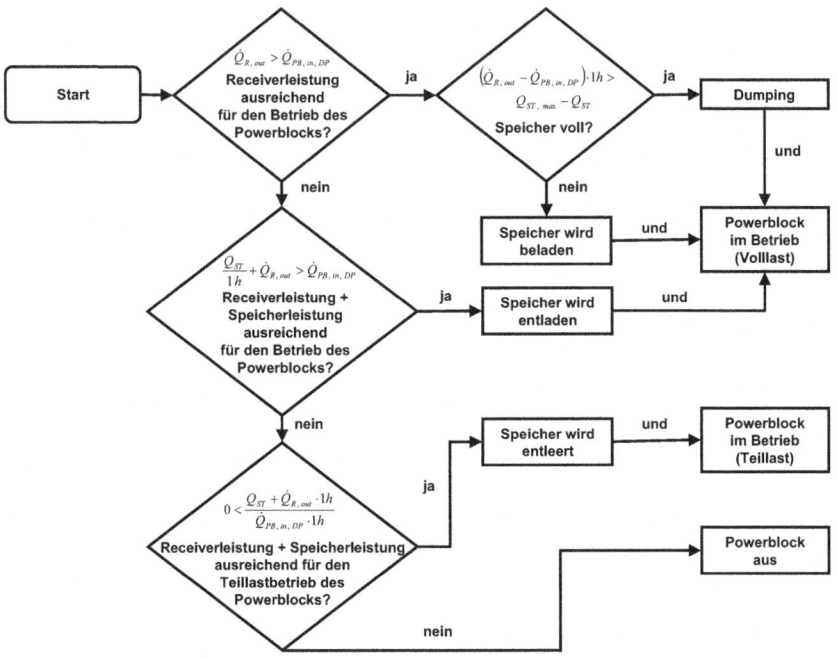

Abbildung 13   Betriebslogik des Speichersystems

Die Spezifikation der Betriebsführung wird wie folgt festgelegt:

Solar-Only–Betrieb
Betrieb der Anlage sobald der Receiver Wärmeleistung abgibt oder der Speicher Wärme abgeben kann. Keine Einkopplung von fossiler Energie.

100 % Strombedarf
Die Anlage wird, wenn möglich, unter 100 % Last betrieben. Ist dies nicht möglich, wird der Dampfprozess mit der verfügbaren Wärme im entsprechenden Teillastzustand betrieben.

Dumping
Im Falle eines vollen Speichers und einer Receiverleistung, welche über dem Volllastbedarf des Kraftwerksblocks liegt, werden einige Heliostate defokussiert. Dies wird in der Jahresrechnung nicht explizit modelliert. Die Übereinstimmung ist jedoch dadurch gegeben, dass die überschüssige Wärme dem Speicher nicht zugeführt wird, da dessen Speicherkapazität limitiert und bereits ausgeschöpft ist.

Um entsprechend der gewählten Betriebsstrategie den erforderlichen Strombedarf decken zu können (DP, bspw. $P_{PB,\,out,\,DP} = 50\,MW_{el}$), wird der von den solaren Komponenten an den Dampfprozess zu übertragende erforderliche Wärmestrom berechnet:

$$\dot{Q}_{PB,\,in,\,DP} = \frac{\left(P_{PB,\,out,\,DP} + R_{HF} \cdot par_{T\&P} \cdot A_{HF}\right) \cdot \left(1 + par_{PB}\right)}{\eta_{PB,\,DP}} \quad \text{mit} \quad R_{HF} = \frac{\dot{Q}_{R,\,out}}{\dot{Q}_{R,\,out,\,DP}} \qquad (34)$$

Für die parasitären Verluste der Anlage wird der Aufwand an Elektrizität berücksichtigt, welcher für den Betrieb des Konzentrator- und des Wärmetransportsystems bzw. des Kraftwerksblocks benötigt wird. Die spezifischen parasitären Verluste für das Nachführen der Heliostate und das Pumpen des WTMs durch das Wärmetransportsystem ($par_{T\&P}$), betragen 16.25 W/m^2 und werden auf die Gesamtspiegelfläche des Heliostatenfeldes bezogen. Diese Verluste werden mit Hilfe der relativen Feldauslastung (R_{HF}) an die fluktuierenden Tageszustände wie bspw. Nachtstunden oder Wolkendurchgänge angepasst. Die parasitären Verluste des Kraftwerksblocks (par_{PB}) gehen aus der Kraftwerksauslegung hervor und liegen zwischen 1.8 % und 4 % der erzeugten Bruttoelektrizität. Je nachdem welche Wärmemenge in der entsprechenden Stunde der Jahresrechnung für die Versorgung des Dampfprozesses verfügbar ist, wird dieser in einem bestimmten Lastzustand betrieben. Die verfügbare Wärmemenge für den Dampfprozess resultiert aus der bereits gespeicherten Wärmemenge, zuzüglich der Ausgangswärme der solaren Komponenten während der aktuellen Stunde. Ist der erforderliche Wärmestrom an den Dampfprozess gleich groß oder kleiner als die Ausgangleistung der solaren Komponenten, wird der Dampfprozess im Volllastzustand gefahren. Mit der überschüssigen Wärme wird der thermische Speicher beladen, sofern dessen Speicherkapazität noch nicht ausgeschöpft ist. In diesem Fall beträgt die Beladungswärmemenge:

$$Q_{ST,\,in} = \left(\dot{Q}_{R,\,out} - \dot{Q}_{PB,\,in}\right) \cdot \eta_{ST} \cdot 1h \qquad (35)$$

Ist der erforderliche Wärmestrom größer als die Ausgangleistung der solaren Komponenten, wird der Dampfprozess nur dann im Volllastzustand betrieben, wenn der hierfür erforderliche Wärmestrom mit der bereits gespeicherten Wärme erreicht werden kann. Ist dies nicht der Fall, wird der Dampfprozess im höchst möglichen Teillastzustand gefahren. Die vom Kraftwerksblock in das Stromnetz einspeisbare Elektrizität ergibt sich aus der Multiplikation des eingehenden Wärmestroms mit dem thermischen Volllastwirkungsgrad des Clausius-Rankine-Prozesses und des vom aktuellen Lastzustand (LZ) abhängigen Teillastfaktors, abzüglich der parasitären Verluste der Anlage:

$$P_{PB,\,out}(LZ) = \frac{\dot{Q}_{PB,\,in} \cdot \eta_{PB,\,DP} \cdot TLF_{PB}(LZ)}{1 + par_{PB}} - R_{HF} \cdot par_{T\&P} \cdot A_{HF} \quad \text{mit} \quad LZ = \frac{\dot{Q}_{PB,\,in}}{\dot{Q}_{PB,\,in,\,DP}} \qquad (36)$$

3.8 Ergebnisse der Konzeptbewertung und Konzeptauswahl

Die nachfolgende Zusammenfassung der Konzeptbewertung ist in drei Teilabschnitte unterteilt. Zu diesen gehört zunächst die Gegenüberstellung der optimierten Konzentratorsysteme der untersuchten Receiverkonzepte. Im Anschluss erfolgt der Vergleich der Receiverkonzepte aus dem Blickwinkel ihrer Verlustmechanismen. Die Ergebnisse der Konzeptbewertung, welche zur Konzeptauswahl führen, ergeben sich dann aus den ausgewerteten Jahresanalysen.

3.8.1 Gegenüberstellung der Konzentratorsysteme

Für die Optimierung des Heliostatenfeldes werden nach dem in HFLCAL implementierten Clear-Sky-Modell alle Tage ohne Wolkendurchgänge angenommen. Der Aufstellalgorithmus der Heliostate entspricht der Slip-Plane-Option [24, 86]. Die übliche Vorgehensweise bei der Optimierung der Zielpunktparameter in HFLCAL ist die Veränderung dieser dahingehend, dass die vorgegebene maximale Strahlungsdichte nicht überschritten wird [101].

Zur Optimierung bietet HFLCAL verschiedene Verfahren an. Neben dem Gradientenverfahren von Powell kann auch ein genetischer Algorithmus verwendet werden, sowie die Kombination beider Verfahren. Bei der kostenorientierten Optimierung suchen diese Verfahren, auf Basis hinterlegter Komponentenkosten (s. Anhang 8.2), die kostengünstigste Feldaufstellung. Dabei wurden gemäß den unterschiedlichen Receiverkonzepten folgende Parameter variiert:

- Parameter der Abstandsfunktion der Feldaufstellung (a_r, b_r, u_{start}) für LIT, IDAR, BDS

- Turmhöhe (H_T) für LIT, IDAR, BDS

- Parameter der Zielpunktstrategie (z_{hor}, z_{vert}) für LIT

- Randradius des Turmreflektors und dessen Exzentrizität (r_{TR}, e_{TR}) für BDS

- Fläche der Receiverapertur (F_{AP}) für IDAR, BDS

Zunächst wird das Heliostatenfeld des Referenzsystems optimiert, nachfolgend, auf dieser Auslegung basierend, die Konzentratorsysteme der innovativen Receiverkonzepte. Für das Heliostatenfeld der Solar-50-Anlage sind die kostenoptimalen Aufstellparameter und die kostenoptimale Turmhöhe gesucht, welche die vorgegebenen Randbedingungen der übergeordneten Annahmen erfüllen. Dementsprechend soll das Solar-50-Heliostatenfeld ermöglichen, ein kommerzielles subkritisches Dampfkraftwerk (125 bar / 540°C / 540°C,

Tabelle 2:   Gegenüberstellung der optimierten Konzentratorsysteme Leistungsklasse - 50 MW$_{el}$

$\dot{Q}_{R,in,DP} = 335\,MW_{th}$	LIT	IDAR	BDS
N_H (-)	4709	4925	5100
A_L (km^2)	2.74	1.81	2.89
H_T (m)	208	324	196
η_{annu} (-)	58.7 %	55.4 %	50.5 %
SKK_K (€/m^2)	140.4	140.1	192.5

s. Anhang 8.13) der Leistungsklasse 50 MWel anzutreiben. Am DP soll das Referenzfeld die dreifache thermische Leistung des Dampferzeugers auf die Absorberfläche des Receivers konzentrieren. Für die Rohrreceiverauslegung wird eine mittlere Strahlungsdichte von 500 kW/m2 [35] zu Grunde gelegt, während die maximale Strahlungsdichte auf 1200 kW/m2 begrenzt wird.

Aus den übergeordneten Annahmen ergibt sich eine Interceptleistung von 335 MW$_{th}$ am DP. Das optimierte Heliostatenfeld besteht aus 4709 Heliostaten und erstreckt sich über 2.74 km^2. Die kostenoptimale Turmhöhe beträgt 208 m. Der Jahreswirkungsgrad des Referenzheliostatenfeldes weist 58.7 % auf. Die unter Berücksichtigung der Kostendegression ermittelten spezifischen Kosten der Konzentration, bezogen auf die Gesamtspiegelfläche des Heliostatenfeldes, ergeben 140.4 €/m^2. Die Gegenüberstellung der optimierten Konzentratorsysteme erfolgt in Tabelle 2.

Das optimierte Heliostatenfeld der Solar-50-Anlage findet auch bei der Bewertung der innovativen Rohrreceiverkonzepte ihre Anwendung. Für BDS bzw. den IDAR wird die Interceptleistung im Sinne der relativen Vergleichbarkeit der Receiverkonzepte beibehalten, jedoch werden die oben angegebenen Parameter wegen der veränderten geometrischen und optischen Zusammenhänge neu optimiert.

Eine einheitliche Interceptleistung des Receivers (335 MW$_{th}$) führt für das BDS, bedingt durch die Reflexionsverluste des CPCs und des Turmreflektors, zu einer erhöhten Anzahl an Heliostaten. Da für die Kostenabschätzung die Kostendegression berücksichtigt wird, folgen daraus niedrigere spezifische Heliostatenkosten. Für die relative Vergleichbarkeit der Receiverkonzepte untereinander erscheint es jedoch sinnvoll die Ausgangsleistung des Heliostatenfeldes einheitlich zu halten. Dies begründet sich dadurch, dass das Heliostatenfeld über 40 % der Gesamtinvestitionskosten eines Solarturmsystems einzunehmen vermag und eine geringfügige Veränderung der Ausgangsleistung zu uneinheitlichen spezifischen Heliostatenkosten führt. Daher wird für BDS festgelegt, dass die ermittelte Interceptleistung von 335 MW$_{th}$ nicht die Absorberfläche des Receivers trifft, sondern die Spiegelfläche des Turmreflektors.

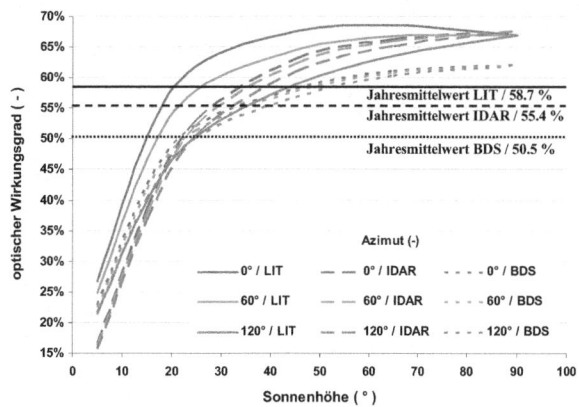

Abbildung 14   Vergleich der Wirkungsgradkennfelder der untersuchten Konzentratorsysteme

Die Wirkungsgradkennfelder der Konzentratorsysteme zeigt Abbildung 14 in Abhängigkeit des Höhenwinkels und des Azimutwinkels der Sonne. Die Konzentration der Sonneneinstrahlung auf die äußere Mantelfläche der Rohrreceiver stellt im Vergleich die günstigste Option dar.

Verglichen mit dem Wirkungsgradkennfeld der LIT-Systeme ist die Konzentration der IDAR-Systeme mit größeren Verlusten behaftet. Der Unterschied zu LIT-Systemen kann mit den erhöhten Interceptverlusten begründet werden. Aus dem Blickwinkel der optischen Wirkungsgrade stellen BDS die ungünstigste Option dar. Dies liegt an den vergleichsweise hohen zusätzlichen Verlusten aufgrund der Mehrfachreflexion bzw. der Reflektivität der zusätzlichen Konzentratorkomponenten von 95 %. Obwohl die Konzentration des BDS vernachlässigbar niedrige Interceptverluste aufweist und zum niedrigsten Turm führt, kann dies die sich negativ auswirkende Mehrfachreflexion nicht ausgleichen. Die Absorption an der äußeren Mantelfläche (LIT) zeigt eine erhöhte Abhängigkeit des Wirkungsgradprofils vom Azimutwinkel. Die Konzentration auf eine horizontale kreisförmige Apertur (IDAR) führt dagegen zu signifikant höheren optimalen Türmen, jedoch zu einem wesentlich dichter aufgestellten Heliostatenfeld.

3.8.2 Gegenüberstellung der Receiverkonzepte

Die untersuchten WTM aller Receiverkonzepte umfassen die Flüssigsalze Solar-Salt und das eutektische LiCl-KCl, welches als Hochtemperatursalzschmelze angesehen werden kann. Die innovativen Rohrreceiverkonzepte werden zudem mit Zinn, einer eutektischen Blei-Wismut Legierung und mit Natrium bewertet. Da Flüssigmetalle an ihren Oberflächen eine hohe Reflektivität aufweisen, sind diese für direkt absorbierende Receivertypen ungeeignet. Die mit dem WTM des Referenzkonzepts erzielbaren Wirkungsgrade der einzelnen Receivertypen vergleicht Abbildung 15, in welcher die Wirkungsgradkurven über die normierte Einstrahlung bei einer Umgebungstemperatur von 25°C aufgetragen sind.

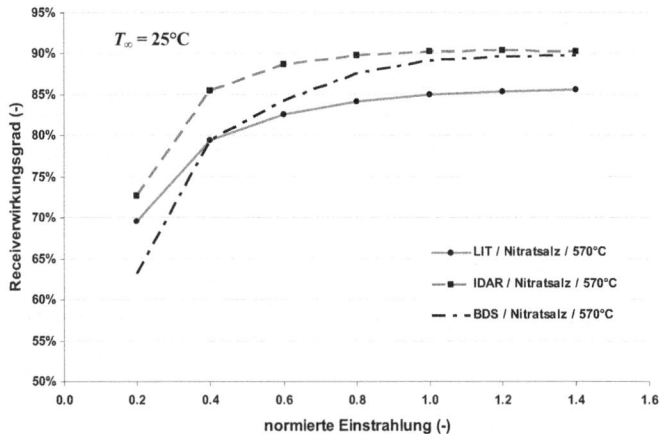

Abbildung 15   Vergleich der Receiverwirkungsgrade für 570°C Auslasstemperatur

Analog sind die WTM bzw. Receiveroptionen, mit welchen USC-Dampfprozesse angetrieben werden können in Abbildung 16 zusammengetragen. Abbildung 17 hingegen vergleicht die Optionen für mittelfristig kommerziell verfügbare überkritische Dampfprozesse (SC).

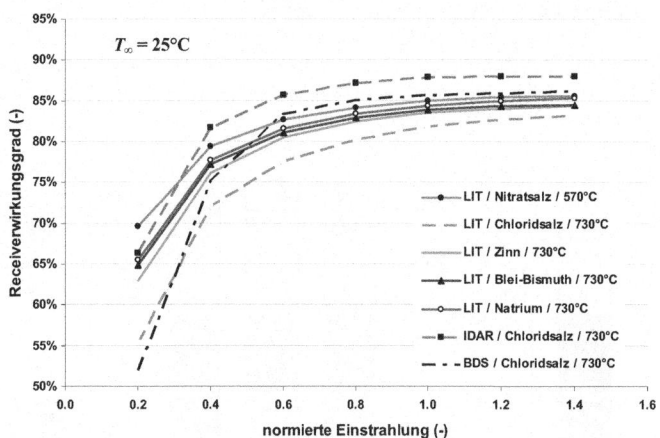

Abbildung 16   Vergleich der Receiverwirkungsgrade für 730°C Auslasstemperatur

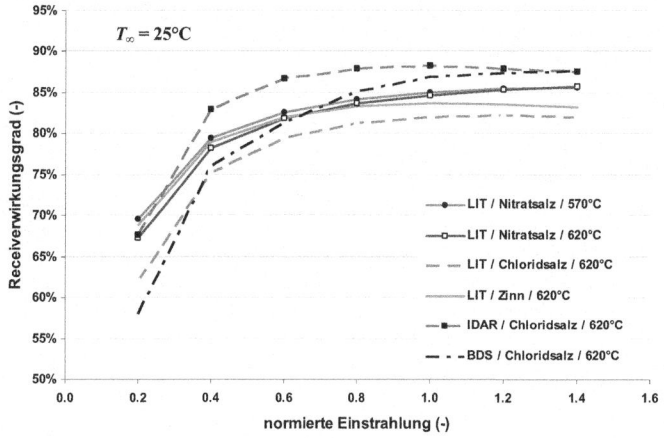

Abbildung 17   Vergleich der Receiverwirkungsgrade für 620°C Auslasstemperatur

Tendenziell ist erkennbar, dass die indirekte Kühlung von außen liegenden Rohren mit den
höchsten Verlusten behaftet ist, während im Vergleich die Kühlung von innen liegenden Absorberstrukturen mit einem Flüssigfilm das entgegen gesetzte Verhalten zeigt. Der bestrahlte
Receivertank für das untersuchte BDS ist im Volllastzustand gleichwertig mit einem IDAR,
jedoch verliert dieser Receivertyp im Teillastzustand an Effektivität. Begründbar sind diese
Tendenzen im Wesentlichen durch die Reflexionsverluste der Receiver und durch die Wärmeübergangskoeffizienten der Kühlung an der Absorberstruktur. In Abbildung 18 sind die Anteile
der einzelnen Verlustmechanismen des Solar-200-Konzepts und der alternativen Konzepte mit
620°C Auslasstemperatur am DP miteinander verglichen.

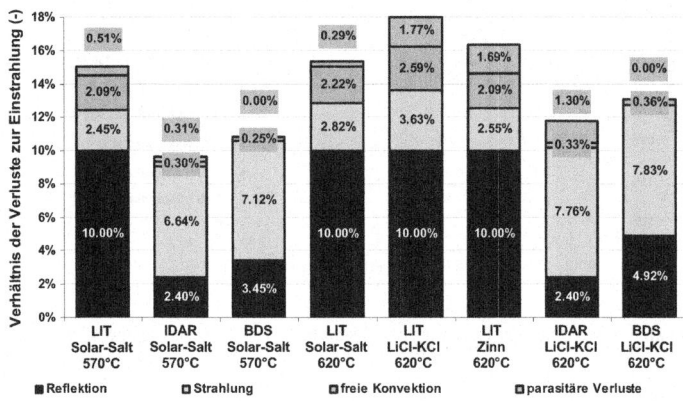

Abbildung 18   Vergleich der Verlustmechanismen für 570°C bzw. 620°C Auslasstemperatur

Die Reflexionsverluste der Rohrreceiver nehmen den größten Anteil an ihren Gesamtverlusten
ein. Obwohl die Wärmeübergangskoeffizienten der Rohrreceiver auf der Rohrinnenseite im
Vergleich die höchsten Werte aufweisen, trifft nur ein kleiner Anteil der an der Rohroberfläche
reflektierten Strahlen wieder auf ein absorbierendes Rohr des Receivers. Die absoluten Reflexionsverluste des Rohrreceivers betragen im hier ausgeführten Vergleich bis zum Vierfachen der
Cavity-Receiver (IDAR, BDS). In IDAR und BDS sind die Reflexionsverluste stark reduziert,
da ein Großteil der reflektierten Strahlen wieder auf die Absorberstruktur trifft, anstatt durch die
vergleichsweise kleine Aperturöffnung verloren zu gehen. Dies spiegelt sich in der erhöhten
Flächenhelligkeit der Absorberwände bzw. im reduzierten Sichtfaktor der Apertur bezüglich der
von den Absorberflächen diffus reflektierten Strahlung wieder. Bei den direkt absorbierenden
Receivertypen weisen daher die thermischen Strahlungsverluste den größten Anteil an den Gesamtverlusten auf. Trotz einer im Vergleich zum IDAR vergrößerten Aperturfläche des Tankreceivers erreichen die absoluten thermischen Verluste der beiden Receivertypen vergleichbare
Werte. Dies ist durch die effektivere Kühlung der porösen Absorberstruktur im Vergleich zur
Filmkühlung begründbar. Die Verluste durch freie Konvektion nehmen im Vergleich zu den
Reflexionsverlusten bzw. zu den thermischen Strahlungsverlusten im Falle der Rohrreceiver
leicht reduzierte, im Falle der Cavity-Receiver signifikant geringere Anteile an. Windstille an-

genommen, haben Rohrreceiver die höchsten Verluste durch freie Konvektion. Begründbar ist dies durch die vergleichsweise größte konvektive Fläche der Rohre und die erhöhte Temperaturdifferenz zwischen den Rohren und der Umgebung. Diese ergibt sich aufgrund der indirekten Bestrahlung und durch den sich über die Rohrwand ausbildenden Temperaturgradienten. Die niedrigste treibende Temperaturdifferenz für die freie Konvektion weist der Tankreceiver des BDS auf. Daraus folgend ergeben sich, trotz einer größeren Aperturfläche und der Wärmeabgabe nach oben des Tankreceivers, im Vergleich zu IDAR, geringere absolute Verluste durch freie Konvektion. Die aufgrund der Druckverluste der Receiver auftretenden parasitären Verluste nehmen für Rohrreceiver signifikant größere Werte an als jene des IDARs bzw. des BDS. Im Gegensatz zu Rohrreceivern weist der Tankreceiver vernachlässigbar geringe Druckverluste auf. Bezüglich der Massenstromverteilung fällt dabei auf, dass sich keine kritischen Massenstrominstabilitäten an stark bestrahlten Stellen des Receivers ausbilden, wie etwa bei der Kühlung mit Gasen [57]. Im Gegensatz dazu tritt ein gutmütiger passiver Regelungseffekt der Massenstromverteilung auf, welcher zu einer effektiveren Kühlung der porösen Absorberstruktur beiträgt. Dieser Effekt resultiert aus den thermischen Eigenschaften von Flüssigkeiten im Vergleich zu Gasen und ist im Anhang 8.4 näher erläutert. Während der IDAR selbst ebenfalls vernachlässigbare Druckverluste zeigt, ist aufgrund der größeren Turmhöhe im Vergleich zu Rohrreceivern eine zusätzliche Leitungsstrecke zu überwinden. Diese wird aufgrund der relativen Vergleichbarkeit der Ergebnisse berücksichtigt und führt dazu, dass die parasitären Verluste des IDARs bei einem angenommenen Durchmesser der Rohrleitung von 200 mm vergleichbare Werte, wie bei dem Rohrreceiverkonzept annehmen.

Zur Orientierung bei der Vorauslegung der Receivergeometrien dienten vorangegangene Arbeiten, wie [35, 40] für LIT und [24, 75, 76] für BDS. Die anfängliche Dimension des IDARs resultiert aus der Optimierung nach der Aperturfläche und der angenommenen mittleren Strahlungsdichteverteilung am DP. Die gezeigten Ergebnisse entsprechen für LIT einer Receivergeometrie von 14.6 m Höhe und gleichem Durchmesser bei Rohrdimensionen von 20 mm Außendurchmesser und 1 mm Rohrwandstärke. Diese Werte resultieren aus den vorgegebenen Randbedingungen für die mittlere Strahlungsdichte des Receivers und aus dem Vergleich des Receivermodells mit den Ergebnissen von Lata [35] und den dabei ermittelten Werten für die optimalen Rohrdimensionen des Basiskonzepts. Die Untersuchung der Rohrreceiver bezüglich der Anzahl seriell geschalteter Module führt je nach angewendetem WTM zu einer optimalen Modulanzahl [93]. Demnach wurde der Vergleich mit der für jedes WTM optimierten Anzahl an Modulen ausgeführt. Der IDAR weist einen optimierten Aperturdurchmesser von 8 m auf, während die Receiverhöhe mit 13.3 m angenommen ist. Daraus ergibt sich eine mittlere Strahlungsdichte an der inneren Mantelfläche von ebenfalls 500 kW/m². Bei BDS beträgt der Aperturdurchmesser des 40 m hohen CPCs 45 m. Der 10 m hohe Receivertank weist einen Durchmesser von 30 m mit einem Aperturdurchmesser von 22 m auf. Wie es bereits in vorangegangenen Studien gezeigt wurde, sind erhöhte Dimensionen des CPCs und des Receivers für BDS charakteristisch [24, 75, 76]. Da jedoch in BDS die Kostenanteile des Receivers und des CPCs an den Gesamtinvestitionskosten gering sind, ist ihr Einfluss auf die Stromgestehungskosten marginal.

3.8.3 Gegenüberstellung der Potenziale zur Kostenreduktion

Mit Hilfe der Wirkungsgradkennfelder der Konzentrator- und der Receiversysteme werden die Jahreserträge (s. Anhang 8.15) und die daraus resultierenden LCOE der unterschiedlichen Dampfprozessoptionen untersucht. Die Jahresanalysen werden mit Speicherkapazitäten von 0 h bis 18 h Volllastbetrieb ausgeführt, um die optimale Speicherkapazität zu ermitteln. Die Receiver versorgen dabei das in Teilabschnitt 3.1.6 beschriebene virtuelle Speichersystem. Dabei ist angenommen, dass die vergleichsweise kostenaufwändigen WTM für erhöhte Temperaturen sich vom virtuellen Speichermedium unterscheiden. Die nachfolgenden Konzeptvergleiche basieren in einer Variante auf einer Speicherdauer von 8 h, in der anderen Variante wurde die Speicherdauer nach Kostengesichtspunkten optimiert. Für das Referenzkonzept fallen diese beiden Varianten zusammen. Die kostenoptimale Modulanzahl des Rohrreceivers für das Solar-50-Konzept mit Solar-Salt als WTM und einer Auslasstemperatur des Receivers von 570°C beträgt 9. Diese steigt für das Alkalichlorid bzw. für das Natrium als WTM bei 730°C Auslasstemperatur auf 12 bzw. 10 Module an. Die optimale Modulanzahl beträgt für die Schwermetalle Zinn bzw. das Blei-Wismut Eutektikum 8 bzw. 7 bei einer Auslasstemperatur von 730°C. Die optimale Speicherdauer beträgt für das Referenzkonzept 10 h Volllastbetrieb. Dies gilt auch für das BDS mit 570°C Auslasstemperatur und einem subkritischen Dampfprozess. Die entsprechende optimale Speicherdauer der IDARs steigt auf 11 h Volllastbetrieb an. Im Falle der Verwendung von USC-Dampfprozessen beträgt die optimale Speicherdauer für Rohrreceiver mit dem Chloridsalz und Zinn, sowie dem BDS mit dem Chloridsalz als WTM 12 h. Für Rohrreceiver mit dem Blei-Wismut Eutektikum oder Natrium als WTM bzw. für das IDAR mit Chloridsalz kann der Kraftwerksblock bei der kostenoptimalen Speicherkapazität nach Sonnenuntergang 13 h im Volllastbetrieb gehalten werden.

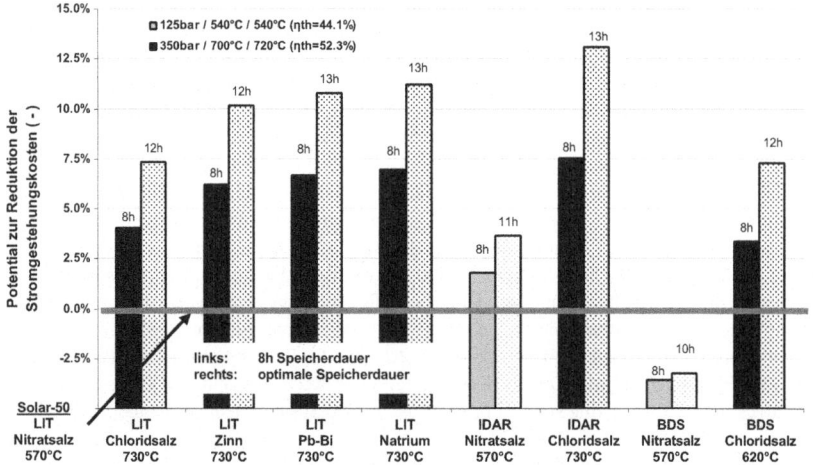

Abbildung 19   Vergleich der relativen Differenz zwischen den LCOE des Referenzkonzepts und der alternativen Konzepte bei unterschiedlichem WTM und USC-Dampfprozess

In Abbildung 19 sind die Potenziale zur Reduktion der Stromgestehungskosten bezogen auf das Referenzkonzept, unter der Annahme von USC-Dampfprozessen und der in Anhang 8.2 zusammengeführten Kostenannahmen analysiert. Die Optionen mit subkritischen Kraftwerksblöcken werden dabei mit grauen Balken veranschaulicht. Qualitativ entsprechen die Tendenzen den Ergebnissen der Potenzialbewertung zur Erhöhung der Jahreserträge. Somit weist das IDAR-Konzept erneut das höchste Potenzial von 13.1 % auf. Gefolgt von der WTM Option des Blei-Wismut Eutektikums bzw. des Natriums, welche Potenziale von 10.8 % bzw. 11.2 % aufweisen, ist zu erkennen, dass das Chloridsalz weder in Rohrreceivern (7.4 %) noch in BDS (7.3 %) eine konkurrenzfähige Option darstellt. Während für das IDAR bei der Interaktion mit einem subkritischen Dampfprozess ein Potenzial von 3.7 % ermittelt werden kann, zeigt das entsprechende BDS ein negatives Potenzial von -3.2 %. Die mittelfristig kommerziell verfügbaren überkritischen Dampfprozesse (SC) werden bei einer Leistungsklasse von 200 MW$_{el}$ untersucht. Die Leistungsklasse führt dann zu einem Mehrturmsystem, welches aus vier Solar-50-Anlagen besteht. Bezogen auf die Referenz sind die entsprechenden Potenziale, unter der Annahme von skalierten spezifischen Kosten gemäß einer vierfachen Komponentenanzahl, in Abbildung 20 ausgewertet.

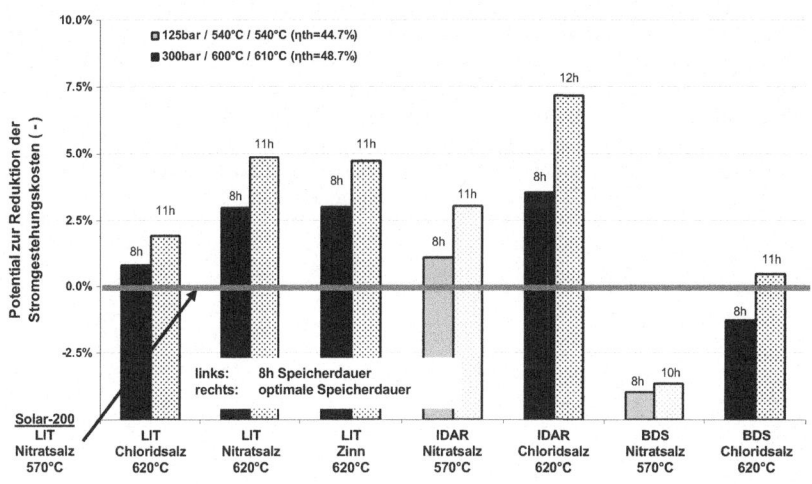

Abbildung 20 Vergleich der relativen Differenz zwischen den LCOE des Referenzkonzepts und der alternativen Konzepte bei unterschiedlichem WTM und SC-Dampfprozess

Das höchste Potenzial weist erneut das IDAR-Konzept mit 7.2 % auf. Die Option in Rohrreceivern das Nitratsalz unter Schutzgasatmosphäre zu verwenden erreicht ein Potenzial von 4.8 %, während mit Zinn 4.7 % resultieren. Das IDAR-Konzept mit subkritischem Dampfprozess weist ein Potenzial von 3.0 % auf und liegt höher als die Option in Rohrreceivern das Chloridsalz bei erhöhten Temperaturen zu verwenden (1.9 %). Das BDS zeigt ein negatives Potenzial von -3.6 %, wenn ein subkritischer Dampfprozess angetrieben wird, während im Falle des überkritischen Dampfprozesses ein geringes Potenzial von 0.5 % gegenüber der Referenz resultiert. Die komponentenspezifischen Kostenannahmen werden für die jeweiligen Receiveroptionen hinsichtlich ihrer Sensitivität auf die Reduktionspotenziale analysiert. Diese Analysen zeigen für die USC- bzw. SC-Option vernachlässigbar kleine Abweichungen. Nachfolgend werden daher die Sensitivitätsanalysen der Receiveroptionen mit SC-Dampfprozess (200 MW$_{el}$) diskutiert. Da die Geraden der Sensitivitätsanalysen ähnliche Steigungen aufweisen, wird in Abbildung 21 nur die Analyse bezüglich des IDARs veranschaulicht. Die Sensitivitäten des LIT- und des BDS-Konzepts sind in Anhang 8.16 aufgeführt.

Bei dem ausgeführten relativen Vergleich ist die Sensitivität der spezifischen Kostenannahmen von Interesse, die den Komponenten zugeordnet werden, welche sich bei den bewerteten Konzeptvarianten wesentlich unterscheiden. Die entsprechenden Komponentenkosten betreffen die Receiverkosten, die Turmkosten, bzw. die zusätzlichen Kosten des Turmreflektorsystems. Demnach erreicht das Rohrreceiverkonzept mit Nitratsalz das Potenzial des IDARs, wenn dessen Receiverkosten 14.7 % geringer sind als angenommen. Das Potenzial des LIT Konzepts fällt auf das Potenzial des BDS herab, wenn die Rohrreceiverkosten 25 % höher anzunehmen sind. Die Kostensensitivität des Turmes zeigt für Rohrreceiver innerhalb des Intervalls von 50 % bis 200 % keine Veränderung bezüglich der qualitativen Rangfolge der Receiverkonzepte. Nehmen für das IDAR-Konzept die tatsächlichen Kosten des Turms 28.9 % oder des Receivers 16.5 % höhere Werte an, sinkt das Potenzial auf den ermittelten Wert des LIT-Konzepts. Das Potenzial des IDAR-Konzepts fällt auf das Niveau des BDS herab, wenn der IDAR 54.8 % oder dessen Turm 100 % kostenaufwändiger ist als angenommen. Im Intervall der skalierten Komponentenkosten von 50 % bis 200 % kann weder die Reduktion der Receiverkosten noch der Turmkosten das BDS in die Lage versetzen das Potenzial der konkurrierenden Receiverkonzepte zu erreichen. Dies gilt ebenso für die Kosten der zusätzlichen Konzentratorkomponenten, wie der Turmreflektorstruktur, den Spiegeln des Turmreflektors bzw. des CPCs.

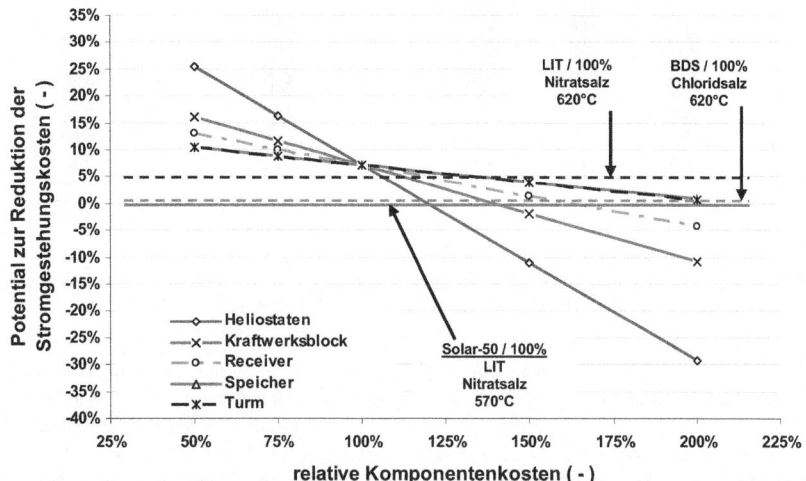

Abbildung 21   Sensitivitätsanalyse des IDAR-Konzepts mit Chloridsalz und 620°C Auslasstemperatur Hinweis: Speicher und Turm nehmen für den IDAR nahezu gleiche Werte an

Die Kostensensitivität des jeweiligen zum WTM kompatiblen Speichersystems ist ebenfalls von Interesse. Diesbezüglich bewahrt das Rohrreceiverkonzept mit erhöhten Temperaturen dann dessen Potenzial zur Kostenreduktion gegenüber der Referenz, wenn der zusätzliche Kostenaufwand 80 % nicht übersteigt. Der IDAR bewahrt mit einem zum Chloridsalz kompatiblen Speichersystem dessen Konkurrenzfähigkeit, wenn die Kostenzunahme eines solchen Speichersystems gegenüber der Annahme 31.6 % nicht übertrifft. Um mit BDS oder mit dem Referenzsystem konkurrieren zu können, darf ein Speicher mehr als das Doppelte kosten. Bezüglich des Speichermediums (s. Kostendaten in Anhang 8.2) lassen sich aus den Sensitivitätsanalysen weitere Erkenntnisse ableiten. Somit ergeben sich 4-fache Speicherkosten für Natrium, 9-fache Speicherkosten für LiCl-KCl, 106-fache Speicherkosten für Zinn und 124-fache Speicherkosten für das Blei-Wismut Eutektikum als Speichermedium, verglichen mit der Referenz der virtuellen Speichertechnologie. Wird bspw. Natrium als WTM und Speichermedium verwendet, ergibt sich aus der Sensitivitätsanalyse, dass sich das Potenzial von 11.2 % auf -7 % senkt (USC).

Betrachtet man das BDS zur Konzeptauswahl, sind die Ansätze zur Verringerung der Kosten der Turmreflektorstruktur einzubringen. Nach Hasuike [28] können mit einer Facettierung der Turmreflektorspiegel und Spalten zwischen den einzelnen Facetten die Windeinflüsse und somit die Strukturbelastung reduziert werden, woraus leichtere und um 33 % bis 50 % kostengünstigere Turmreflektorstrukturen resultieren können. Während für diese Aussage keine belastbaren Berechnungen veröffentlicht wird, zeigt die Sensitivitätsanalyse (s. Anhang 0), dass das BDS auch unter dieser Voraussetzung nicht konkurrenzfähig ist. Für die weitere Verfolgung bzw. Detaillierung scheidet das BDS aus, während die Aussagen von Schmitz [24] auch aus dem Blickwinkel der Betrachtung des Gesamtsystems für erhöhte Receivertemperaturen bestätigt werden können.

Ebenso kann das höhere Potenzial von Receivern mit Direktabsorption und Flüssigfilmkühlung gegenüber Rohrreceiver [69] durch die ausgeführten Analysen bestätigt werden. Diese resultiert aus dem erhöhten Wirkungsgrad des Receivers und dessen verringerten Kosten aufgrund einer einfacheren Bauweise, trotz erhöhter Türme. Die Auswahl für die weitere Untersuchung und Detaillierung trifft daher das IDAR-Konzept. Diese verfolgen das Ziel den Receiverwirkungsgrad weiter zu erhöhen, sowie das Konzept bezüglich dessen Machbarkeit auf ein solides wissenschaftliches Fundament zu stellen. Dabei stehen die Optimierung, sowie die grundlegenden Probleme des Konzepts im Vordergrund.

4 Innen liegende Direktabsorption mit Flüssigfilmkühlung

Aus der Konzeptbewertung wurde ersichtlich, wie stark die Reduktionspotenziale der untersuchten innovativen Receivertypen ausgeprägt sind, wenn eine Erhöhung der Receiverauslasstemperaturen und nachfolgend der Dampfprozessparameter angestrebt ist. Dabei weist das Konzept der innen liegenden Direktabsorption mit Flüssigfilmkühlung (IDAR) das am stärksten ausgeprägte Potenzial zur Reduktion der Stromgestehungskosten auf. Diese Tendenz zeigten bereits vorangegangenen Untersuchungen des DAR-Konzepts [69] (s. Teilabschnitt 2.3.3), das jedoch einige grundlegende Probleme, wie bspw. den Tropfenaustrag, aufwarf. Die in dieser Arbeit durchgeführte Modellierung dient zur Untersuchung von Lösungsansätzen für diese kritischen Aspekte. Die übergeordnete Modifikation gegenüber DAR besteht dabei in der Verlagerung der Flüssigfilmkühlung von der windempfindlichen äußeren Mantelfläche des Receivers auf die windgeschützte innere Mantelfläche. In diesem Kapitel werden zunächst die benötigten Zusammenhänge eines thermodynamischen Receivermodells zur Berechnung der Receivercharakteristik festgelegt (Abschnitt 4.1) sowie Betriebsstrategien zur Minimierung des WTM-Austrags definiert (Abschnitt 4.2). Nachfolgend wird die Implementierung der erarbeiteten thermodynamischen, strömungsmechanischen und betriebsstrategischen Beziehungen in eine praktikable CFD gestützte Rechenmethodik dargelegt (Abschnitt 4.3).

4.1 Modellbildung

Die Problematik bei der Modellbildung besteht in der Abbildung einer direkt bestrahlten Flüssigfilmströmung mit einer freien Oberfläche, welche an den innen liegenden Absorberwänden eines Hohlraums nach unten fließt und diese dabei kühlt. Dabei werden die Absorberwände durch transmittierte Strahlungsanteile ebenfalls bestrahlt. Die Gestaltung eines solchen Receivers erfordert eine hinreichend große Aperturfläche um die Einstrahlung in den Hohlraum zu ermöglichen, sowie geneigte Absorberwände an welchen das WTM unter der Ausbildung eines stabilen Flüssigfilms hinunterfließen kann. Entsprechend ist ein Einlass- bzw. Auslassbereich für das WTM erforderlich, dessen Anordnung die umfassende Kühlung der Hohlraumwände gewährleistet.

4.1.1 Receivergeometrie und Funktionsweise

Die geometrische Definition des rotationssymmetrischen IDAR mit horizontaler Aperturebene ist in Abbildung 22 vereinfacht skizziert. Diese veranschaulicht die veränderlichen geometrischen Parameter, wie den Einlassdurchmesser (D_{Ein}), den Aperturdurchmesser (D_{Ap}), die Höhe des seitlichen Absorberbereiches mit freier Oberfläche (H_R), den Abstand zwischen der oberen und der seitlichen Absorberwand (Δr_{AW}), sowie die Anstellwinkel der oberen (α) bzw. seitlichen (β) Absorberwände. Die Filmtiefe ist orthogonal zu den Absorberwänden definiert. Die charakteristischen Positionen sind der Einlassbereich (δ_1), der maximale Umfang der oberen Absorberstruktur (δ_2), der maximale Umfang der seitlichen Absorberstruktur (δ_3) und der minimale Umfang der seitlichen Absorberstruktur (δ_4). Die Funktionsweise des modifizierten IDAR ist im Folgenden beschrieben. Dabei finden zunächst nur die für die Funktionalität wesentlichen thermophysikalischen Phänomene bzw. Effekte Erwähnung.

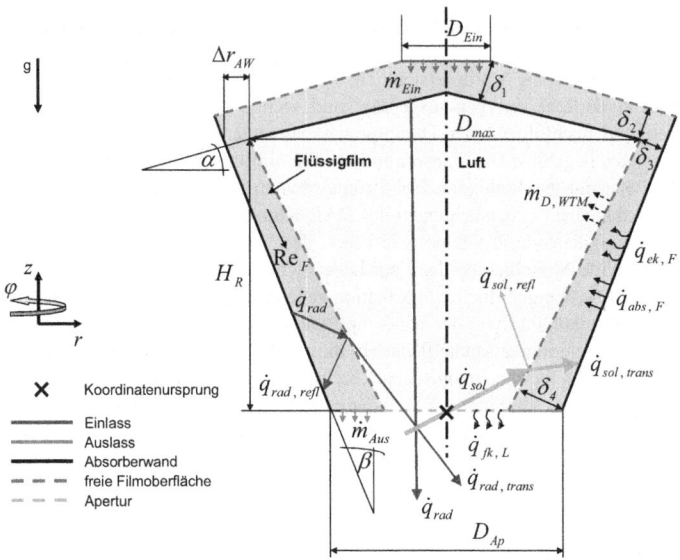

Abbildung 22   Modellskizze des IDARs mit geneigten Absorberwänden

Das WTM tritt durch die Einlassfläche mit einem definierten Massenstrom in den Receiver ein und fließt infolge der Schwerkraft unter Ausbildung einer freien Oberfläche als Flüssigfilm zunächst an der oberen und dann an der seitlichen Absorberwand entlang. Dabei ist die obere Absorberstruktur auf der unbespülten, unteren Seite, sowohl vom Heliostatenfeld direkt, als auch indirekt bestrahlt. Die indirekte Bestrahlung erfolgt bspw. durch Reflexion an der seitlichen freien Oberfläche des WTMs, sowie durch den Strahlungsaustausch im Hohlraum. Die seitliche Absorberstruktur erreicht der entsprechende, durch das WTM transmittierte, Strahlungsanteil auf der bespülten Seite. Der durch die Absorberwände absorbierte Strahlungsanteil, der sich in einer ortsabhängigen Strahlungsdichteverteilung auf den absorbierenden Seiten der oberen bzw. seitlichen Absorberwände wiedergeben lässt, wird in Wärme umgewandelt und erhöht dort die Absorbertemperatur. Sofern die Temperatur der Absorberstruktur höhere Werte aufweist als die Temperatur des angrenzenden Flüssigfilms, fließt Wärme in Richtung des WTMs. In Hinblick auf die obere Absorberstruktur durchdringt der Wärmestrom zunächst durch Wärmeleitung die dünne Absorberstruktur und gelangt dann durch konvektiv erzwungenen Wärmeübergang in das WTM. Hinsichtlich des seitlichen Absorptionsbereiches kühlt das WTM auf der bestrahlten und gleichzeitig bespülten Seite. Dadurch nimmt die Temperatur des WTMs vom Einlassbereich bis zum Erreichen des Auslassbereiches sukzessive zu.

Der Receiver ist an der Seite und im oberen Bereich von einer Isolationsschicht umgeben, welche die Wärmeübertragung an die äußere Umgebung des Receivers dämmt. Dies ist in Abbildung 22 nicht explizit dargestellt. Die Apertur des Receivers ist offen, wodurch die sich im Innenbereich des Receivers befindende Luft sowohl mit dessen Randbereich im Receiver als auch mit der Umgebung im Aperturbereich in Wechselwirkung steht. Demnach wird die Luft durch die anzunehmende Haftbedingung im Kontinuum an der seitlichen freien Oberfläche mit der Filmströmung nach unten bewegt. Dabei findet eine konvektive Wärmeübertragung vom WTM an die Luft statt, woraus eine nach oben weisende Konvektionsströmung resultiert, welche zur Überlagerung der Bewegungsformen führt. Im oberen Bereich findet die konvektive Wärmeübertragung von der Absorberwand an die Luft statt. Je nach Dampfdruck des WTMs findet im seitlichen Bereich gleichzeitig eine durch Diffusion bewirkte Stoffübertragung statt. Erfahrungsgemäß stagniert die erwärmte Luft im Receivervolumen [102]. Ein zusätzlicher Wärmeanteil wird vom WTM aufgrund dessen semitransparenter optischer Eigenschaft absorbiert. Das WTM kann dabei je nach der Wellenlängenabhängigkeit des eigenen Absorptionsmaßes Anteile der konzentrierten Solareinstrahlung aus dem Heliostatenfeld absorbieren, als auch Anteile der thermischen Abstrahlung der Absorberwände. Sofern das WTM nahezu im gesamten energiereichen Bereich des solaren Spektrums (300°nm – 2500 nm) transparent, jedoch oberhalb des langwelligen Teils im nahinfraroten Bereich des elektromagnetischen Spektrums (> 2500 nm), bei dem die Wärmestrahlung der Absorberwände größere Anteile annimmt, undurchlässig ist, besitzt der Flüssigfilm selektive Eigenschaften. Wie stark sich die selektive Eigenschaft des WTMs auf den absorbierten Wärmeanteil auswirkt, hängt zudem von der Dicke des Films ab, den die Strahlung durchdringen muss. Steht der Receiver im thermodynamischen Gleichgewicht mit der Umgebung, gleicht die eingestrahlte solare Wärme der Summe der Wärmeströme an das WTM (Nutzwärme) und der Wärmeströme an die Umgebung (Verlustwärme).

4.1.2 Strömung des Flüssigfilms

Die Problematik bei der Modellbildung einer turbulenten, beheizten und bestrahlten Flüssigfilmströmung besteht in der Abbildung der freien Oberfläche, die mit der Luftströmung interagiert. Die Luftströmung weist dabei eine überlagerte Bewegungsform auf, die von der Haftbedingung an der freien Oberfläche und dem überlagerten Konvektionsstrom beeinflusst wird. Des Weiteren nimmt die Strömung des WTMs an der Wärmeübertragung mit zwei angrenzenden Phasen teil, welche sowohl konvektiv, über Wärmeleitung, als auch über Strahlungsaustausch erfolgt. Es gibt zahlreiche numerische Berechnungsmethoden, um die Gleichungen der Massen-, Impuls und Energieerhaltungssätze auch für freie Oberflächen detailliert zu lösen. Eine neuere Methode, welche auch von kommerziellen CFD-Codes verwendet wird, ist die von Nichols und Hirt entwickelte Volume-of-Fluid (VOF) Methode [103]. Um Unregelmäßigkeiten der freien Oberfläche, wie bspw. Wellen abbilden zu können, besteht die Möglichkeit der adaptiven Netzverfeinerung (AMR, engl. Adaptive Mesh Refinement) [90]. Wendet man die VOF-Methode gemeinsam mit der adaptiven Netzverfeinerung an, um Strömungen mit freier Oberfläche zu berechnen, wird das Rechennetz für jede neue Recheniteration an das veränderte Strömungsbild angepasst bzw. an der veränderten Phasengrenzfläche verfeinert. In diesem Fall sind Gleichungslöser jedoch dahingehend limitiert, dass die Berechnung des thermischen Strahlungsaustauschs aufgrund der sich verändernden finiten Volumenelemente zu einer sehr komplexen und aufwendigen Fragestellung führt und daher nicht unterstützt wird. Der Strahlungsaustausch in einem global bestrahlten Solarreceiver ist jedoch hochgradig relevant. Zudem ergeben sich bei der Anwendung beider Methoden für die detaillierte Abbildung des IDARs im Maßstab 1:1 auch ohne die Berücksichtigung des thermischen Strahlungsaustauschs signifikant verlängerte, unpraktikable Rechenzeiten. Dies begründet sich durch eine erforderliche feine örtliche Diskretisierung des Problems, um die hydrodynamischen und thermischen Grenzschichten hinreichend aufzulösen. Um dies zu umgehen, ist eine Vereinfachung des Gesamtsystems dahingehend erforderlich, dass eine Abschätzung der Receivercharakteristik mit thermischem Strahlungsaustausch mit praktikablen Rechenzeiten ermöglicht wird. Diesbezüglich liegt es nahe von der detaillierten Abbildung der Phaseninteraktion an der freien Oberfläche, sowie der detaillierten Abbildung der Luftströmung abzusehen. Die Begründung hierfür liegt zum einen in der Tendenz der stagnierenden Luftphase eines nach unten geöffneten Cavity-Receivers, die aus mehreren Untersuchungen hervorgeht [97, 102]. Zum anderen wird unter dieser Vereinfachung die Lösung der Strahlungstransportgleichung mit in kommerziellen CFD-Codes implementierten Strahlungsmodellen ermöglicht. Eine weitere Vereinfachung des Problems liegt darin, die Wärmeübertragung zwischen den Absorberwänden und dem WTM, unter Anwendung der Ähnlichkeitstheorie, mit Hilfe empirischer Korrelationen zu lösen. Im Gegensatz zu numerischen Lösungsmethoden unter Anwendung der Grenzschichttheorien bzw. entsprechender Turbulenzmodelle, ist dann die hohe Auflösung der Grenzschichten nicht erforderlich. Durch die Vernachlässigung der stagnierenden Luftströmung und der Anwendung von benutzerdefinierten Wandfunktionen mit empirischen Korrelationen können aufgrund der reduzierten Anforderungen an die Diskretisierung praktikable Rechenzeiten erreicht werden.

Unter Anwendung der getroffenen Vereinfachungen kann die Strömung des Flüssigkeitsfilms, wie in Abbildung 22 veranschaulicht, als Kanalströmung approximiert werden. Die Charakteristik einer Strömung mit freier Oberfläche, wie bspw. die einseitige Haftbedingung an der Absorberwand, wird mit entsprechenden Randbedingungen (s. Teilabschnitt 4.3.2) angenähert. Die Kanalweite entspricht dabei an vier charakteristischen Stellen, jeweils am Anfang bzw. Ende der oberen bzw. seitlichen Absorberwand (d_1 bis d_4), den Ergebnissen der empirischen Filmdickenkorrelation. Der Übergang der Filmdicke zwischen den Stützstellen wird als linear angenommen. Das Strömungsfeld im Kanal wird durch den vorgegebenen und iterativ angepassten Massenstrom des WTMs, sowie der örtlich vorherrschenden Temperaturen der Absorberwand und des WTMs beeinflusst. Der Massenstrom resultiert aus den Vorgaben bezüglich der Ein- und Auslasstemperatur, Interceptleistung und dem zu ermittelnden thermischen Wirkungsgrad des Receivers:

$$\dot{m}_{k+1} = \frac{\eta_{R,k} \cdot \dot{Q}_{sol}}{c_p \cdot \left(T_{Ein} - T_{Aus} \right)} \tag{37}$$

Um die Filmströmung mit der dimensionslosen Reynoldszahl zu charakterisieren haben sich in der Literatur zwei Film-Reynolds-Zahlen etabliert:

$$Re_N(\varphi,z) = \frac{u \cdot \delta_F}{v} = \frac{\dot{m}}{W(z) \cdot \eta(\varphi,z)} \tag{38}$$

$$Re_F(\varphi,z) = 4 \cdot \frac{u \cdot \delta_F}{v} = 4 \cdot \frac{\dot{m}}{W(z) \cdot \eta(\varphi,z)} = 4 \cdot Re_N(\varphi,z) \tag{39}$$

Zur Bestimmung des stationären Strömungsfeldes im Kanal werden die in Abschnitt 4.3 gegebenen Erhaltungsgleichungen iterativ gelöst. Es sprechen mehrere, im Teilabschnitt 4.3.1 diskutierte, Gründe dafür die Ermittlung des Strömungs- bzw. Temperaturfeldes voneinander entkoppelt vorzunehmen.

4.1.3 Dicke des Flüssigfilms

Die Interaktion der freien Oberfläche des WTMs mit der angrenzenden Gasphase, sowie im Flüssigfilm selbst vorherrschende Effekte, verursachen eine für die turbulente Filmströmung charakteristische Wellenbildung [68]. Diese Tendenz nimmt mit zunehmendem zur Vertikalen gemessenen Anstellwinkel der filmführenden Oberfläche ab [38]. Die Ausprägung der Wellenamplituden führt zur Fragestellung bezüglich der Stabilität des Flüssigfilms und somit des sicheren Betriebs des IDARs. Während die ortsabhängige Filmdicke und somit die Wellenbildung in dieser Arbeit nicht explizit untersucht wird, werden in Teilabschnitt 4.1.8 konservative Stabilitätskriterien eingeführt und untersucht, welche die Wellenbildung indirekt berücksichtigen.

Die mittlere Filmdicke eines stabilen laminaren, an einer geneigten Oberfläche entlang fließenden Flüssigfilms kann nach Nusselt ermittelt werden:

$$\delta_{F,lam}(\varphi,z) = \left(\frac{3 \cdot v(\varphi,z)^2 \cdot Re_N(\varphi,z)}{g \cdot sin(\theta)} \right)^{1/3} \tag{40}$$

Der Umschlag des Strömungszustandes von laminar zu turbulent erfolgt bei Flüssigfilmen mit freier Oberfläche im Reynoldsintervall $200 < Re_N < 500$ [71]. Der Strömungszustand des Flüssigkeitsfilms im IDAR ist vorwiegend turbulent, wobei die Korrelation nach Karapantsios und Karabelas eine gute Übereinstimmung mit experimentellen Untersuchungen zeigt [104]:

$$\delta_{F,turb}(\varphi,z) = 0.214 \cdot \left(\frac{v(\varphi,z)^2}{g \cdot sin(\theta)} \right)^{1/3} \cdot Re_F(\varphi,z)^{0.538} \tag{41}$$

Folgende Zusammenhänge geben den Umfang und den Radius der Absorberwände in Abhängigkeit von der z-Koordinate (s. Abbildung 22) wieder:

$$W(z) = 2 \cdot \pi \cdot r(z)$$

$$\text{mit} \quad r_{AWS}(z) = tan(\beta) \cdot z + \frac{D_{Ap}}{2} \quad \text{für} \quad z \leq H_R$$

$$\text{und} \quad r_{AWO}(z) = tan(90° - \alpha) \cdot (H_R - z) + \frac{D_{max}}{2} \quad \text{für} \quad z \geq H_R \tag{42}$$

$$\text{mit} \quad D_{max} = 2 \cdot (r_{seite}(H_R) - \Delta r_{AW})$$

4.1.4 Strahlungsmodelle

Die verwendeten Strahlungsmodelle bilden den Strahlungsverlauf von der Einstrahlung der Sonne auf das Heliostatenfeld bis zum Strahlungsaustausch im Receiver ab. Von größtem Interesse sind dabei die Verluste des Receivers, welche aufgrund von Reflexion und thermischer Abstrahlung an die Umgebung abgegeben werden. Die Annahmen zur Strahlungsmodellierung sind nachfolgend beschrieben.

4.1.4.1 Einstrahlung

Die Strahlungsverfolgung der Sonneneinstrahlung über die Reflexion an den Heliostaten bis zur Absorption im Receiver wird mit Hilfe des Programms SPRAY simuliert. Das Programm erzeugt mittels eines Monte-Carlo Verfahrens eine Vielzahl von Strahlenbündeln und verfolgt diese bis zur vollständigen Absorption bzw. Verlassen des Rechengebiets. Es berücksichtigt dabei die optischen Verlustmechanismen des Heliostatenfeldes (s. Teilabschnitt 2.2.1) sowie die Reflexion an bzw. die Transmission durch den Flüssigfilm hindurch. Es liefert die Flussdichteverteilung an den Absorberwänden, die als Schnittstelle zwischen SPRAY und CFX dienen. Diese sind zunächst als schwarze Körper angenommen, welche die eintreffende Strahlungsleistung vollständig absorbieren. Die ermittelte Strahlungsdichteverteilung wird in CFX zunächst zur Bestimmung der Reflexionsverluste des Receivers aufgrund grauer Absorberwände und der optischen Eigenschaften des WTMs verwendet. Sie wird aus einer fein aufgelösten Interpolationsmatrix als Quellterm in das thermische Simulationswerkzeug eingebracht. Aufgrund der zunächst angenommenen vollständigen Absorption der seitlichen bzw. oberen Absorberwände, ergibt das Flächenintegral der Flussdichteverteilung über die Absorberflächen die Gesamteinstrahlung in den Receiver:

$$\dot{Q}_{sol} = \iint_{A_{AW}} \dot{q}_{sol}(\varphi, z) \, dA_{AW} \tag{43}$$

4.1.4.2 Lichtbrechung, Reflexion, Transmission, und Absorption

Nach dem Snell'schen Brechungsgesetz wird Licht beim Eindringen von einem optisch dünnerem in ein optisch dichteres Medium gebrochen:

$$\frac{n_1}{n_2} = \frac{sin(\phi_2)}{sin(\phi_1)} \tag{44}$$

Welcher Anteil an dem Übergang zwischen den beiden Medien transmittiert bzw. reflektiert wird, geben die Fresnel'schen Gleichungen wieder:

$$\left(\frac{E_{0r}}{E_{0e}}\right)_s = r_s = \frac{n_1 \cdot cos(\phi_1) - n_2 \cdot cos(\phi_2)}{n_1 \cdot cos(\phi_1) + n_2 \cdot cos(\phi_2)} \qquad \text{senkrechte Polarisation} \tag{45}$$

$$\left(\frac{E_{0r}}{E_{0e}}\right)_p = r_p = \frac{n_2 \cdot cos(\phi_1) - n_1 \cdot cos(\phi_2)}{n_2 \cdot cos(\phi_1) + n_1 \cdot cos(\phi_2)} \qquad \text{parallele Polarisation} \tag{46}$$

Der reflektierte Anteil für unpolarisiertes Licht ist:

$$\rho_{WTM} = \frac{r_s^{\,2} + r_p^{\,2}}{2} \tag{47}$$

Die Bestimmung der reflektierten Strahlungsanteile erfolgt mit:

$$\dot{q}_{sol,refl}(r,\varphi,z) = \rho_{WTM}(r,\varphi,z) \cdot \dot{q}_{sol}(r,\varphi,z)$$

$$\dot{q}_{sol,trans}(r,\varphi,z) = \left(1 - \rho_{WTM}(r,\varphi,z)\right) \cdot \dot{q}_{sol}(r,\varphi,z) \tag{48}$$

Wie im vorherigen Abschnitt beschrieben wird mit SPRAY zunächst bis zu den Absorberwänden gerechnet, wo der eintreffende Strahlungsfluss zunächst vollständig absorbiert wird. Angelehnt an [70, 105] wird das WTM im solaren Spektrum als ideal transparent angenommen. Unter Berücksichtigung des an den grauen Absorberwänden diffus reflektierten Strahlungsanteile werden mit dem in CFX implementiertem Strahlungsmodell (s. Abschnitt 4.3) die Reflexionsverluste des Receivers bestimmt. Die Reflektivität der Absorberwände sei ρ_{AW}. Der Anteil der diffus reflektierten Strahlen kann wie folgt wiedergegeben werden:

$$\dot{q}_{diff}(\varphi,z) = \rho_{AW} \cdot \dot{q}_{sol}(\varphi,z) \tag{49}$$

$$\dot{Q}_{diff} = \iint_{A_{AW}} \dot{q}_{diff}(\varphi,z) dA_{AW} \tag{50}$$

In Abbildung 23 sind links die optischen Zusammenhänge der gerichteten Reflexion an der freien Oberfläche des WTMs und rechts der diffus reflektierten und emittierten Strahlungsanteile skizziert. Die diffus reflektierten Strahlen treffen unter einem bestimmten Einfallswinkel auf die Übergangsfläche. Je nach Einfallswinkel erfahren diese Strahlen beim Durchdringen vom optisch dichterem in das optisch dünnere Medium entweder eine Teil- oder eine Totalreflexion und treffen wieder auf die graue Absorberwand. Dies hängt vom Grenzwinkel der Totalreflexion ab:

$$sin(\phi_T) = \frac{n_2}{n_1} \tag{51}$$

Ist der Einfallswinkel kleiner als der Grenzwinkel der Totalreflexion, erfährt der Strahl wieder eine Aufteilung in einen reflektierten und transmittierten Anteil. Die Gesetzmäßigkeit entspricht dabei wieder dem Snell'schen Brechungsgesetz bzw. den Fresnel'schen Gleichungen (s. Gl.(44) bis Gl.(47)). Es ist darauf zu achten, dass nun n_1 den Brechungsindex des optisch dichteren Mediums darstellt und Gl.(48) für die Aufteilung des diffus reflektierten Strahlungsflusses gilt. Der transmittierte Strahl kann nun wieder auf die freie Oberfläche des WTMs oder auf die Apertur treffen. Trifft der Strahl auf die freie Oberfläche, sind die optischen Zusammenhänge analog zu Abbildung 23 (links) bzw. Gl.(44) bis Gl.(48) zu behandeln. Trifft der transmittierte Strahl auf die Apertur, trägt er zum Reflexionsverlust des Receivers bei.

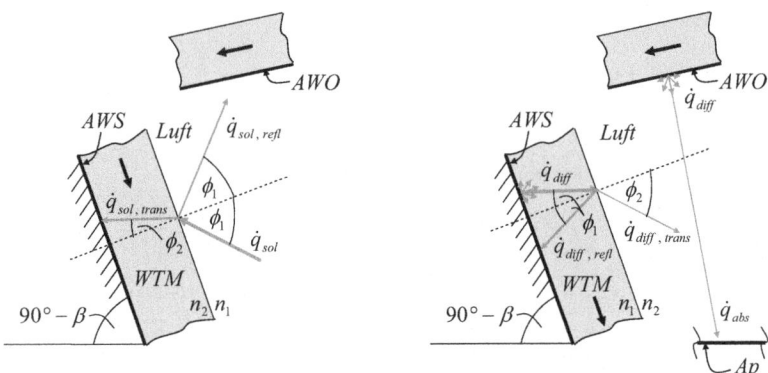

Abbildung 23   Zur Erläuterung der optischen Zusammenhänge bezüglich Lichtbrechung, Reflexion und Transmission (links) und diffus reflektierter oder emittierter Strahlen (rechts)

Das Flächenintegral der an der Apertur ankommenden Strahlungsflussdichte über die Aperturfläche ergibt die Reflexionsverluste des Receivers:

$$\dot{Q}_{refl} = \iint_{A_{Ap}} \dot{q}_{diff,abs}(\varphi,z)\,dA_{Ap} \tag{52}$$

Trifft ein Strahl auf eine der Absorberwände wird wiederum ein Anteil diffus reflektiert bzw. der Rest absorbiert. Für die Berechnung der Reflexionsverluste ist dann in Gl.(49) die Einstrahlung auf die Absorberflächen einzusetzen, welche aus den diffus reflektierten Strahlen resultieren. Die Mehrfachreflexion an den Absorberflächen trägt somit zur Flächenhelligkeit der Absorberwände bei. Das Flächenintegral des absorbierten Anteils über die Absorberflächen ist:

$$\dot{Q}_{diff,abs} = \dot{Q}_{diff} - \dot{Q}_{diff,loss} = \iint_{A_{AW}} \dot{q}_{diff,abs}(\varphi,z)\,dA_{AW} \tag{53}$$

Die Flussdichteverteilung an den grauen Absorberwänden, die sich unter Berücksichtigung der genannten optischen Zusammenhänge aus der solaren Einstrahlung abzüglich der Reflexionsverluste ergibt, kann wie folgt beschrieben werden:

$$\dot{q}_{abs}(\varphi,z) = (1 - \rho_{AW}) \cdot \dot{q}_{sol}(\varphi,z) + \dot{q}_{diff,abs}(\varphi,z) \tag{54}$$

Die so ermittelte absorbierte Flussdichteverteilung an den Absorberwänden dient im weiteren Verlauf als Quellterm für die Ermittlung der Temperaturfelder. Die gesamte absorbierte Strahlungsleistung ergibt sich aus dem entsprechenden Flächenintegral über die Absorberwände:

$$\dot{Q}_{abs} = \dot{Q}_{sol} - \dot{Q}_{diff,loss} = (1 - \rho_{AW}) \cdot \dot{Q}_{sol} + \dot{Q}_{diff,abs} = \iint_{A_{AW}} \dot{q}_{abs}(\varphi,z)\,dA_{AW} \tag{55}$$

4.1.4.3 Wärmestrahlung

Für die Berechnung des Receiverwirkungsgrades ist es wichtig, das Temperaturfeld im Receiver zu ermitteln, um daraus die thermischen Verluste des Receivers zu erhalten. Diese umfassen die Verluste durch freie Konvektion, die im nächsten Abschnitt beschrieben werden, und die thermischen Abstrahlverluste. Nach Planck ist die spektrale spezifische Ausstrahlung eines ideal schwarzen Körpers:

$$M_{\lambda,S}^{P}(\lambda,T) = \frac{2\pi \cdot h \cdot c^2}{\lambda^5} \cdot \left(e^{\frac{h \cdot c}{k \cdot T \cdot \lambda}} - 1 \right)^{-1} \tag{56}$$

Die Wien'sche Näherung der spektralen spezifischen Ausstrahlung sowie deren Integral über ein gegebenes Wellenlängenintervall sind:

$$M_{\lambda,S}^{W}(\lambda,T) = \frac{2\pi \cdot h \cdot c^2}{\lambda^5} \cdot e^{\frac{-h \cdot c}{k \cdot T \cdot \lambda}} \tag{57}$$

$$\int_{\lambda_1}^{\lambda_2} M_{\lambda,S}^{W}(\lambda,T)d\lambda = \frac{2\pi \cdot (k \cdot T)^4}{h^3 \cdot c^2} \cdot \left[\left(\left(\frac{C}{\lambda}\right)^3 + 3 \cdot \left(\frac{C}{\lambda}\right)^2 + 6 \cdot \left(\frac{C}{\lambda}\right) + 6 \right) \cdot e^{\left(\frac{-C}{\lambda}\right)} \right]_{\lambda_1}^{\lambda_2}, \tag{58}$$

$$\text{mit} \quad C = \frac{h \cdot c}{k \cdot T}$$

Vereinfachend sei der Emissionsgrad der Absorberwände nach dem Kirchhoff'schen Strahlungsgesetz mit dessen Absorptivität gleich gesetzt und entspricht folgendem Ausdruck:

$$\varepsilon_{AW} = \alpha_{AW} = 1 - \rho_{AW} \tag{59}$$

Die thermische Abstrahlung der grauen Absorberwände wird als ideal diffus angenommen. Die diffus emittierte Strahlungsflussdichte wird nach dem Stefan-Boltzmann-Gesetz für den angenommenen grauen Strahler folgendermaßen beschrieben:

$$\dot{q}_{em,AW}(\varphi,z) = \int_{0}^{\infty} \varepsilon_{AW} \cdot M_{\lambda,S}^{P}(\lambda,T_{AW}(\varphi,z)) \cdot d\lambda = \varepsilon_{AW} \cdot \sigma \cdot T_{AW}(\varphi,z)^4 \tag{60}$$

Bezüglich der optischen Zusammenhänge der Wärmestrahlung sei auf die Analogie zu Abbildung 23 (rechts) und deren Erläuterung verwiesen.

Während für die an den Absorberwänden diffus reflektierte solare Einstrahlung angenommen wird, dass deren spektrale Verteilung dem solaren Spektrum gleicht, ist diese Annahme für die Wärmestrahlung unzulässig. Dies lässt sich mit dem Wien'schen Strahlungsgesetz begründen, die besagt, dass mit sinkender Abstrahltemperatur die spektralen Anteile der Wärmestrahlung im infraroten Bereich zunehmen. Dies wirkt sich auf die Annahmen bezüglich der Transmissivität des WTMs aus. Im Gegensatz zum solaren Spektrum können Salzschmelzen nicht mehr im gesamten

Spektrum der Wärmestrahlung als ideal transparent angenommen werden. Weiterführende Publikationen zum temperatur- und wellenlängenabhängigen Absorptionsmaß von Salzschmelzen sind rar. Die verfügbaren Werte liegen bis zum nahinfraroten Bereich, zumeist bis 2500 nm vor [105, 106]. Derzeit sind keine publizierten Messungen zum Absorptionsmaß von Salzschmelzen bei hohen Temperaturen bis in den mittelinfraroten Bereich (25000 nm) bekannt. An dieser Stelle sei auf die im Rahmen dieser Arbeit, im Zusammenhang mit den optischen Eigenschaften von Salzschmelzen, ausgeführten experimentellen Untersuchungen in Anhang 8.5 verwiesen. Auf der Basis der Messergebnisse liegt die obere Absorptionsgrenze der Chloridschmelze im mittelinfraroten Bereich um 10000 nm. In Anlehnung an [70, 107] wird für die Abbildung der spektralen Transmissivität des WTMs ein Mehrbandmodell verwendet. In diesem wird für die Wärmestrahlung angenommen, dass sich das WTM innerhalb eines gegebenen Wellenlängenintervalls ideal transparent verhält und außerhalb ein hohes Absorptionsmaß besitzt. Das aus drei Bändern bestehende Mehrbandmodell ist in Abbildung 24 veranschaulicht. Die Gesetzmäßigkeit der Abschwächung der Strahlungsintensität bzw. die Absorption der Wärmestrahlung beim Durchdringen eines semitransparenten WTMs ist durch das Lambert-Beer'sche Gesetz gegeben. Die entsprechende exponentielle Abschwächung ist:

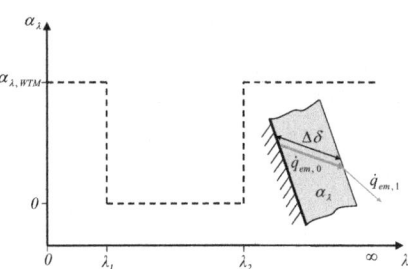

Abbildung 24 Mehrbandmodell zur Abschwächung der Wärmestrahlungsintensität im WTM

$$\dot{q}_{em,1} = \dot{q}_{em,0} \cdot e^{(-\alpha_\lambda \cdot \Delta\delta)} \tag{61}$$

Die Wärmestrahlung des semitransparenten WTMs wird als ungerichteter Volumenstrahler modelliert. Dies begründet sich dadurch, dass das strahlende WTM im dessen gesamten Volumen sowohl an der Entstehung, als auch an der Veränderung der Strahlung teilnimmt. Vereinfachend sei der Emissionsgrad des WTMs nach dem Kirchhoff'schen Strahlungsgesetz mit dessen Absorptivität gleich gesetzt. Die volumenspezifisch wellenlängenabhängig emittierte Wärmestrahlung des WTMs ergibt sich somit durch die Integration der Strahlungstransportgleichung über den gesamten Raumwinkel ($\Omega = 4\pi$). Die volumenspezifisch ausgestrahlte Wärme ergibt sich schließlich durch eine weitere Integration über das gesamte Spektrum [90]:

$$\dot{q}'''_{em,WTM}(r,\varphi,z) = \int\limits_{0}^{\infty}\int\limits_{0}^{4\pi} \varepsilon_{\lambda,WTM} \cdot M_{\lambda,S}^{P}(\lambda,T_{WTM}(r,\varphi,z)) \cdot d\Omega \, d\lambda \quad \text{mit} \quad \varepsilon_{\lambda,WTM} = \alpha_{\lambda,WTM} \tag{62}$$

Trifft die von der Absorberwand bzw. WTM emittierte und durch das WTM transmittierte Wärmestrahlung auf die Apertur trägt sie zum thermischen Strahlungsverlust des Receivers bei. Das Flächenintegral der an der Apertur ankommenden Flussdichte der Wärmestrahlung über die Aperturfläche ergibt die Strahlungsverluste des Receivers:

$$\dot{Q}_{rad} = \iint\limits_{A_{Ap}} \dot{q}_{em,abs}(\varphi,z) \, dA_{Ap} \tag{63}$$

4.1.5 Freie Konvektion

Die Verluste durch freie Konvektion nehmen in Cavity-Receivern, die eine horizontale, nach unten geöffnete Apertur aufweisen, im Vergleich zu geneigten Ausführungen die geringsten Werte an. Dies begründet sich durch die Stagnation der Luftphase im Receiver [97, 102]. Die Wärmeübertragung erfolgt im IDAR von der bewegten freien Oberfläche des aufgewärmten WTMs an die mitbewegte Luftphase (Haftbedingung). Durch die Dichteänderung der erwärmten Luft entsteht ein entgegen der Gravitation gerichteter Konvektionsstrom, wodurch die erwärmte Luft im Receiver verbleibt. Die erwärmte Luft füllt dabei das Receivervolumen auf, wodurch sich idealerweise (bei Windstille) die Stagnation bzw. ein stationärer Strömungszustand einstellt. Die Wärmeübertragung von der heißen Luft im Receiver zur Umgebungsluft erfolgt dann im Wesentlichen nur noch über Wärmeleitung in der Aperturebene und Wärmestrahlung. Die detaillierte Abbildung der Konvektionsströmung für einen IDAR im Maßstab 1:1 erfordert demnach sowohl die Abbildung der freien Oberfläche mit Wellenbildung, als auch die feine Diskretisierung der Grenzschichten. Dem Problem der daraus resultierenden Rechenzeiten begegnet diese Arbeit in der Abschätzung der Konvektionsverluste mit der Korrelation von Paitoonsurikarn und Lovegrove [97]. Die Zusammenhänge der Korrelation geben die nachfolgenden Gleichungen in Abhängigkeit vom Neigungswinkel ($\Phi = 90°$ für die horizontale Aperturebene) und Tabelle 3 wieder:

$$Nu = 0.0196 \cdot Ra^{0.41} \cdot Pr^{0.13} \quad \text{mit } T_{ref} = \frac{T_{AW} + T_{amb}}{2} \tag{64}$$

$$\dot{Q}_{fk} = A_{AW} \cdot h_{fk} \cdot \left(\overline{T_{AW}} - T_{\infty}\right) \quad \text{mit } h_{fk} = \frac{Nu_{fk} \cdot \lambda_{c,L}}{L_s} \tag{65}$$

$$L_s = \left| \sum_{i=1}^{3} a_i \cdot cos(\Phi + \Psi_i)^{b_i} \cdot L_i \right| \tag{66}$$

i	$a_i[-]$	$b_i[-]$	$\Psi_i[rad]$
1	4.08	5.41	-0.11
2	-1.17	7.17	-0.3
3	0.07	1.99	-0.08

Tabelle 3:
Konstanten für die charakteristische Länge der Korrelation

Auch wenn diese Korrelation für Cavity-Receiver von Dish-Systemen entwickelt wurde (Maßstab zum IDAR 1:30), eignet sie sich nach vergleichenden CFD Analysen [108] ebenfalls für vergrößerte Cavity-Receiver. Um die Anwendung der Korrelation für IDAR gegebenenfalls anzupassen, wird diese mit den Ergebnissen von CFD-Analysen der Luftphase im Maßstab 1:10 verglichen. Hierfür wird die Luftphase separat betrachtet und mit entsprechenden Randbedingungen an die Gegebenheiten von skalierten IDAR angepasst (s. Teilabschnitt 4.3.2). In Anhang 8.6 wird der Einfluss von Wind auf die Verluste durch freie Konvektion bzw. Mischkonvektion gesondert behandelt und abgeschätzt.

4.1.6 Erzwungene Konvektion

Das WTM kühlt die bestrahlten Absorberwände durch den mit der Strömung erzwungenen konvektiven Wärmeübergang. Der Vorgang ist im realen Receiver, genauso wie die in den vorherigen Abschnitten behandelten Wärmeübertragungsvorgänge, instationär. Der Grund hierfür ist im Wesentlichen die sich zeitlich verändernde solare Einstrahlung. Für die Ermittlung des Receiverwirkungsgrades werden die dynamischen Vorgänge im Receiver vernachlässigt, während für charakteristische Einstrahlungsverhältnisse das thermodynamische Gleichgewicht des Receivers angenommen wird. Demnach werden die stationären Temperaturfelder der Absorberwände und des WTMs ermittelt. Dies geschieht unter Berücksichtigung der optischen Zusammenhänge der Einstrahlung und der Wärmestrahlung und der thermodynamischen Zusammenhänge der Wärmeleitung im WTM und durch die obere Absorberwand, sowie der erzwungenen Konvektion. Der durch Wärmeleitung übertragene Wärmestrom ist durch das Fourier'sche Gesetz gegeben. Vorangegangene Untersuchungen des DAR-Konzepts verwendeten für die erzwungene Konvektion die Korrelation nach Wilke [39, 68]. Eine konservativere Abschätzung des Wärmeübergangskoeffizienten ist die Korrelation nach Chun und Seban [96], die im relevanten Bereich der Reynolds-Zahlen zwischen 10^4 und 10^5 bis zu 30 % niedrigere Wärmeübergangskoeffizienten liefert und daher in dieser Arbeit angewendet wird:

$$\frac{h_{ek}}{\lambda_{c,WTM}} \cdot \left(\frac{v^2}{g \cdot \sin(\theta)} \right)^{1/3} = 0.0038 \cdot Re_F^{0.4} \cdot Pr^{0.65} \tag{67}$$

Der ortsaufgelöste flächenspezifische Wärmestrom zwischen der bespülten Absorberwand und dem angrenzendem WTM ist dann:

$$\dot{q}_{ek}(\varphi,z) = h_{ek} \cdot \left(T_{AW}(\varphi,z) - \overline{T_{WTM}}(\varphi,z) \right) \tag{68}$$

Für die treibende Temperaturdifferenz wird die mittlere Temperatur des WTMs über die Filmdicke gebildet. Der Nutzwärmestrom repräsentiert den im WTM verbleibenden Wärmestrom:

$$\dot{Q}_{nutz} = \iint_{A_{AW}} \dot{q}_{ek}(\varphi,z)\,dA_{AW} + \iiint_{V_{WTM}} \dot{q}'''_{abs,WTM}(r,\varphi,z) - \dot{q}'''_{em,WTM}(r,\varphi,z)\,dV_{WTM} \tag{69}$$

Der thermische Receiverwirkungsgrad kann wie folgt formuliert werden:

$$\eta_{R.th} = \frac{\dot{Q}_{nutz}}{\dot{Q}_{sol}} = 1 - \frac{\dot{Q}_{refl} + \dot{Q}_{rad} + \dot{Q}_{fk}}{\dot{Q}_{sol}} \tag{70}$$

Die Implementierung der Korrelation in das CFD basierte Rechenmodell erfolgt unter Anwendung von benutzerdefinierten Wandfunktionen (s. Abschnitt 4.3).

4.1.7 Stoffübergang

Einer der grundlegenden Probleme des IDARs ist der Austrag an WTM. Diesbezüglich werden in dieser Arbeit zwei Mechanismen betrachtet. Einer dieser Mechanismen ist der Austrag von Tropfen, die aus einem instabilen Film austreten können. Die Kriterien für eine entsprechende Filmstabilität sind im nachfolgenden Abschnitt beschrieben. Ein weiterer Mechanismus besteht im Transport der Moleküle des WTMs über die freie Phasengrenzfläche hinweg in die Luft. Die treibenden Kräfte für den Stoffübergang können Konzentrations-, Temperatur- und Druckgradienten sein. Der Stoffübergang im realen IDAR entspricht aufgrund der Strömungszustände der Flüssigfilmströmung als auch der Konvektionsströmung der Luft einer turbulenten Diffusion. Die Abschätzung des Diffusionsmassenstroms erfolgt unter der Annahme, dass die diffundierten Moleküle des WTMs aufgrund des Konvektionsstroms größtenteils im Receivervolumen verbleiben, sofern kein Wind herrscht. Demnach tritt im Receivervolumen nach einer bestimmten Zeit eine Sättigung ein. Im IDAR nimmt nach dem Anfahren des Receivers die Konzentration des Salzdampfes bis zur Sättigungsgrenze in der Luft zu. In diesem Zusammenhang wird der Salzdampf wie ein ideales Gas behandelt und die Annahme getroffen, dass sich die Moleküle des WTMs nach der Diffusion im Receivervolumen gleichmäßig verteilen. Zur Ermittlung des Stoffübergangskoeffizienten wird die Filmtheorie für die einseitige Diffusion und die Analogie zur Wärmeübertragung herangezogen. Zu Beginn des Diffusionsvorgangs ist die Luft trocken bzw. unbeladen mit WTM ($X_{WTM, \delta}(t=0)=0$). Der Diffusionsmassenstrom ist mit der zeitlichen Änderung der Beladung:

$$\dot{m}_{D,WTM}(t) = A_{AWS} \cdot \frac{M_L \cdot p_\infty}{\Re \cdot T} \cdot \beta_D \cdot \left(X_{WTM,\,max} - X_{WTM}(t) \right)$$

$$\text{mit } \quad X_{WTM,\,max} = \frac{p_{D,WTM}}{p_\infty} \cdot \frac{M_{WTM}}{M_L} \quad \text{und} \quad \frac{dX_{WTM}}{dt} = \frac{\dot{m}_{WTM}}{\rho_L(T) \cdot V_L} \tag{71}$$

Der Diffusionskoeffizient wird mit Hilfe der aus der kinetischen Gastheorie bekannten Chapman-Enskong-Theorie ermittelt.

$$D_{WTM,L} = \frac{3}{16} \cdot \sqrt{\frac{2 \cdot (\Re \cdot T_{WTM})^3}{\pi} \cdot \left(\frac{1}{M_{WTM}} + \frac{1}{M_L} \right)} \cdot \frac{1}{N_A \cdot p_\infty \cdot \sigma_{WTM,L}^2 \cdot \Omega_{WTM,L}^*} \tag{72}$$

Die Berechnung des reduzierten Stoßintegrals erfolgt mit der reduzierten Temperatur [109]:

$$\Omega_{WTM,L}^* = 1.16145 \cdot T^*_{WTM,L}{}^{-0.14874} + 0.52487 \cdot e^{-0.7732 \cdot T^*_{WTM,L}} + 2.1617 \cdot e^{-2.43787 \cdot T^*_{WTM,L}}$$

$$\text{mit } \quad T^*_{WTM,L} = T_{WTM} \cdot \left(\frac{\varepsilon_{LJ}}{k_B} \right)^{-1}_{WTM,L} \tag{73}$$

Der Stoßdurchmesser der Komponenten ergibt sich aus dem arithmetischen Mittelwert der entsprechenden Moleküldurchmesser. Der Lennard-Jones-Parameter des Stoffgemisches ist:

$$\left(\frac{\varepsilon_{LJ}}{k_B}\right)_{WTM,L} = \sqrt{\left(\frac{\varepsilon_{LJ}}{k_B}\right)_{WTM} \cdot \left(\frac{\varepsilon_{LJ}}{k_B}\right)_L} \tag{74}$$

Für die Analogie der Stoffübertragung zur Wärmeübertragung wird die empirische Korrelation für die freie Konvektion an der geneigten Platte herangezogen [94]:

$$\overline{Nu}_{fk} = 0.135 \cdot \left(cos(\beta) \cdot Gr_H \cdot Pr\right)^{1/3} \quad \text{für} \quad Gr_H \cdot Pr > 10^9 \tag{75}$$

Der Zusammenhang zwischen dem Wärme- und Stoffübergangskoeffizienten wird mit der Lewisschen Beziehung bzw. mit der Sherwood-Zahl hergestellt [110]:

$$\beta_D = \frac{Sh \cdot D_{WTM,L}}{H_R}$$

$$\text{mit} \quad Sh = Nu_H \cdot Le^{1/3} \quad \text{und} \quad Le = \frac{a_L}{D_{WTM,L}} \tag{76}$$

Da der Receiver vor dem Betrieb vorgewärmt werden muss, damit das WTM beim Herabfließen nicht erstarrt, wird für die Lufttemperatur die Schmelztemperatur des WTMs mit einer Sicherheit von 30 K angesetzt. Obwohl für den realen IDAR eine weitere Temperaturzunahme der stagnierenden Luft im Receiver naheliegend ist, wodurch die Temperaturdifferenz zwischen der Absorberwand und der Luft abnimmt, wird die Lufttemperatur zwecks einer konservativen Abschätzung konstant gehalten.

Mit den gegebenen Zusammenhängen wird die Diffusionsdynamik untersucht bzw. die Frage beantwortet, in welcher Zeit nach dem Anfahren eine Sättigung zu erwarten ist. Als täglicher Massenverlust durch Diffusion wird einerseits die Masse an WTM angesetzt, welche das Receivervolumen mit Sattdampf des WTMs ausfüllt. Andererseits wird der Diffusionsverlust in der Aperturebene analog zur Vorgehensweise an der freien Oberfläche des WTMs, jedoch mit der Korrelation von Paitoonsurikarn und Lovegrove [97] (s. Teilabschnitt 4.1.5) bestimmt. Dabei wird für die treibende Temperaturdifferenz die Auslasstemperatur des Receivers und die Umgebungstemperatur verwendet und Windstille angenommen.

4.1.8 Stabilitätskriterien des Flüssigfilms

Die nachfolgende Beurteilung der Filmstabilität orientiert sich an Newell [71] und bezieht sich zum einen auf die Fragestellung, unter welchen Voraussetzungen das WTM die Absorberwände vollständig benetzt und zum anderen, welche Strömungscharakteristik eines vollständig benetzenden Films zum Austrag von Tropfen führt. Die Filmstabilität ist aus zwei Aspekten heraus problematisch für den IDAR: Einerseits können an unbenetzten Bereichen auf der Absorberfläche starke Temperaturschwankungen auftreten, die aus der unzureichenden Kühlung dieser Stellen hervorgehen und zur Zerstörung der Absorberplatten führen können. Andererseits können aus dem Receiverbereich austretende Tropfen in das umgebende Heliostatenfeld gelangen und erst auf den Spiegelflächen erstarren, womit die Verschlechterung der optischen Güte und eine Beschädigung der Heliostate einhergehen. Tritt Tropfenaustrag in großem Maße auf, ist der Verlust an WTM kostenaufwändig zu ersetzen. Die Phänomene, die zu unbenetzten Stellen auf der Absorberfläche führen, können prinzipiell das Aufreißen des Films bzw. die Bildung von Rinnsalen und die nachfolgende Austrocknung der Absorberfläche sein. Die Austrocknung kann auch stellenweise an stark bestrahlten Stellen durch den so genannten Thermokapillareffekt auftreten. Ebenso können starke Windböen zur Verringerung der Filmdicke führen und die Benetzung stören. Während die instabile Benetzung tendenziell bei niedrigen Massenströmen und dünner werdenden Filmen auftritt, verstärkt die Interaktion der Luftströmung mit der Flüssigfilmströmung bei großen Massenströmen und dickeren Filmen den Tropfenaustrag.

Ansätze um den Übergang zwischen den Strömungsformen zu beschreiben gehen auf Untersuchungen und Überlegungen aus den 60er Jahren zurück. Im Jahre 1964 publizierten Hartley und Murgatroyd [111] zwei Kriterien für einen stabilen vollständig benetzenden Film, die sich auf eine minimale Filmdicke zurückführen lassen. Eines dieser Kriterien geht aus dem Prinzip des geringsten Widerstands hervor und besagt, dass sich eine stabile Rinnsalbreite ausbildet, wenn der Energiefluss über den Querschnitt einen minimalen Wert annimmt. Die Summe der berücksichtigten Energieflüsse weist dabei die kinetische Energie der Strömung über den Rinnsalquerschnitt und die Oberflächenenergie auf:

$$\dot{E}_{kin} = W \int_0^{\delta_{PQ}} \frac{\rho_{WTM}}{2} \cdot \left(u_{WTM}(y) \right)^3 dy \tag{77}$$

$$\dot{E}_{\sigma_o} = W \cdot \sigma_o \cdot u_{WTM}(\delta_{PQ}) \tag{78}$$

Durch die Ableitung der aufsummierten Energieflüsse ergibt sich für das geforderte Minimum der Energieflüsse die kritische Filmdicke, deren Unterschreitung zur Aufspaltung des Rinnsals in mehrere Rinnsale führt:

$$\delta_{krit,\dot{E}} = 1.34 \cdot \left(\frac{\sigma_o}{\rho_{WTM}} \right)^{1/5} \cdot \left(\frac{\nu}{g} \right)^{2/5}, \tag{79}$$

Das Kriterium mit minimierten Energieflüssen vernachlässigt jedoch die Randregion und den Kontaktwinkel des Rinnsals. Der zweite Ansatz von Hartley und Murgatroyd [111], bei dem eine Kräftebilanz an der Stelle des Aufreißens gebildet wird, erscheint naheliegender.

Die zur Erläuterung der Annahmen benötigten Größen beider Kriterien veranschaulicht Abbildung 25 in Anlehnung an [111]. Im Bereich E liegt ein vollständig benetzender Film vor, welcher an der Stelle G aufreißt. Der Aufreißbogen (G_sG_p) stellt dabei die Grenzlinie zwischen der Gas- und der Flüssigphase dar. Von der Flüssigkeitsseite drückt der Staudruck der abgebremsten Strömung gegen die Grenzlinie, während von der Gasseite die Kraft aufgrund der Oberflächenspannung an der Grenzlinie den entsprechenden Widerstand leistet. Das Kriterium besagt, dass sich ein stabiler vollständig benetzender Film ausbildet, wenn die auf der Flüssigkeitsseite an der Grenzlinie wirkende Kraft größer ist, als der von der Oberflächenspannung verursachte Widerstand. Die an der Flüssigkeitsseite wirkende Kraft ist:

$$F_{WTM} = dx \int_{0}^{\delta_{AB}} \frac{\rho_{WTM}}{2} \cdot (u_{WTM}(y))^2 \, dy \tag{80}$$

Die Kraft aufgrund der Oberflächenspannung ist wie folgt approximiert:

$$F_{\sigma_O} = dx \cdot \sigma_o \cdot (1 - cos(\theta_O)) \tag{81}$$

Die kritische Filmdicke resultiert aus dem Gleichsetzen beider Kräfte und ergibt sich zu:

$$\delta_{krit, F} = 1.72 \cdot \left(\frac{\sigma_o \cdot (1 - cos(\theta_O))}{\rho_{WTM}} \right)^{1/5} \cdot \left(\frac{v}{g} \right)^{2/5} \tag{82}$$

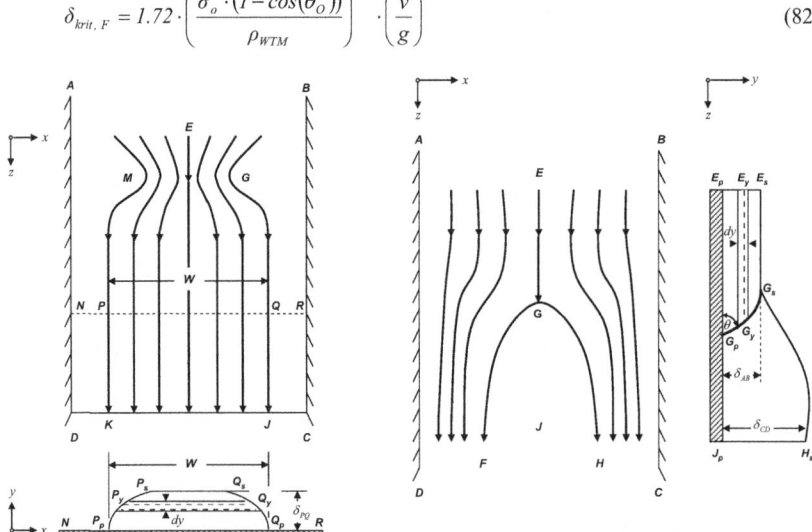

Abbildung 25   Skizze zur Erläuterung des Stabilitätskriteriums bei gefordertem Minimum der Energieflüsse (links) und bei gefordertem Kräftegleichgewicht (rechts) [111]

Beide Ansätze wurden mit der Zeit weiterentwickelt, während die beschriebenen Grundannahmen beibehalten wurden. Es lässt sich zeigen, dass die hier gegebenen kritischen Filmdicken im Vergleich zu nachfolgenden Modellen die größten Werte aufweisen [112] und somit für die Bewertung der Filmstabilität als konservative Annahme gelten. Aus Gl.(79) und Gl.(82) lässt sich der Grenzkontaktwinkel errechnen, für die beide Kriterien die gleiche kritische Filmdicke liefern. Dieser liegt für die verwendeten WTM zwischen 35° und 50°. Ist der tatsächliche Kontaktwinkel kleiner als der Grenzkontaktwinkel, führt das erste Kriterium zur größeren kritischen Filmdicke, ist er größer, liefert dies das zweite Kriterium.

Die oben genannten Kriterien stellen isotherme Betrachtungsweisen dar. Zuber und Staub [113] erweiterten die Kriterien für beheizte Oberflächen um einen Korrekturterm. Dieser resultiert ebenfalls aus der Annahme eines Kräftegleichgewichts, jedoch mit einer temperaturabhängigen Oberflächenspannung entlang der Grenzlinie. Die Erweiterung führt hinsichtlich der kritischen Filmdicke zum Ausdruck in Gl.(83). In Abbildung 26 ist in Anlehnung an [71] die Wirkungsweise des Thermokapillareffekts skizziert.

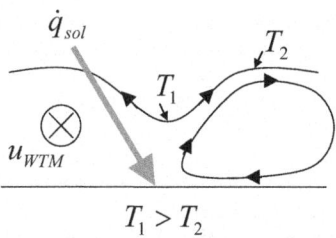

$$T_1 > T_2$$

Abbildung 26 Beim Thermokapillareffekt treibt die temperaturabhängige Oberflächenspannung eine Oberflächenströmung an [71]

Für die Beurteilung, ob die Filmströmung im IDAR die Kriterien eines stabilen, vollständig benetzenden Films erfüllt, ist es sinnvoll die kritische Reynolds-Zahl des Films zu bilden. Diese ergibt sich aus der Forderung nach einer größeren Filmdicke als die kritische Filmdicke bzw. aus der entsprechenden Ungleichung, die aus Gl.(83) und Gl.(41) für den turbulenten Film gebildet werden kann. Mit Hilfe der Kapitsa-Zahl lässt sich das Kriterium für kleinere und größere Kontaktwinkel als der Grenzkontaktwinkel, wie in Gl.(84) gegeben, für die kritische Reynolds-Zahl des Films umformulieren und im späteren Verlauf in das CFD basierte Rechenmodell implementieren.

$$\delta_{krit,\,TK} = \delta_{krit,\,F} \cdot \left(1 + \frac{\dfrac{d\sigma_o}{dT} \cdot (T_1 - T_2)(cos(\theta_O))}{\sigma_o \cdot (1 - cos(\theta_O))} \right)^{1/5} = \delta_{krit,\,Iso} \cdot TC \qquad (83)$$

$$Re_F > 30.26 \cdot \left(sin(\theta) \cdot Ka^{1/5} \right)^{0.62} \cdot TC^{0.37} = Re_{F,krit,TK} \qquad \text{für} \quad \theta_O < \theta_{O,GR}$$

$$Re_F > 48.13 \cdot \left(sin(\theta) \cdot Ka^{1/5} \cdot (1 - cos(\theta_O))^{3/5} \right)^{0.62} \cdot TC^{0.37} = Re_{F,krit,TK} \quad \text{für} \quad \theta_O \geq \theta_{O,GR} \qquad (84)$$

$$\text{mit} \quad Ka = \frac{\sigma_o^{\,3}}{g \cdot \rho_{WTM}^{\,3} \cdot \nu^{\,4}}$$

4.1.9 Tropfenaustrag

Analog zum Kriterium eines vollständig benetzenden Films kann die kritische Reynolds-Zahl für den Tropfenaustrag gebildet werden. Die Tropfenbildung kann bei Flüssigfilmen aus unterschiedlichen Gegebenheiten herrühren, wie bspw. aus dem Zerstäuben des Wellenkamms von Sturzwellen bei gleich gerichteter oder aus dem Unterschneiden einer brechenden Welle bei entgegen gesetzter Gasströmung. Ebenso können sich weitere Tropfen vom Film lösen, wenn ein bereits gebildeter Tropfen wieder auf die freie Oberfläche trifft. Grundsätzlich erfolgt die Tropfenbildung dann, wenn auf die freie Oberfläche von außen oder aus der Flüssigkeit selbst

Kräfte wirken, die in der Lage sind, die Oberflächenkräfte der Flüssigkeit zu übertreffen. Daher ist für die Tropfenbildung das Verhältnis von den Trägheits- zu den Oberflächenkräften von Interesse, welches die Weber-Zahl wiedergibt. Die Fragestellung, unter welchen Umständen eine Tropfenbildung bei gleich gerichteter Strömungsrichtung des Gases erfolgt, untersuchten Woodmansee und Hanratty [114] und gaben eine kritische Weber-Zahl ($We_c = 2$) an, bei der die Tropfenbildung beginnt. Sie stellten fest, dass weder für dicke, noch für dünne Filme, die kritische Bedingung durch die Veränderungen der Viskosität der Flüssigkeit stark beeinflusst wird. Die entgegen gesetzte Gasströmung untersuchten Ishii und Grolmes [115, 116] und kamen ebenfalls zu einer Korrelation für die kritische Weberzahl. Im turbulenten Bereich der Filmströmung erlaubt diese höhere Weber-Zahlen ohne Tropfenbildung als von Woodmansee und Hanratty vorgeschlagen. Inumaru und Ohtaka [117] untersuchten zudem den Fall mit entgegen gesetzter Gasströmung für Flüssigkeiten mit höherer Viskosität und verglichen ihre Ergebnisse mit den zuvor gefundenen Kriterien. Ihre Messungen auf der inneren Seite eines Zylinders zeigten eine gute Übereinstimmung mit den Aussagen von Woodmansee und Hanratty, während sie für die Abschätzung der Tropfenbildung eine leicht höhere kritische Weber-Zahl vorschlagen ($We_c = 3$). Das konservative Kriterium entspricht folgendem Ausdruck:

$$We = \frac{\rho_L \cdot \overline{u_{WTM}} \cdot (U-1)^2 \cdot \delta_F}{\sigma_o} \leq 2 = We_c \quad \text{mit} \quad U = \frac{\overline{u_L}}{\overline{u_{WTM}}} \tag{85}$$

Setzt man Gl.(41) für die Filmdicke ein, erhält man das umformulierte Kriterium für die Reynolds-Zahl des turbulenten Films:

$$Re_F < 3.728 \cdot \left(R \cdot Ka^{-1} \cdot sin(\theta) \cdot (U-1)^6 \right)^{-.228} = Re_{F,\,krit,\,DR}$$

$$\text{mit} \quad Ka = \frac{\sigma_o^{\,3}}{g \cdot \rho_{WTM}^{\,3} \cdot v^4} \quad \text{und} \quad R = \frac{\rho_L}{\rho_{WTM}} \tag{86}$$

Mit Gl.(84) und Gl.(86) ist somit unter Anwendung von konservativen Kriterien das Intervall der Reynolds-Zahl des turbulenten Films gegeben, bei welchem ein stabiler vollständig benetzender Film ohne Tropfenaustrag vorliegt.

4.2 Betriebsstrategien

Mit den Betriebsstrategien des Receivers wird einerseits die vorgegebene Auslasstemperatur des WTMs bei fluktuierender Sonneneinstrahlung sichergestellt, andererseits verfolgen sie das Ziel, einen sicheren Betrieb zu gewährleisten. Beim IDAR besteht die Möglichkeit zu einer aus der Massenstromregelung des WTMs und der Receiverrotation kombinierten Betriebsführung.

4.2.1 Massenstromregelung

Die Regelung des Massenstroms stellt in Receivern grundsätzlich einen dynamischen Prozess dar. Im Wesentlichen wird die Massenstromregelung von der zeitlichen Fluktuation der Solareinstrahlung und von Wetterbedingungen beeinflusst, die sich auf die ortsabhängige Temperaturverteilung im Receiver auswirkt. Da sich diese Arbeit nicht mit der Dynamik des Receivers, sondern mit dessen Potenzial zur Kostenreduktion auseinander setzt, erfolgt die Simulation des Receivers stationär für charakteristische Einstrahlungsniveaus. Dabei wird die Massenstromregelung nicht in der Weise berücksichtigt, die den Entwurf eines Regelungssystems erfordert, welches bspw. die Drehzahl der WTM fördernden Pumpe mit Hilfe von Temperatursensoren in den Absorberwänden, einem Regler und einer Regelstrecke an die Sollbedingungen anpasst. Vielmehr wird eine Regelung des Massenstroms dahingehend in die stationäre Simulation implementiert, dass der Massenstrom für die iterativ ermittelte Nutzwärme die geforderte adiabate Mischtemperatur am Auslass des Receivers liefert. Die Grundlage der entsprechenden iterativen Anpassung des Massenstroms sei daher:

$$\dot{m}_{k+1} = \frac{\dot{Q}_{nutz,k}}{\overline{c_p} \cdot \left(T_{Ein} - \overline{T_{Aus,soll}}\right)} = \frac{\dot{m}_k \cdot \overline{c_p} \cdot \left(T_{Ein} - \overline{T_{Aus,ist}}\right)}{\overline{c_p} \cdot \left(T_{Ein} - \overline{T_{Aus,soll}}\right)}$$

$$\text{mit } \overline{T_{Aus,ist}} = \frac{\int\limits_{A_{Aus}} \dot{m}_A \cdot T_{WTM}(r,\varphi) \cdot c_p(T_{WTM}(r,\varphi))\, dA_{Aus}}{\int\limits_{A_{Aus}} \dot{m}_A \cdot c_p(T_{WTM}(r,\varphi))\, dA_{Aus}} \tag{87}$$

$$\text{und } \overline{c_p} = \frac{\int\limits_{A_{Aus}} c_p(T_{WTM}(r,\varphi))\, dA_{Aus}}{A_{Aus}}$$

Zudem wird das für die Auswertung brauchbare Massenstromverhältnis eingeführt, welche den erforderlichen Massenstrom für ein beliebiges Einstrahlungsniveau f auf den erforderlichen Massenstrom am DP bezieht (TDR, engl. Turn Down Ratio):

$$TDR = \frac{\dot{m}_f}{\dot{m}_{DP}} \tag{88}$$

Eine Anforderungsspezifikation für die Massenstromregelung des realen Receivers wird in Abhängigkeit der möglichen Ereignisse in Teilabschnitt 5.2.5 skizziert.

4.2.2 Receiverrotation

Während die Massenstromregelung ebenso bei anderen Receivertypen ihren Einsatz findet, ist eine Homogenisierung der Temperaturverteilung durch Rotation der Absorberstruktur bei anderen Receivertypen praktisch nicht oder nur unter stark erschwerten Bedingungen umsetzbar. Dies begründet sich im Wesentlichen durch die druckbeaufschlagten Zuführ- und Abführleitungen des WTMs, die über drehbare Verbindungen angeschlossen werden müssten. Die Absorberfläche des IDARs kann mit einem Motor in Rotation versetzt werden. Dies ist möglich, da das unter atmosphärischem Druck stehende freie WTM im Receiver die Verbindung zu den Zuführ- und Abführleitungen nicht erzwingt. Die Receiverrotation kann unter geringem Energieaufwand eine positive Auswirkung auf die Filmdicke und auf die Temperaturverteilung des Films über den ungleichmäßig bestrahlten Receiverumfang bewirken. Sie wirkt sich aber auch auf die Tendenz zum Tropfenaustrag aus, da aufgrund der Zentrifugalkraft größere Kräfte erforderlich sind, um einen Tropfen aus dem Film zu lösen. Zudem wird die Flugbahn ausgetragener Tropfen zur Apertur hin durch eine überlagernde Tangentialkomponente des Geschwindigkeitsvektors verlängert. Dadurch erhöht sich die Wahrscheinlichkeit, dass der ausgetragene Tropfen die Apertur nicht erreicht, sondern wieder auf die Filmoberfläche trifft. Die obere Absorberwand, deren Neigung gering ist und dadurch weder die vollständige Benetzung, noch der Tropfenaustrag Probleme darstellen, kann inklusive der sich über der freien Oberfläche befindenden Isolierung als ortsfest angenommen werden. Diese kann als Angriffskomponente der ebenfalls ortsfesten Lagerung des Receivers bzw. selbst als Lagerung für die Motorisierung, welche die Rotation der seitlichen Absorberwand bewirkt, dienen. Das Modell, welches die Receiverrotation berücksichtigt, geht somit von einer Rotation der seitlichen Absorberwand aus. Die Modellskizze der Receiverrotation ist in Abbildung 27 dargestellt. Eine weitere, in dieser Arbeit nicht untersuchte Option, stellt die Rotation beider Absorberwände dar.

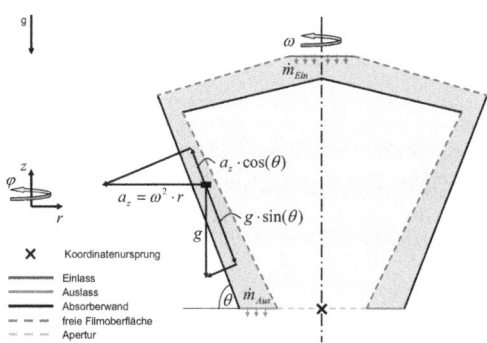

Abbildung 27 Modellskizze des IDARs mit rotierender seitlicher Absorberwand

Aufgrund der Haftbedingung an der mit der Winkelgeschwindigkeit ω um die z-Achse rotierenden Absorberwand, wird der Flüssigfilm ebenfalls in Rotation versetzt. Die radial wirkende Zentrifugalkraft a_z kann, analog zur Gravitationskraft, in eine zur geneigten Absorberwand senkrechte und parallele Komponente aufgespalten werden. Durch die Vektoraddition der parallel zur Absorberwand wirkenden Kräfte kann die Dicke des Films aus Gl.(40) und Gl.(41) unter Berücksichtigung der Rotation wie folgt formuliert werden:

$$\delta_{F,lam}(\varphi,z) = \left(\frac{3 \cdot v(\varphi,z)^2 \cdot Re_N(\varphi,z)}{g \cdot \sin(\theta) - a_z \cdot \cos(\theta)}\right)^{1/3} \tag{89}$$

$$\delta_{F,turb}(\varphi,z) = 0.214 \cdot \left(\frac{v(\varphi,z)^2}{g \cdot sin(\theta) - a_z \cdot cos(\theta)} \right)^{1/3} \cdot Re_F(\varphi,z)^{0.538} \tag{90}$$

Da sich Absorberwand und Flüssigfilm im gleichen Inertialsystem befinden, bleibt die Definition für die Reynolds-Zahl des Flüssigfilms unverändert.

Mit der Erhöhung der Winkelgeschwindigkeit nimmt der gegen die Gravitation wirkende Beschleunigungsvektor zu, bis die kritische Winkelgeschwindigkeit erreicht ist, bei der sich beide Komponenten aufheben. Eine höhere Winkelgeschwindigkeit als die kritische Winkelgeschwindigkeit wirkt sich in der Umkehrung der Strömungsrichtung aus, die dann der Gravitation entgegen gesetzt ist. Dies führt zu einer optionalen Betriebsführung des IDARs, welche in dieser Arbeit jedoch nicht untersucht wird. Im Gegensatz zum Betrag des durch die Gravitation bewirkten Beschleunigungsvektors, hängt der Betrag des Beschleunigungsvektors, welcher durch die Rotation hervorgeht, vom Radius ab. Durch die Neigung der seitlichen Absorberwand wird ein Bereich der kritischen Winkelgeschwindigkeit aufgespannt, in welchem sich der seitliche Flüssigfilm in Abhängigkeit von der z-Koordinate nach oben oder nach unten bewegt. Außerhalb des kritischen Bereichs bewegt sich der Flüssigfilm ganzheitlich mit oder entgegengesetzt der Gravitation. Die Bedingung für die ganzheitlich gleichgerichtete Strömung, sowie für den kritischen Bereich, in welchem eine Mischform auftritt, ist wie folgt beschreibbar:

$$\left.\begin{array}{l} \omega_{abw} < \omega_{krit,abw} = \sqrt{\dfrac{2 \cdot g \cdot sin(\theta)}{\left(\dfrac{2 \cdot H_R}{tan(\theta)} + D_{Ap}\right) \cdot cos(\theta)}} \\[3em] \omega_{aufw} > \omega_{krit,aufw} = \sqrt{\dfrac{2 \cdot g \cdot sin(\theta)}{D_{Ap} \cdot cos(\theta)}} \\[2em] \omega_{krit,abw} < \omega_{misch} < \omega_{krit,aufw} \end{array}\right\} \quad \text{für} \quad 0° < \theta < 90° \tag{91}$$

Die kritische Reynolds-Zahl des vollständig benetzenden turbulenten Films mit Rotation ergibt sich analog zur Vorgehensweise in Teilabschnitt 4.1.8 aus Gl.(83) und Gl.(90) und resultiert in Kriterien für kleinere und größere Kontaktwinkel als der Grenzkontaktwinkel:

$$Re_F > 30.26 \cdot \left(\left(sin(\theta) - \frac{\omega_{abw}^2 \cdot r \cdot cos(\theta)}{g} \right) \cdot Ka^{1/5} \right)^{0.62} \cdot TC^{0.37}$$

$$Re_F > 48.13 \cdot \left(\left(sin(\theta) - \frac{\omega_{abw}^2 \cdot r \cdot cos(\theta)}{g} \right) \cdot Ka^{1/5} \cdot \left(1 - cos(\theta_O)\right)^{3/5} \right)^{0.62} \cdot TC^{0.37} \tag{92}$$

Das Kriterium für einen turbulenten Film ohne Tropfenaustrag ist entsprechend:

$$Re_F < 3.728 \cdot \left(R \cdot Ka^{-1} \cdot \left(sin(\theta) - \frac{\omega_{abw}^{2} \cdot r \cdot cos(\theta)}{g} \right) \cdot (U-1)^6 \right)^{-.228} \tag{93}$$

Für die Abschätzung der mit der Rotation verbundenen parasitären Verluste werden die täglich aufzubringende Rotationsenergie

$$E_{rot} = \frac{1}{2} \cdot J \cdot \omega_{abw}^{2} \quad \text{mit} \quad J = \rho_{AW} \cdot \int_{V_{AW}} r_{AW}^{2} \, dV_{AW} \tag{94}$$

und der Energieaufwand, um den Luftwiderstand der rotierenden Absorberwand zu überwinden,

$$E_W = \frac{1}{2} \cdot c_w \cdot \rho_L \cdot A_{AW} \cdot \left(\omega_{abw} \cdot r_{seite} \left(\frac{H_R}{2} \right) \right)^3 \cdot t \tag{95}$$

$$\text{mit} \quad c_w = \frac{0.148}{\sqrt[5]{Re}} \quad \text{und} \quad Re = \frac{\omega_{abw} \cdot r_{AWS} \left(\frac{H_R}{2} \right) \cdot \rho_L \cdot \delta_{AW}}{\eta_L}$$

berücksichtigt. Die als elektrische Leistung anfallenden parasitären Verluste werden analog zu Gl.(22) in thermische Receiververluste umgerechnet.

4.3 CFD-Implementierung

Die Grundlage zur strömungsmechanischen und thermodynamischen Beschreibung von Strömungsvorgängen stellt das Gleichungssystem aus den partiellen Differenzialgleichungen der drei bekannten physikalischen Erhaltungsprinzipien dar. Diese sind angelehnt an [118] in Gl.(96) für die Massenerhaltung, in Gl.(97) für die Impulserhaltung und in Gl.(98) für die Energieerhaltung wiedergegeben.

$$\frac{\partial \rho}{\partial t} + \frac{\partial (\rho u_i)}{\partial x_i} = 0 \tag{96}$$

$$\frac{\partial (\rho u_i)}{\partial t} + \frac{\partial (\rho u_j u_i)}{\partial x_j} = \frac{\partial \tau_{i,j}}{\partial x_j} - \frac{\partial p}{\partial x_i} + \rho g_i \tag{97}$$

$$\frac{\partial T}{\partial t} + \frac{\partial (u_j T)}{\partial x_j} = \frac{\partial}{\partial x_j}\left(\frac{\lambda_c}{\rho \cdot c_p}\frac{\partial T}{\partial x_j}\right) \tag{98}$$

Bislang existiert keine geschlossene analytische Lösung für dieses zu Beginn des 19. Jahrhunderts aufgestellte Gleichungssystem, jedoch kann es diskretisiert und damit numerisch approximiert werden. Die Diskretisierung bzw. die Linearisierung der Bilanzgleichungen durch ihre Transformation auf ein Rechengitter mit einer endlichen Zahl an Gitterzellen erfolgt mit der Finite-Volumen-Methode. Um der Problematik der hohen Anforderung an die Diskretisierung und des damit verbundenen Rechenaufwandes für große Geometrien zu begegnen (Größenordnung > 10 m), bestehen die Lösungsansätze in der entkoppelten Lösung der Bilanzgleichungen mit Strahlungsaustausch und in der Anwendung von empirischen Korrelationen. Die gemeinsame Anwendung dieser Lösungsansätze führt zu einer praktikablen Bewertungsmethode für große Geometrien, bei der von der Abbildung der Luftbewegung, sowie der Grenzschichten des Flüssigfilms, abgesehen werden kann. Dadurch wird die hohe Anforderung an die Diskretisierung verringert, woraus ein vertretbarer Rechenaufwand resultiert. In den nachfolgenden Teilabschnitten wird zunächst auf die Implementierung der getroffenen Annahmen in den kommerziellen Gleichungslöser ANSYS-CFX (Version 12.1) eingegangen. Nachfolgend sind die angewendeten Randbedingungen der entsprechenden Berechnungsschritte beschrieben. Im Anschluss daran werden das verwendete Diskretisierungsverfahren und die Kriterien zum Nachweis der Unabhängigkeit der Ergebnisse vom gewählten Rechennetz bzw. von den Anfangsbedingungen dargelegt. Abschließend erfolgt die Beschreibung, auf welche Weise die Plausibilitätsprüfung der Ergebnisse durchgeführt wurde.

4.3.1 Entkoppeltes CFD-Modell

Warum ein entkoppeltes Rechenmodell einen zielführenden Ansatz zur Berechnung der Receivergüte darstellt, lässt sich auf die Bewegungsform der Luftphase im IDAR, auf stark reduzierte Verluste durch freie Konvektion und mehrere mit dem CFX-Code verbundene Gründe zurückführen.

Einer der ausschlaggebenden Gründe für ein entkoppeltes Modell ist, dass mit einer gekoppel-
ten Berechnung der Erhaltungsgleichungen, woraus sich die Receivergüte inklusive thermischer
Strahlungsverluste ergibt, die Berechnung der Luftbewegung ebenfalls ausgeführt werden muss.
Dies begründet sich dadurch, dass in ANSYS-CFX die Lösung der Massen- und Impulserhal-
tungsgleichungen in allen vorhandenen Rechenbereichen (Domains) erfolgt, wenn der entsprechende Gleichungslöser aktiviert ist. In bisher verfügbaren Versionen ist es nicht möglich, die
Gleichungslöser nur für bestimmte Domains anzuwenden, während diese in anderen Domains
unterbunden werden. Die Berechnung der Luftbewegung ist jedoch auch bei angenommener
Windstille extrem zeitaufwändig, während sie die Receivergüte und damit das Potenzial zur
Kostenreduktion nur geringfügig beeinflusst. Der hohe Zeitaufwand ist in erster Linie durch die
erforderlich feine Diskretisierung an der freien Oberfläche und in Aperturnähe zu begründen.
Für die Erfassung der thermischen Verluste durch freie Konvektion ist zusätzlich ein Umge-
bungsbereich abzubilden, der Kontrollraumgrenzen aufweist, an welchen die Bewegung der
Umgebungsluft vernachlässigbar beeinflusst wird. In zweiter Linie ist im Falle geneigter Absorberwände ein chaotisches Verhalten der Luftströmung aufgrund der freien Konvektion zu
erwarten. Dies führt wiederum zu zeitaufwändigen instationären Berechnungen der Luftphase,
die daraus hervorgehen, dass zumeist keine zeitunabhängige stationäre, sondern eine zeitab-
hängige periodische Lösung vorliegt [90, 119]. Des Weiteren ist aufzuführen, dass die Konvektionsverluste eines nach unten geöffneten Cavity-Receivers mit horizontaler Apertur bei vo-
rausgesetzter Windstille und relevanten geometrischen Abmessungen thermische Verluste kleiner als 1 % bezüglich der Einstrahlung am DP aufweisen. Daraus folgend erscheint es ziel-
führender, die Konvektionsverluste des Receivers mit Hilfe gegebener Korrelationen konservativ abzuschätzen, als die hochkomplexe Strömungsform aufwändig abzubilden.

Ein weiterer Grund für den entkoppelten Lösungsansatz besteht darin, dass die Lösung der
Strahlungstransportgleichung mit den implementierten Strahlungsmodellen nur durch einen
definierten Rechenbereich erfolgen kann. Somit ist für die Bewertung des thermischen Verhaltens des Receivers ein Rechengebiet der Luftphase unentbehrlich, da der Strahlungsaustausch
zwischen den Absorberwänden, dem Flüssigfilm und der Apertur das Durchdringen der Luftphase beinhaltet. Auch eine als Feststoff angenommene Luft, deren optische Eigenschaften der
Luftphase entsprechen und deren Bewegungsform dann von Grund auf unterbunden werden
könnte, führt nicht zum Ziel. Für Feststoffe unterstützt der angewandte CFX-Code nur die Monte-Carlo Methode als Strahlungsmodell, das ebenfalls zu einem großen Rechenaufwand und bei
großen Geometrien zu unbefriedigenden Ergebnissen führt [120]. Somit liegt es nahe, zunächst
die Strömungsgleichungen des Flüssigfilms separat zu lösen und im Anschluss darauf, ebenfalls
separat, die Energieerhaltungsgleichung mit thermischem Quellterm, inklusive Strahlungstrans-
port, für die Absorberwände und den Film mit eingebrachter Luftphase.

Die Berechnung der Temperaturfelder auf der Absorberwand und im Film erfolgt in zwei
Schritten, die iterativ zur Lösung führen. Im ersten Schritt wird das Strömungsfeld des Flüssigfilms bei einer isotherm angenommenen Strömung, welche die Einlasstemperatur der Flüssigkeit aufweist, ermittelt. Dabei wird der Flüssigfilm als ein Kanal mit entsprechender Dicke und
entsprechenden Randbedingungen abgebildet. Als Konvergenzkriterium wird eine maximale
Abweichung der Iterationsergebnisse von 10^{-4} angesetzt. Im zweiten Schritt ist die gesamte Receivergeometrie inklusive der Luftdomain abgebildet. Dabei wird die Lösung der Massen- und
Impulserhaltungsgleichungen für alle Rechenbereiche unterbunden, während das ermittelte
Strömungsfeld aus dem ersten Berechnungsschritt auf das Rechennetz des Filmkanals inter-

poliert wird. Das Volumen des Flüssigfilms weist im zweiten Berechnungsschritt die kongruente Filmkanalgeometrie und das kongruente Rechengitter der vorhergehenden Strömungsberechnung auf. Die absorbierte flächenspezifische solare Einstrahlung (Gl.(43)) wird als flächenspezifische Wärmequelle an den bestrahlten Seiten der Absorberflächen in das Modell eingebracht. Sowohl bei der Ermittlung der konzentrierten Solareinstrahlung im Programm SPRAY, als auch im zweiten Berechnungsschritt, zur Ermittlung des Temperaturfeldes, wird die Aufteilung der Absorberwände in diskrete Flächenelemente so ausgeführt, dass ein kongruentes Flächennetz entsteht. Unter Berücksichtigung der flächenspezifischen Wärmequelle auf den Absorberflächen des Receivers, einem initialen Schätzwert des Wärmeübergangskoeffizienten und dem diffusen Strahlungsaustausch im Receiver, wird folgende Wärmebilanzgleichung gelöst:

$$\dot{Q}_{sol} = \dot{Q}_{nutz} + \dot{Q}_{rad} + \dot{Q}_{refl} \qquad (99)$$

Die approximierte Lösung der Strahlungstransportgleichung erfolgt mit dem in CFX implementierten Strahlungsmodell entsprechend der Diskrete Transfer Methode (DTM) [90]. Die Lösung der Energieerhaltungsgleichung mit interpoliertem Strömungsfeld führt zu den Temperaturfeldern an den Absorberwänden und im Film. Mit Hilfe der Temperaturfelder ergibt sich bei dem arithmetischen Mittelwert zwischen Absorberwand und WTM als Referenztemperatur das ortsaufgelöste Feld des Wärmeübergangskoeffizienten für die erzwungene Konvektion gemäß Gl.(67). Die Lösung der Energieerhaltungsgleichung liefert gemäß Gl.(70) den thermischen Wirkungsgrad nach der ersten Iteration der entkoppelten Berechnungsmethode. Als Konvergenzkriterium für die Lösung der Energieerhaltungsgleichung wird eine maximale Abweichung der Residuen von 10^{-4} angesetzt.

Im Rahmen der Iterationsschritte erfolgt die Berechnung des Strömungsfeldes ab dem zweiten Iterationsschritt nicht mehr isotherm, sondern mit der ermittelten konvektiven Wärmestromdichte, die als ortsaufgelöste thermische Randbedingung (Heat Flux) als Interpolationsmatrix auf die Absorberwände aufgeprägt wird. Analog erfolgt die Berechnung der Temperaturfelder ab dem zweiten Iterationsschritt mit dem ortsaufgelösten Wärmeübergangskoeffizienten. Mit dem neu ermittelten Massenstrom und dem Temperaturfeld wird der Filmkanal unter Anwendung eines parametrisierten CAD Modells und der Korrelationen für die Filmdicke an die neuen Gegebenheiten angepasst.

Die beiden Berechnungsschritte werden iterativ so lange wiederholt, bis sich die Wärmeübergangskoeffizienten und der ermittelte thermische Wirkungsgrad des aktuellen und des vorhergehenden Durchlaufs maximal um 0.1 % unterscheiden. Die Wirkungsgradkennfelder für die anschließenden Jahresrechnungen ergeben sich aus den Lösungen für unterschiedliche Tageszeiten und dadurch variierten Einstrahlleistungen, sowie variierten Umgebungstemperaturen.

4.3.2 Randbedingungen

Im ersten Berechnungsschritt weist das Modell nur den Kanal auf. Die begrenzenden Flächen des Flüssigfilmkanals entsprechen Wand-Randbedingungen für die freie Oberfläche und für die Berührungsfläche mit der Absorberwand. An der Wand wird die Haftbedingung (no slip wall), an der freien Oberfläche wird Reibungsfreiheit (free slip wall) angesetzt. Die Rotation wird über die Vorgabe der Tangentialgeschwindigkeit der Absorberwand bei entsprechender Winkelgeschwindigkeit eingebracht (rotating wall). Für den Einlass bzw. den Auslass des WTMs werden Einlauf- bzw. Auslauf-Randbedingungen mit konstanter Massenstromdichte verwendet. Der Massenstrom des WTMs resultiert aus den Vorgaben bezüglich der Ein- und Auslasstemperatur, Interceptleistung und dem iterativ zu ermittelnden thermischen Wirkungsgrad des Receivers gemäß Gl.(87). Bei abgebildeter Luftphase und als Festkörper modellierten Absorberwänden für die Lösung der Energieerhaltungsgleichung verändern sich die Randbedingungen des Kanals dahingehend, dass die Wand-Randbedingungen in Interface-Randbedingungen umgewandelt werden. Diese stellen an den Absorberwänden graue Solid-Fluid-Interface-Randbedingungen mit Haftbedingung dar. Die Absorptivität der Absorberwände wird mit 90 % angenommen, während sowohl die thermische Abstrahlung als auch die Reflexion an den Wänden als ideal diffus angenommen werden. Die Grenzfläche zwischen der Luftphase und dem WTM stellt eine Fluid-Fluid-Interface-Randbedingung dar, an der Reibungsfreiheit ohne Wärmefluss (adiabat) herrscht. Für das Strahlungsmodell gelten an der freien Oberfläche die in Teilabschnitt 4.1.4.2 beschriebenen Gesetzmäßigkeiten für die Lichtbrechung, Reflexion und Transmission mit den Brechungsindizes der Luft und des WTMs. Die äußeren, an die Umgebung angrenzenden, Flächen stellen adiabate Wand-Randbedingungen dar. Die Apertur entspricht einer isothermen Wand-Randbedingung, welche die Umgebungstemperatur aufweist. Die ermittelte Strahlungsdichteverteilung auf der Absorberfläche des Receivers wird auf das Rechennetz interpoliert und als flächenspezifische Wärmequelle eingebracht. Die Wärmeübergangskoeffizienten für die erzwungene Konvektion werden mit benutzerdefinierten Wandfunktionen, sogenannten UDFs (engl. User Defined Wall Function), aufgeprägt.

4.3.3 Diskretisierung und Netzstudie

Die Linearisierung der Bilanzgleichungen erfolgt unter Anwendung der Finite-Volumen-Diskretisierung, während ihre Transformation in algebraische Gleichungen auf einem strukturierten Rechengitter mit hexaedrischen Volumenzellen stattfindet. Die Fehler durch die Diskretisierung ergeben sich aus der Differenz der algebraischen Näherungsgleichungen zur exakten Lösung des Gleichungssystems. Zur Abschätzung der Diskretisierungsfehler werden zumeist Netzstudien angewendet, welchen die Veränderung der gesuchten Zielgrößen bei einer höheren Auflösung des Rechenbereichs zugrunde liegt. Für die Untersuchung der Rechennetzqualität der entkoppelten, CFD basierten Bewertungsmethode, wurde eine entsprechende Gitterkonvergenzstudie ausgeführt, deren Zielgröße die Nutzleistung gemäß Gl.(69) war. Die diesbezüglich angestrebte Konvergenz bei der Erhöhung der Netzdichte lag bei 0.1 %. Zudem erfolgte eine Überprüfung der Ergebnisse bezüglich der gewählten Anfangsbedingungen. Diese umfassen für die erste Iteration der Bewertungsmethode den geschätzten thermischen Wirkungsgrad für die Massenstromvorgabe (Gl.(37)) und den Wärmeübergangskoeffizienten (Gl.(68)) zur Ermittlung der ersten Temperaturfelder. Für die konvergierten Lösungen zeigten sich für stark gestreute Anfangsbedingungen unabhängig von der Netzdichte vernachlässigbare Abweichungen der Ergebnisse von weniger als 0.05 %.

4.3.4 Plausibilitätsprüfung

Durch die großen, der Bewertung zugrunde liegenden Geometrien ist die Möglichkeit zur Validierung der Ergebnisse mit Experimenten nicht gegeben. Daher wurde zur theoretischen Untersuchung der Modellgültigkeit, neben der Gitterkonvergenzstudie eine Plausibilitätsuntersuchung der angewendeten Methode und der einzelnen Berechnungsschritte ausgeführt. Die Überprüfung der Plausibilität erfolgt dabei mit unterschiedlichen Prüfungskriterien, die eine in sich stimmige Vorgehensweise gewährleisten und für alle ausgeführten Berechnungen zutreffen.

Im Falle der Strömungsrechnungen aber auch der nachfolgenden Temperaturfeldrechnungen muss die Kontinuitätsgleichung erfüllt sein. Die Überprüfung der integralen Massenbilanzen erfolgt mit Hilfe des resultierenden Geschwindigkeitsvektorfeldes, sowie der ortsaufgelösten Dichte des WTMs an der Einlassfläche, an der Auslassfläche und an beliebig gewählten horizontalen Querschnitten des Flüssigfilmkanals. Während einer Iteration der Bewertungsmethode wird das Strömungsfeld aus dem ersten Berechnungsschritt auf das Rechennetz des zweiten Berechnungsschrittes interpoliert. Für die aufeinanderfolgenden Iterationsschritte kann die Abnahme der Massenstromabweichung überprüft werden, welche bei der konvergierten Lösung vernachlässigbar kleine Werte annimmt.

Im Falle der Temperaturfeldberechnung muss die integrale Energiebilanz erfüllt sein. Durch Überwachung der Wärmeströme kann die Konvergenz über den Iterationsverlauf innerhalb des zweiten Berechnungsschrittes beobachtet werden. Die Aufzeichnung der Nutzleistung erfolgt mit dem Massenstrom, der Einlasstemperatur und der adiabaten Mischtemperatur am Auslass, sowie der dort vorherrschenden temperaturabhängigen spezifischen Wärmekapazität bei konstantem Druck entsprechend stationärer Fließprozesse. Die Aufzeichnung der Strahlungsverluste erfolgt über die Integration der absorbierten Strahlungsanteile an der Apertur. Erst wenn die Summe aus beiden Wärmeströmen dem eingebrachten Wärmestrom entspricht und kein Absinken der Residuen mehr zu beobachten ist, gilt die Konvergenz als erreicht.

Nachfolgend erfolgt die Überprüfung, ob der Nutzwärmestrom aus dem stationären Fließprozess der übertragenen Nutzwärmestrom gemäß Gl.(69) entspricht. Dies erfolgt über die Integration des flächenspezifischen Wärmestroms zwischen den bespülten Absorberflächen und dem angrenzendem WTM mit der ermittelten Temperaturdifferenz und dem ortsaufgelösten Wärmeübergangskoeffizienten. Das Volumenintegral der im WTM verbleibenden Strahlungsleistung über den Kanalvolumen fließt ebenso in die Überprüfung ein.

Sind die Temperaturfelder ermittelt, wird in einem zusätzlichen Modell, das nur die Wärmestrahlung berücksichtigt und ein kongruentes Rechengitter aufweist, die Ergebnisse der Strahlungsflüsse mit Temperaturrandbedingung überprüft. Das Strahlungsprüfmodell muss bezüglich der Strahlungsflüsse die gleichen Ergebnisse liefern, wie die Temperaturfeldrechnung.

Ebenso dürfen zwischen den Temperaturfeldern des zweiten Berechnungsschrittes der Iteration k und des ersten Berechnungsschrittes der Iteration $k+1$ nur geringe Abweichungen auftreten. Dies begründet sich durch die Strömungsberechnungen mit ortsaufgelösten Wärmestromrandbedingungen an den Absorberwänden ohne Strahlungsaustausch, wobei der aufgeprägte Wärmestrom aus dem erzwungen konvektiven Wärmestrom gemäß Gl.(68) aus der Temperaturfeldermittlung der vorhergehenden Iteration resultiert.

Zudem ist die plausible Vorgehensweise dadurch gekennzeichnet, dass sich die ermittelten orts-aufgelösten Ergebnisse beim letzten und vorletzten Iterationsschritt weniger als 0.1 % unter-scheiden. Dies betrifft im Wesentlichen das Feld der Wärmeübergangskoeffizienten und die Temperaturfelder, aber auch die Filmdicke an den charakteristischen Stellen und die Massen-stromdichte an ausgewählten Querschnitten. Zusätzliche Überprüfungen der getroffenen An-nahmen zeichnen sich durch skalierte VOF/AMR Vergleichsmodelle aus, mit welchen die aus-gewählten Korrelationen für die Filmdicke und Wärmeübergangskoeffizienten im untersuchten Bereich der Anstellwinkel, aber auch außerhalb, eine gute Übereinstimmung zeigen. Der Ver-gleich der angewendeten Korrelation für die freie Konvektion mit einem RANS-Modell (Rey-nolds-Averaged Navier–Stokes) der Luftbewegung im Maßstab 1:10 zeigt die Konservativität der verwendeten Korrelation (s. Abschnitt 8.6 bzw. Abbildung 77, S. - 156 -). Dieser Vergleich wurde mit einer sehr guten Netzqualität ($y^+ < 1$) mit beweglichen Wand-Randbedingungen und konstanter Wandtemperatur (500 °C – 800 °C) mit einer instationären Berechnung ausgeführt. Die Simulationsergebnisse zeigen sowohl für die mit der Froude-Zahl skalierte Fließbewegung nach unten, als auch für die Rotationsbewegung des Films, kleinere Verluste durch freie Kon-vektion, als die Korrelation nach Paitoonsurikarn und Lovegrove [97].

5 Auslegung und Analyse des IDAR-Leitkonzepts

In diesem Kapitel werden zunächst die getroffenen Randbedingungen der Leitkonzeptauslegung (5.1) beschrieben. Anschließend werden die Auslegungsergebnisse bezüglich der einzelnen Komponenten des Leitkonzepts aufgeführt (5.2). Die Analyse der Reflexionsverluste, der thermischen Strahlungsverluste, sowie der konvektiven Wärmeübertragung im IDAR bei geneigten Absorberwänden und veränderlichem Höhenverhältnis erfolgt in Teilabschnitt 5.2.2. Aus den Analyseergebnissen werden die Auswahlparameter des IDARs abgeleitet, die zu einem günstigen Betriebsverhalten führen. Darauf folgend werden die Betriebskriterien für einen sicheren Betrieb beleuchtet (5.3). Dies umfasst die Untersuchung, in welcher Weise sich die gewählten konstruktiven bzw. betriebstechnischen Maßnahmen auf die Temperaturverteilung im Receiver (5.3.1), auf die Stabilität des Flüssigfilms (5.3.2) bzw. auf den Austrag an WTM (5.3.3) auswirken. Die Analyse des Betriebsverhaltens (5.4) erfolgt bei der ausgewählten thermischen Leistungsklasse und der Konzeptvarianten, die für alle gesetzten Betriebsanforderungen eine sichere Betriebsweise erwarten lässt. Mit der Gegenüberstellung der Potenziale zur Senkung der Stromgestehungskosten (5.5), welche den Vergleich des Leitkonzepts mit dem Referenzkonzept beinhaltet, wird das Kapitel abgeschlossen.

5.1 Randbedingungen der Auslegung

Die Randbedingungen für die Auslegung des Leitkonzepts entsprechen bis auf die nachfolgend beschriebenen Änderungen den in Abschnitt 3 (S. - 24 -) definierten übergeordneten Annahmen.

Sowohl das IDAR-Leitkonzept, als auch das Referenzsystem mit Rohrreceivern werden auf einem Leistungsklassenniveau von 200 MW_{el} ausgelegt. Die Leistungsklasse führt dann zu einem Mehrturmsystem, welches aus mehreren Solarturmmodulen besteht. Um niedrigere Türme anwenden zu können, als die Konzeptbewertung für vier Solarturmmodule ergeben hat ($H_T >$ 320 m), ist die Anzahl der Module zu erhöhen. Die erhöhte Anzahl führt wiederum zu einer niedrigeren thermischen Leistungsklasse des Receivers, welche in der Konzeptbewertung mit 335 MW_{th} am DP liegt. Wie sich die Turmhöhen und die Aperturfläche eines IDAR-Moduls in Abhängigkeit von der thermischen Leistungsklasse des Receivers verändern, ist in Teilabschnitt 5.2.1 untersucht und führt zur Auswahl einer geeigneten Modulanzahl. Diese wird dann für die weitere Bewertung beibehalten. Das dabei verfolgte Ziel ist eine thermische Leistungsklasse zu applizieren, die zu geringeren kostenoptimalen Turmhöhen als 300 m führt. Die Begründung hierfür liegt in den erhöhten bautechnischen Schwierigkeiten, in den mit der Turmhöhe exponentiell anwachsenden Turmkosten, sowie der Tendenz zu einer stärkeren maximalen Schwankung für höhere Stahlbetontürme. Die thermische Leistungsklasse der Rohrreceiver wird für die relative Vergleichbarkeit der Receiverkonzepte so gewählt, dass die optimale Anzahl der Heliostate zwischen Leitkonzept (IDAR) und Referenzkonzept (LIT) übereinstimmt und somit der abweichende Einfluss der Kostendegression bezüglich der Heliostatenfelder eliminiert wird. Bei der Konzeptbewertung entsprach für LIT die Receiverhöhe dem Receiverdurchmesser (Höhenverhältnis = 1). Für die Bewertung des Leitkonzepts wird mit HFLCAL zuzüglich der Feldaufstellparameter das Höhenverhältnis des LIT-Receivers optimiert. Darauffolgend wird die Receivergüte der LIT-Konzeptvarianten mit unterschiedlichen WTM erneut berechnet. Die Kostenannahmen gehen aus Anhang 8.2 hervor, während die angewendeten WTM für Rohrreceiver Solar-Salt mit und ohne Schutzatmosphäre, sowie Zinn und für den IDAR Solar-Salt und die eutektische Salzschmelze LiCl-KCl umfassen. Der Kosteneinfluss des WTM-Inventars in den Zu- und Abführleitungen der Receiver wird anhand der ausgeführten Sensitivitätsanalysen bewertet. Der Standort der Konzeptbewertung nahe Sevilla (37° 2′ N, 5° 9′ W, 20 m Höhe ü. M.) wird für die Leitkonzeptbewertung beibehalten.

5.2 IDAR-Leitkonzept

In den nachfolgenden Teilabschnitten erfolgt die Beschreibung der Ergebnisse, die zu den Anlageparametern des IDAR-Leitkonzepts führen. Die untersuchten Anlageparameter umfassen dabei die Komponentenparameter des Heliostatenfeldes mit Turm 5.2.1, des Receivers 5.2.2, des Speichers 5.2.3, des Dampfprozesses 5.2.4, sowie der Betriebsführung der Anlage 5.2.5. Dabei nehmen die Ergebnisse bezüglich der Receiverparameter den größten Anteil ein.

5.2.1 Heliostatenfeld und Turm

Um die thermische Leistungsklasse des IDARs für niedrigere Turmhöhen als 300 m zu ermitteln, wurde eine Parameterstudie des Heliostatenfeldes analog zu Teilabschnitt 3.8.1 für unterschiedliche thermische Einstrahlleistungen ausgeführt. Die Ergebnisse für die kostenoptimale Turmhöhe und aus thermodynamischer Sicht optimaler Aperturfläche zeigen die Kurven in Abbildung 28. Die Solarturmmodule sind rund um den zentralen Kraftwerksblock angeordnet. Um ihre Anzahl und damit die benötigte Landfläche, sowie die Länge der benötigten Leitungen zum Kraftwerksblock, möglichst gering zu halten, werden größere thermische Leistungsklassen bevorzugt. Daher trifft die Auswahl die thermische Leistungsklasse von 250 MW$_{th}$, bei einer kostenoptimalen Turmhöhe von 274 m und einem Aperturdurchmesser von 14.9 m. Das Heliostatenfeld des IDAR-Systems umfasst 3618 Heliostate und weist einen Jahreswirkungsgrad von 56.6 % auf. Das optimierte Heliostatenfeld des

Tabelle 4: Randdaten der optimierten Konzentratorsysteme

	IDAR (250 MW$_{th}$)	LIT (261 MW$_{th}$)
Aufstellparameter		
a_r (m)	18.1	17.3
b_r (-)	$3.5 \cdot 10^{-4}$	$15 \cdot 10^{-4}$
u_{start} (m)	69.8	68.7
H_T (m)	274.3	198.8
F_{AP} (m^2)	172	519.5
z_{hor} (m)	-	50
z_{vert} (m)	-	3.725
Verlustwirkungsgrade (Jahreswerte)		
Reflexion	87 %	87 %
Kosinus	81.7 %	81.4 %
B&S	91.3 %	91.7 %
Extinktion	94.2 %	94 %
Intercept	92.6 %	96.9 %
Gesamt	56.6 %	59.2 %
Inventar		
Heliostaten	3618	3618
Land (km^2)	1.464	1.975

Referenzsystems, mit der gleichen Anzahl an Heliostaten, wie das IDAR-System, sowie einem optimalen Höhenverhältnis von 1.3, ergibt sich für eine Einstrahlleistung von 261 MW$_{th}$ am DP. Die in HLCAL implementierten Aufstellparameter, die aufgeschlüsselten Verlustwirkungsgrade, sowie das Inventar an Heliostaten und Landfläche sind für beide Heliostatenfelder in Tabelle 4 gegenübergestellt. Deutliche Unterschiede ergeben sich zwischen den Turmhöhen und zwischen den Aperturflächen. Die Turmhöhen gleichen dem Sydney-Tower (273 m) für den IDAR und dem Donauturm (182 m) für LIT [33]. Der angenommene Heliostatenzielpunkt beim IDAR ist die Mitte der Aperturfläche, während für LIT eine Zielpunktstrategie angewendet wird, welche die Überschreitung der maximalen Flussdichte von $1200\,kW_{th}/m^2$ verhindert. Das LIT-System verdankt seinen höheren Jahreswirkungsgrad den geringeren Interceptverlusten. Die für das Heliostatenfeld benötigte Landfläche ist für das IDAR-System um rund 36 % kleiner. In Abbildung 29 bzw. in Abbildung 30 sind die Heliostatenfelder zu sehen. Die Farbskalen in den Abbildungen geben die über das Jahr gemittelten Wirkungsgrade der Heliostate wieder.

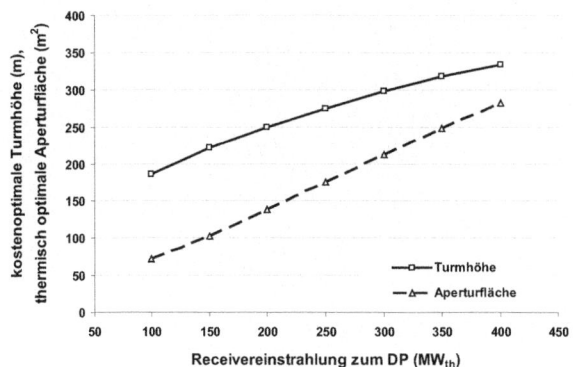

Abbildung 28 Von der Einstrahlung abhängige optimale Turmhöhe und Aperturfläche des IDARs

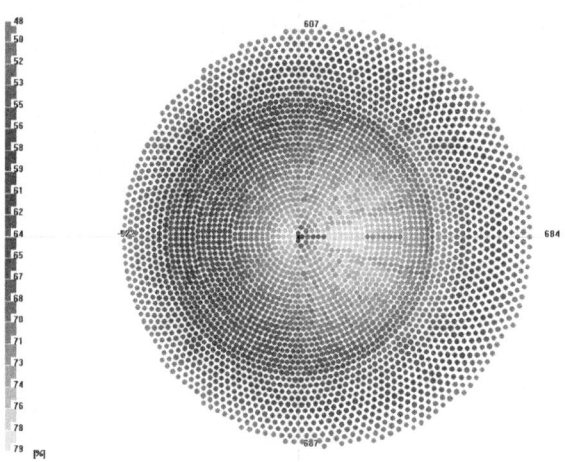

Abbildung 29 Wirkungsgrade der Heliostate im Jahresmittel / IDAR-System

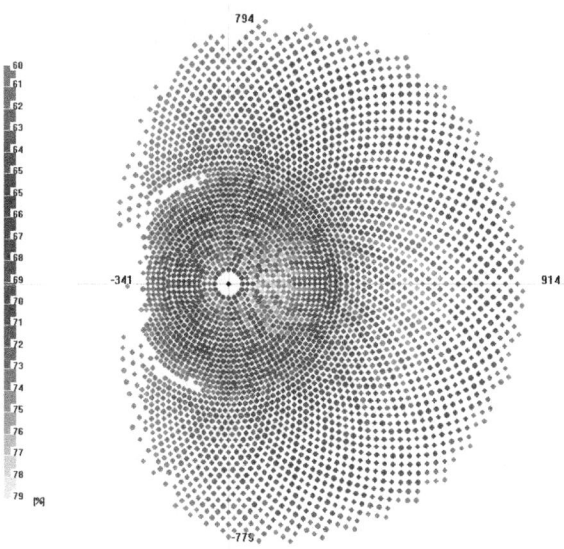

Abbildung 30   Wirkungsgrade der Heliostate im Jahresmittel / LIT-System

Für die weitere Bewertung werden jeweils sieben dieser Heliostatenfelder zu einem Mehrturmsystem zusammengefasst, die im Kreis angeordnet einen zentralen Kraftwerksblock mit thermischem Speichersystem versorgen.

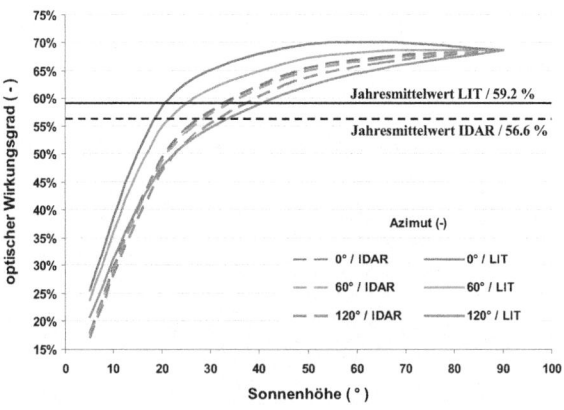

Abbildung 31   Vergleich der Wirkungsgradkennfelder der untersuchten Konzentratorsysteme

Die Modulanzahl ergibt sich aus der Forderung nach einem Solarvielfachen, welche für alle nach-folgend untersuchten Anlagevarianten mindestens das Dreifache der Dampferzeugerleistung als thermisch auf die Absorberflächen des Receivers eingestrahlte Leistung gewährleistet.die über-schüssige Wärme dient für die Beladung des thermischen Speichersystems.Die Wirkungsgrad-kennfelder beider Konzentratorsysteme für die Jahresanalyse sind in Abbildung 31 einander ge-genübergestellt. Es sei darauf hingewiesen, dass die Senkung der optimalen Turmhöhe unter 300 m im Vordergrund steht und nicht die Optimierung der thermischen Leistungsklasse. Die Optimierung der thermischen Leistungsklasse kann aufgrund des zu berücksichtigenden Lei-tungssystems durchaus zu höheren Türmen als 300 m führen, die jedoch aus den genannten und im Anhang 8.6 aufgeführten Gründen ein höheres Risiko als niedrigere Türme darstellen.

5.2.2 Receiver

Die Optimierung des Receivers erfolgt mit der Absicht den Receiverwirkungsgrad durch die Neigung der Absorberwände einerseits weiter zu erhöhen, andererseits den Flüssigfilm zu stabi-lisieren. Die Neigung der Absorberwände wirkt sich signifikant auf die Reflexionsverluste, auf die Strahlungsverluste und auf die Strömung des WTMs bzw. auf die erzwungene konvektive Wärmeübertragung aus. Bei der Analyse dieser Verlustmechanismen werden die Höhe der seit-lichen Absorberwand und der Aperturdurchmesser (H_R, D_{Ap}, s. Abbildung 22 und Tabelle 4) zunächst gleich gehalten. Im späteren Verlauf der Optimierung wird das Verhältnis der beiden Parameter ebenfalls variiert. Mit Solar-Salt als WTM beträgt die Einlasstemperatur des Recei-vers 290°C und die Auslasstemperatur 570°C. Mit LiCl-KCl als WTM beträgt die Einlasstem-peratur 385°C und die Auslasstemperatur 620°C.

Als erstes soll die Frage beantwortet werden, wie sich die Neigung der seitlichen Absorberwand und damit der freien Oberfläche des Flüssigfilms auf die Einstrahlungscharakteristik am DP auswirkt. Bedingt durch die höhere optische Dichte des WTMs wird ein Anteil der Einstrahlung an der seitlichen freien Oberfläche des WTMs reflektiert. Der nicht reflektierte Anteil durch-dringt das WTM und erreicht die seitliche Absorberfläche. Die Anteile der Einstrahlung an den Absorberwänden sind somit von der Neigung der seitlichen Absorberwand, sowie dem Bre-chungsindex des WTMs abhängig. Qualitativ ist anzunehmen, dass mit erhöter seitlicher Nei-gung und erhöhtem Brechungsindex des WTMs der eingestrahlte Anteil an der oberen Absor-berwand sukzessive zu- und an der seitlichen Absorberwand abnimmt. Die Begründung hierfür liegt teils an der zunehmenden oberen Absorberfläche bei zunehmendem Anstellwinkel der seit-lichen Absorberfläche. Im Wesentlichen aber vergrößert sich der reflektierte Anteil beim Medi-enübergang des Lichts, wenn es unter einem flacheren Winkel auf die Mediengrenze trifft. Die Flächenzunahme begründet sich durch die getroffene geometrische Definition. Diese bedingt die Zunahme der Absorberflächen bzw. die Zunahme des maximalen Durchmessers (D_{max}, s. Abbildung 22) mit flacher werdendem seitlichem Anstellwinkel, wenn das Verhältnis der seitli-chen Absorberwandhöhe zum Aperturdurchmesser (H_R / D_{Ap}) konstant gehalten wird.

Zu beachten ist die Definition der Anstellwinkel, welche für die obere Absorberwand zur Hori-zontalen (0° → horizontale Wand) und für die seitliche Absorberwand zur Vertikalen gemessen wird (0° → vertikale Wand). Aus Abbildung 34 wird die quantitative Zunahme der Absorber-flächen in Abhängigkeit von den Anstellwinkeln ersichtlich. Dabei ist die Flächenzunahme an der Seite vom Anstellwinkel der oberen Absorberfläche unabhängig, während die Flächenzunahme oben eine leichte Abhängigkeit von ihrem eigenen Anstellwinkel zeigt. Die Gesamtfläche verdreifacht sich, wenn anstatt einer vertikalen Seitenwand eine um 40° geneigte seitliche Absorberwand appliziert wird ($H_R / D_{Ap} = 1$).

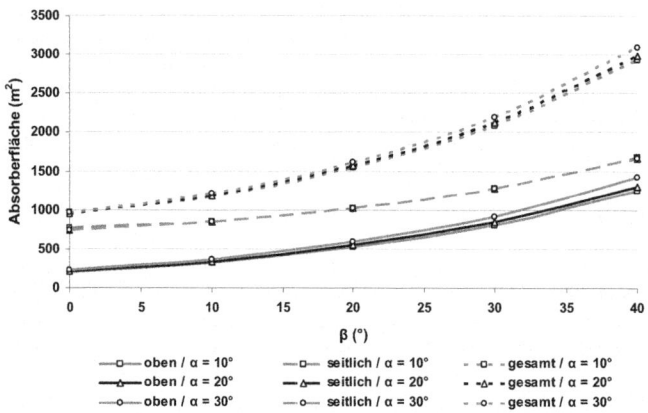

Abbildung 32   Benötigte Absorberfläche in Abhängigkeit von der Neigung der Absorberwand

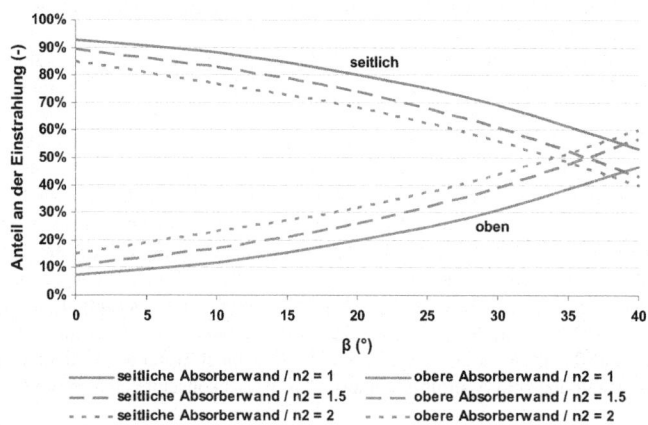

Abbildung 33   Die Absorberflächen erreichende Anteile der solaren Einstrahlung in Abhängigkeit von der Neigung der seitlichen Absorberwand und dem Brechungsindex des WTMs

Die quantitative Abhängigkeit der Einstrahlungsanteile an den Absorberwänden von der Neigung der seitlichen Absorberwand, sowie dem Brechungsindex des WTMs veranschaulicht Abbildung 33. Wie erwartet, vergrößert sich der eingestrahlte Anteil an der oberen Absorberwand einerseits, wenn die optische Dichte des WTMs oder andererseits, wenn der seitliche Anstellwinkel zunimmt. Die Salzschmelzen, mit welchen die theoretische Untersuchung des IDARs erfolgt, weisen einen Brechungsindex in der Größenordnung 1.5 auf [105]. Ohne WTM ($n_2 = 1$) und vertikaler seitlicher Absorberwand trifft etwa 8 % der Einstrahlung die obere und 92 % die seitliche Absorberwand. Für Anstellwinkel der seitlichen Absorberwand größer als 35° trifft der größere Anteil der Einstrahlung die obere Absorberwand.

Aufgrund der nicht ideal schwarzen Absorberwände wird ein von der Wandabsorptivität abhängiger Anteil ($1-\rho_{AW} = 0.9$) der inhomogenen, ortsabhängigen solaren Einstrahlung entsprechend Gl.(49) diffus reflektiert. Abbildung 34 zeigt die relative Differenz zwischen der absorbierten Einstrahlung nach der diffusen Reflexion und der solaren Einstrahlung, die auf die solare Einstrahlung der jeweiligen Absorberflächen bezogen ist.

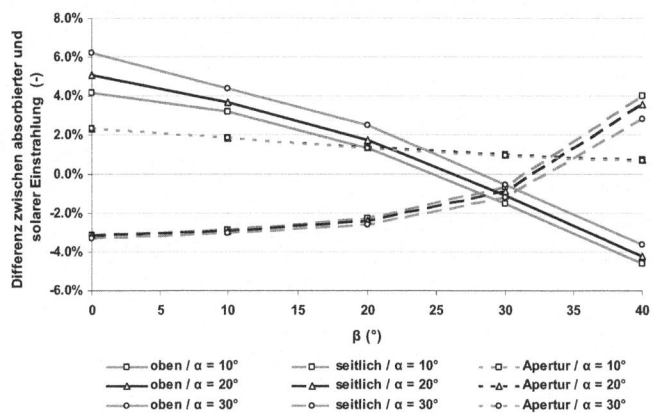

Abbildung 34   Auf die solare Einstrahlung an den jeweiligen Absorberflächen bezogene Differenz zwischen der absorbierten Strahlung und der solaren Einstrahlung in Abhängigkeit von der Neigung der Absorberwände

Bis zu einer seitlichen Absorberwandneigung von 25° ist die absorbierte Strahlungsleistung an der oberen Absorberwand größer als die solare Einstrahlung. Für eine vertikale Seitenwand und eine obere Absorberwandneigung von 10° ist die absorbierte diffuse Strahlungsleistung an der oberen Absorberwand rund 4 % und für 30° rund 6 % höher als die solare Einstrahlung. Entsprechend absorbiert die vertikale seitliche Absorberwand effektiv rund 97 % der solaren Einstrahlung. Die effektive Absorptivität im Hohlraum ist somit größer als die absolute Absorptivität der Absorberwand und ist als Cavity-Effekt bekannt und geht aus der homogenisierenden Mehrfachreflexion im Hohlraum bzw. durch die erhöhten Flächenhelligkeiten der Absorberwände hervor. Der Reflexionsverlust ist der Anteil der im Receiver reflektierten Strahlung, welcher direkt von den Absorberwänden oder indirekt nach Mehrfachreflexion die Aperturfläche erreicht. In Abbildung 34 ist die von der Receiverseite reflektierte, auf die Aperturfläche einfallende, vollständig absorbierte Strahlungsleistung ($1-\rho_{Ap} = 1$) auf die gesamte in den IDAR solar eingestrahlte Leistung bezogen. Dies stellt die Reflexionsverluste des Receivers dar. Diesbezüglich ist ein vernachlässigbarer Einfluss der oberen Absorberwandneigung zu erkennen. Dagegen sinken die Reflexionsverluste einer vertikalen seitlichen Absorberwand von 2.36 % auf 0.75 % herab, wenn der Anstellwinkel der seitlichen Absorberwand 40° beträgt. Es sei darauf hingewiesen, dass das WTM für das solare Spektrum als ideal transparent angenommen wird. Die Auswirkung der seitlichen Absorberwandneigung auf die optische Güte des IDARs ist somit als positiv zu bewerten, während sich die Neigung der oberen Absorberwand vernachlässigbar auswirkt.

Die absorbierte Flussdichteverteilung an den Absorberwänden dient im weiteren Verlauf als flächenspezifischer Wärmequellterm für die Ermittlung der Temperaturfelder. Der Vergleich der über die bespülten Wandflächen gemittelten Wärmeübergangskoeffizienten für variierte Neigungen erfolgt in Abbildung 35 für eine Auslasstemperatur von 570°C bei der Einstrahlungscharakteristik am DP.

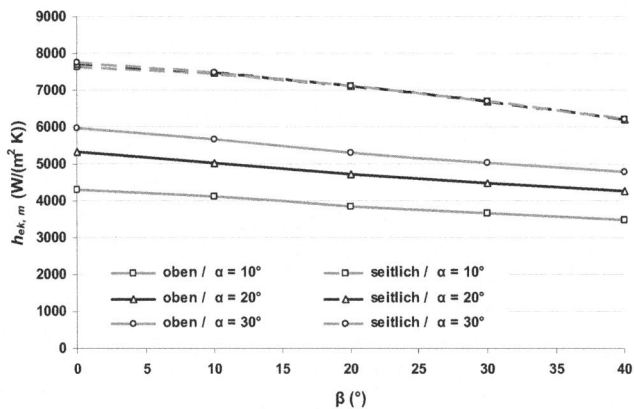

Abbildung 35   Mittlerer Wärmeübergangskoeffizient für die erzwungene Konvektion in Abhängigkeit von der Neigung der oberen bzw. seitlichen Absorberwand

An der oberen Absorberwand sind zwei Zusammenhänge ersichtlich. Einerseits nimmt der mittlere Wärmeübergangskoeffizient bei gleich gehaltener Neigung der seitlichen Absorberfläche mit einem steileren Anstellwinkel der oberen Absorberfläche zu. Andererseits wirkt sich die flacher werdende Neigung der seitlichen Absorberfläche negativ auf den mittleren Wärmeübergangskoeffizienten an der oberen Seitenfläche aus. Letzteres begründet sich im Wesentlichen durch die Zunahme der oberen Absorberfläche mit flacher werdendem seitlichen Anstellwinkel und damit einhergehend mit der Abnahme der mittleren Reynolds-Zahl (s. Gl.(39), S.- 56 -). An der seitlichen Absorberwand ist die Abhängigkeit des mittleren Wärmeübergangskoeffizienten von der oberen Absorberwandneigung vernachlässigbar klein. Des Weiteren ist aus Abbildung 35 die mit dem flacheren seitlichen Anstellwinkel stärker werdende Abnahme des mittleren Wärmeübergangskoeffizienten an der seitlichen Absorberwand zu erkennen. Die Gegenüberstellung der mittleren Wandtemperaturen an den bespülten Seiten der Absorberflächen, sowie der mittleren Temperaturen des angrenzenden Flüssigfilms, erfolgt in Abbildung 36. Die mittlere Temperatur der absorbierenden und der bespülten Seite der oberen Absorberwand veranschaulicht dagegen Abbildung 37.

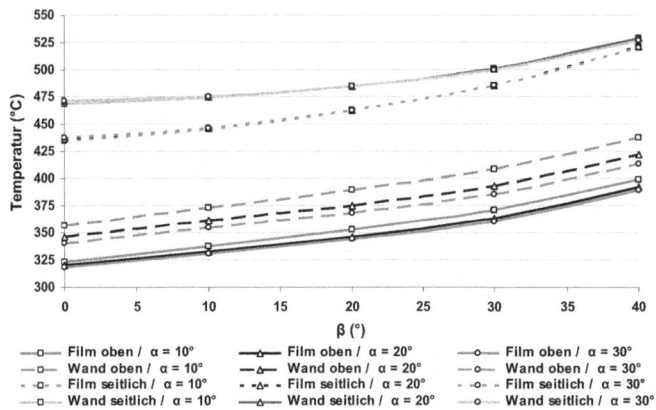

Abbildung 36   Vergleich der mittleren Temperaturen an den bespülten Seiten der Absorberwände, sowie der angrenzenden mittleren Flüssigfilmtemperatur in Abhängigkeit von der Neigung der Absorberwände

Die Absorberwandtemperaturen sowie die Temperatur des WTMs stehen im Zusammenhang mit der Kühlung durch die erzwungene Konvektion und mit der Wärmeübertragung durch thermische Strahlung. Durch die Neigung sinkt der Wärmeübergangskoeffizient der erzwungenen Konvektion, woraus höhere ortsabhängige Absorberwandtemperaturen resultieren. Aus den Abbildungen ist die Temperaturzunahme mit steigendem Anstellwinkel beider Absorberwände sowohl an den Wandflächen, als auch im WTM zu erkennen. Auffällig ist dabei, dass die Temperaturdifferenzen zwischen der bestrahlten Absorberfläche und dem WTM sowohl an der seitlichen (s. Abbildung 36), als auch an der oberen (s. Abbildung 37) Absorberwand mit einer steigenden seitlichen Absorberwandneigung abnehmen. Durch die seitliche Absorberwandneigung verändern sich einerseits die absorbierten Strahlungsanteile (s. Abbildung 33 und Abbildung 34), andererseits verändern sich die Receiverdimensionen und dadurch die Größe der Absorberflächen (s. Abbildung 32). Daraus resultierend sinkt die mittlere Flussdichte an den Absorberwänden, wenn die seitliche Absorberwandneigung zunimmt. Dabei ist die Abnahme der mittleren Wärmeübergangskoeffizienten geringer als die Abnahme der mittleren Flussdichten, woraus kleinere Temperaturdifferenzen hervorgehen.

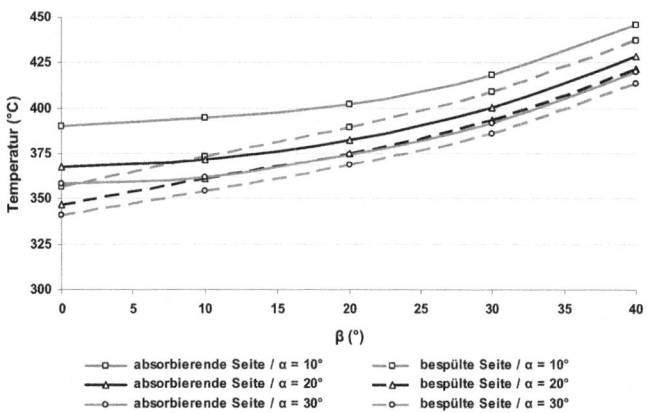

Abbildung 37   Vergleich der mittleren Temperaturen an der absorbierenden bzw. bespülten Seite der oberen Absorberwand in Abhängigkeit von der Neigung der Absorberwände

Welcher Anteil der diffusen thermischen Ausstrahlung der Absorberwände den IDAR durch die Apertur verlässt, ist vom Temperaturprofil im Receiver, von der Emissivität der Absorberwände und von den Absorberwandneigungen abhängig. Für variierte Neigungen der oberen bzw. seitlichen Absorberfläche sind in Abbildung 38 die thermischen Strahlungsverluste mit den Reflexionsverlusten, sowie mit ihrer Summe verglichen.

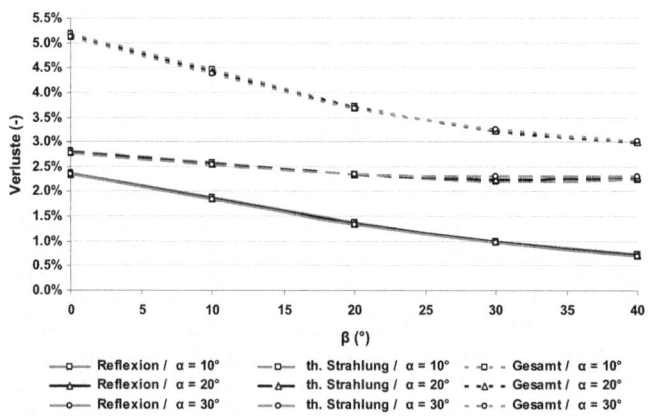

Abbildung 38   Vergleich der Reflexionsverluste, der thermischen Strahlungsverluste und der Gesamtverluste durch Strahlung in Abhängigkeit von der Neigung der Absorberwände

Aus dem Vergleich wird deutlich, dass die thermischen Strahlungsverluste mit der flacheren Neigung der seitlichen Absorberwand ebenfalls abnehmen. Des Weiteren zeigt sich der Einfluss der oberen Absorberwandneigung auf die thermischen Strahlungsverluste analog zu den Reflexionsverlusten vernachlässigbar klein. Die thermischen Strahlungsverluste sind in jedem untersuchten Fall größer als die Reflexionsverluste und weisen 2.8 % bei einer vertikalen seitlichen Absorberwand und 2.3 % bei einer seitlichen Absorberwandneigung von 40° auf. Das sehr flache Optimum bezüglich der Strahlungsverluste ist bei 30° seitlicher Absorberwandneigung festzustellen. Bezüglich der untersuchten seitlichen Absorberwandneigungen ist der niedrigste Gesamtverlust durch Strahlung bei 40° zu erkennen und beträgt 3 %. Warum die thermischen Strahlungsverluste im Falle einer starken Absorberwandneigung trotz erhöhter mittlerer Absorberwandtemperaturen und erhöhter effektiver Emissivität geringer sind, lässt sich mit der reflektierenden freien Oberfläche des Flüssigfilms erklären. Die thermisch emittierte Strahlung an der freien Oberfläche des WTMs wird analog zur solaren Einstrahlung gerichtet reflektiert, gebrochen und transmittiert. Je nach optischer Dichte des WTMs und je nach Ausrichtung der Absorberflächen zueinander bewirkt die gerichtete Reflexion eine signifikante Erhöhung der thermischen Strahlungsverluste. Ist der Anteil flach auf die freie Oberfläche einfallender thermischer Strahlen größer, erhöht sich der reflektierte Anteil.

Aus Abbildung 39 wird die Zunahme der thermischen Strahlungsverluste für erhöhte Brechungsindizes und für die dadurch erhöhte Reflektivität des WTMs ersichtlich. Es zeigt sich, dass sich die gerichtete Reflexion an der freien Oberfläche des WTMs bei einer vertikalen seitlichen Absorberwand stärker auswirkt als bspw. bei einer seitlichen Absorberwandneigung von 40°. Es ist festzuhalten, dass die Gesamtverluste durch Strahlung, also die Summe aus den Reflexions- und thermischen Strahlungsverlusten zwar um rund zwei Prozentpunkte sinken, wenn die seitliche Absorberwand um 40° angestellt ist, aber die benötigte Absorberwandfläche um rund das Dreifache zunimmt.

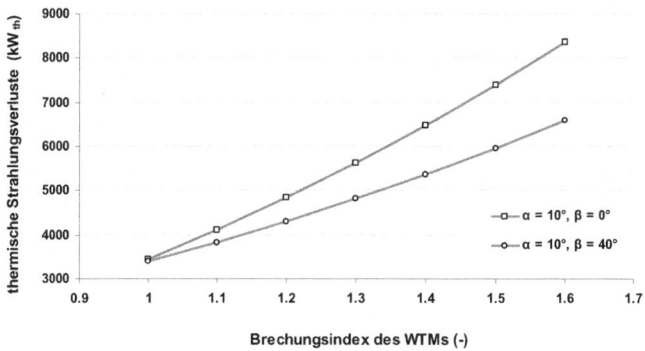

Abbildung 39   Thermische Strahlungsverluste bei variiertem Brechungsindex des WTMs unter Berücksichtigung des ermittelten Temperaturprofils auf den opaquen Absorberwänden

Wie sich das Ausmaß der Gesamtverluste durch Strahlung und die benötigte Absorberfläche verändern, wenn man das Verhältnis der seitlichen Absorberwandhöhe zum Aperturdurchmesser (H_R / D_{Ap}) variiert, wird im Folgenden untersucht. Zur Vereinfachung wird das untersuchte Verhältnis im weiteren Verlauf mit Höhenverhältnis bezeichnet. Die entsprechende Analyse erfolgt ebenfalls bei der Einstrahlungscharakteristik am DP, jedoch nun für 570°C und 620°C Auslasstemperatur. Für die Auslasstemperatur von 570°C wird die Anwendung der Referenzsalzschmelze Solar-Salt (n_2 = 1.46), für die erhöhte Auslasstemperatur von 620°C die Anwendung der eutektischen Salzschmelze LiCl-KCl (n_2 = 1.57) angenommen. Die Möglichkeit zur unterschiedlich starken Neigung der Absorberwände wird mit drei, einer geringen (α = 10°, β = 0°), einer mittleren (α = 20°, β = 20°) und einer starken (α = 30°, β = 40°) Neigung in die Analyse eingebracht.

Aus Abbildung 40 wird die Zunahme der Gesamtabsorberfläche in Abhängigkeit von dem Höhenverhältnis für unterschiedlich starke Neigungen miteinander ersichtlich. Die mit dem vergrößerten Höhenverhältnis einhergehende Flächenzunahme weist für die starke Neigung die größte und für die geringe Neigung die niedrigste Steigung der benötigten Absorberfläche auf. Wie die geometrischen Variationen auf den Betrag der Verlustmechanismen Einfluss nehmen, kann die Frage beantworten, ob der mit einer größeren Absorberfläche verbundene Aufwand gerechtfertigt werden kann. Dementsprechend sind für beide Salzschmelzen die Gesamtverluste durch Strahlung in Abbildung 41 für unterschiedlich starke Neigungen über dem Höhenverhältnis dargestellt. Die Analyse des Höhenverhältnisses zeigt eine leicht fallende Tendenz der Gesamtverluste, wenn das Höhenverhältnis vergrößert wird. Mit größer werdendem Höhenverhältnis sinkt die Abnahme der Gesamtverluste. Die niedrigsten Gesamtverluste durch Strahlung ergeben sich für beide Auslasstemperaturen bei einer starken Neigung. Aufgrund der flachen Kurvenverläufe der Gesamtverluste durch Strahlung bei signifikanter Zunahme der erforderlichen Absorberfläche mit zunehmendem Höhenverhältnis erfolgt die nähere Betrachtung des Leitkonzepts bei der mittleren und der starken Neigung mit einem Höhenverhältnis von 1.

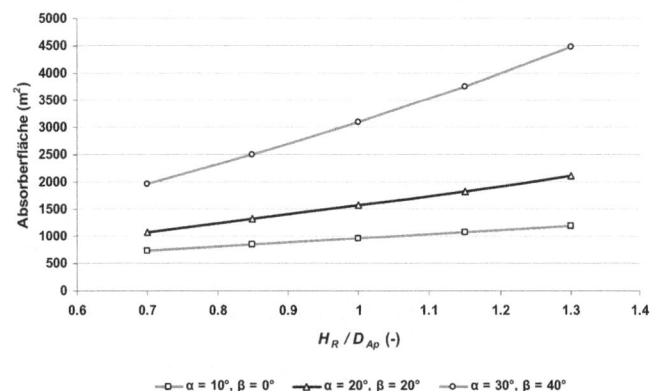

Abbildung 40   Benötigte Absorberfläche bei geringer, mittlerer und starker Neigung in Abhängigkeit von dem Höhenverhältnis

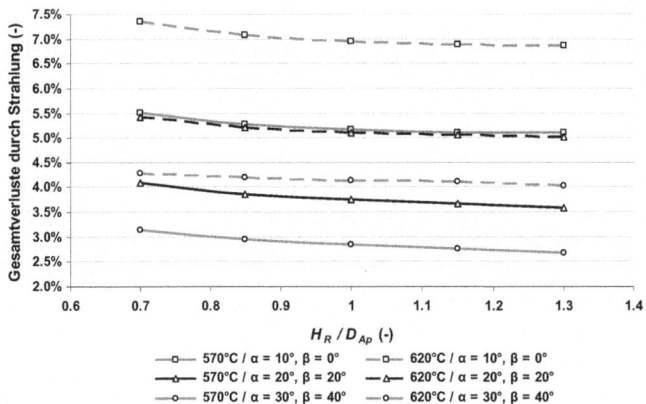

Abbildung 41 Gegenüberstellung der Gesamtverluste durch Strahlung für 570°C und 620°C Auslasstemperatur bei geringer, mittlerer und starker Neigung in Abhängigkeit von dem Verhältnis zwischen der seitlichen Absorberwandhöhe und dem Aperturdurchmesser

Wie es schon die Konzeptstudie gezeigt hat, haben die Verlustmechanismen der berücksichtigten parasitären Verluste des IDARs, sowie die freie Konvektion im Vergleich zu den Strahlungsverlustmechanismen einen geringen Einfluss auf die Receivergüte. Somit beeinflussen sie die Ergebnisse der Auswahlparameter nicht. Die Ergebnisse bezüglich dieser Verlustmechanismen werden daher für die angewendeten Auswahlparameter im Zusammenhang mit der Analyse des Betriebsverhaltens (5.4) beschrieben, sowie den Strahlungsverlustmechanismen gegenübergestellt und diskutiert.

5.2.3 Speicher

Die Bewertung des Leitkonzepts mit den angewendeten Heliostatenfeldern aus Teilabschnitt 5.2.1 und den Auswahlparametern des IDARs erfolgt analog zur Konzeptbewertung (3.1.6) mit einer virtuellen, zum jeweiligen Konzept kompatiblen, Speichertechnologie. Die kosten-optimale Speicherkapazität ergibt sich im Zuge der Bestimmung des Potenzials zur Kosten-reduktion (5.5). Die Basiskostenannahme weist 14 €/kWh$_{th}$ bei einer Referenzspeicherkapazität von 153.8 MWh$_{th}$ auf [11] und wird zur Ermittlung der kostenoptimalen Speicherkapazität ent-sprechend Gl.(31) (S.- 38 -) skaliert. In Zusammenhang mit der Jahresanalyse angewendete Be-triebsführung des Speichers erfolgt analog zur Abbildung 13 (S.- 40 -). Im Anhang 8.11 sind Ansätze zur Ausführung von thermischen Speichersystemen, die eine Kompatibilität mit erhöh-ten Temperaturen aufweisen, aufgeführt.

5.2.4 Dampfprozess

Die Konzeptvarianten umfassen den Betrieb eines subkritischen Dampfprozesses bzw., um die Möglichkeit zur Temperaturerhöhung zu berücksichtigen, mit einem kommerziell verfügbaren überkritischen Dampfprozess gleicher Leistungsklasse. Die entsprechenden Prozessparameter für eine Leistungsklasse von 200 MW$_{el}$ sind in Abschnitt 3.5, die Entscheidungsbasis für die Leistungsklasse in Anhang 8.12 bzw. Schaltbilder der ausgelegten Kraftwerksblöcke, T,s-Diagramme bzw. ihre Teillastkennfelder in Anhang 8.13 zusammengetragen.

5.2.5 Ansätze zur Betriebsführung

Um die Betriebsführungsparameter des IDARs quantitativ zu benennen, sind aufgrund des in-stationären Verhaltens der Betriebszustände dynamische Simulationen, sowie die Auslegung und Konstruktion von Regelungssystemen erforderlich. In den nachfolgenden Teilabschnitten sind entsprechende Ansätze für die charakteristischen Betriebszustände, wie für den An- und Abfahrvorgang bzw. für Wolkendurchgänge aufgeführt.

5.2.5.1 An- und Abfahrvorgang

Als Anfahrvorgang wird die Betriebsführung verstanden, die zwischen den Betriebszuständen ohne Massenstrom bei ausgekühlten Absorberwänden und dem nominalen Betriebszustand mit vollständig benetzendem Flüssigfilm erfolgt. Die entgegengesetzte Betriebsführung ist der Ab-fahrvorgang.

Der Anfahrvorgang erfolgt üblicher Weise in den Morgenstunden, wenn die Sonne aufgeht oder wenn sich tagsüber gravierende Wetterlagenwechsel ereignen, die den Betrieb des Receivers ermöglichen. In diesen Fällen wird davon ausgegangen, dass die Absorberwände zu Beginn des Vorgangs entweder die Umgebungstemperatur, wie bspw. beim ersten Anfahren, oder Tempe-raturen aufweisen, die überall oder stellenweise unter der sicheren Erstarrungstemperatur des WTMs liegen. Als sichere Erstarrungstemperatur wird hier die um eine definierte Tempera-turdifferenz zur Sicherheit gegen Erstarrung erhöhte tatsächliche Erstarrungstemperatur des WTMs bezeichnet.

Das Anfahren des IDARs beginnt mit der Vorwärmung der Absorberwände, die dann abgeschlossen ist, wenn die Absorberwände an den bespülten Seiten keine Stellen mehr aufweisen, die unter der sicheren Erstarrungstemperatur liegen. Der Vorwärmvorgang kann durch ein elektrisches oder ein hydraulisches Heizungssystem oder solar erfolgen. Das elektrische oder hydraulische Heizungssystem erfordern jedoch ein zusätzliches Inventar an Heizwendeln oder Rohrbündeln, welche in die Absorberwände eingebracht werden müssen und zusätzliche parasitäre Verluste erzeugen. Dabei erfolgt die Vorwärmung der Absorberwände vorzugsweise homogen. Bei der hydraulischen Vorwärmung kann je nach der Güte der Dichtung das am Boden ausreichend vorgewärmte WTM, Wasserdampf oder Luft als WTM für die Vorwärmung zur Anwendung kommen. Die solare Vorheizung erfordert keine zusätzlichen Komponenten im IDAR, hat jedoch den Nachteil, dass der Anfahrvorgang erst bei ausreichender Solareinstrahlung ausgeführt werden kann. Beide Varianten erfordern eine Temperatursensorik oder eine indirekte, bspw. rechnerische Temperaturermittlung, die einem entsprechenden Regelungssystem Eingangsdaten liefern. Die Temperatursensorik kann bspw. aus in die Absorberwände eingebrachten Thermoelementen bestehen, die rasterartig die ausreichend aufgelöste Information der Absorberwandtemperaturen liefern. Ebenso ist die Temperaturmessung mit Wärmebildkameras denkbar. Die rechnerische Informationsgewinnung über die vorherrschenden Absorberwandtemperaturen kann mittels ausreichend fein aufgelösten Modellen der Wärmebilanzen zwischen eingebrachter oder eingestrahlter Wärme und den Verlustmechanismen, in Zusammenhang mit der thermischen Trägheit des zu beheizenden Systems, erfolgen. Der Vorwärmvorgang schließt mit der Einleitung des WTMs in den Absorberbereich des IDARs ab.

Die Einleitung des WTMs wird üblicherweise unter Anwendung einer Massenstromregelung ausgeführt. Diese hat die Aufgabe den Massenstrom des WTMs so an die vorherrschende Einstrahlung zu bemessen, dass die maximal erlaubte Temperatur der WTMs an keiner Stelle im Absorberbereich des IDARs überschritten wird. Ferner soll die adiabate Mischtemperatur am Auslass einer vorgegebenen Auslasstemperatur innerhalb einer erlaubten Toleranz gleichen. Der Massenstrom kann bei der Einleitung höher bemessen werden, damit zu Beginn eine niedrigere Auslasstemperatur als im nominalen Betrieb vorgegeben resultiert und das Regelungssystem dann den Massenstrom herunter regelt. Die einfachste Möglichkeit das WTM in den Absorberbereich einzuleiten ist, mittels eines über der oberen Absorberwand mittig angeordneten zentralen Rohrs, mit einer freien horizontalen Querschnittsfläche an dessen Auslass. Vorzugsweise ist am Auslass des Einlassrohrs ein Strahlenregler eingesetzt, um einen weichen, nicht spritzenden Massenstrom zu gewährleisten, dessen Massenstromdichte über den Auslassquerschnitt möglichst homogen ist. Je nach Präzision der Ausführung, resultiert daraus ein mehr oder weniger homogener Film über der bespülten Seite der oberen Absorberwand. Ist die erforderliche Präzision und damit ein ausreichend homogener Film auf diesem Wege nicht für alle Betriebszustände zu gewährleisten, können das zentrale Rohr und dessen Querschnitt in einzelne kleinere Rohre und mehrere kleinere Querschnitte aufgeteilt sein. Vorzugsweise ist am Rand der oberen Absorberwand eine erste Auffangrinne angebracht, welche die Massenstromdichte und die Temperatur des WTMs bei der Einleitung auf die seitliche Absorberwand homogenisiert. Die Massenstromdichte kann über den Umfang ganzheitlich, oder segmentweise aktiv geregelt sein. Die segmentweise geregelte Massenstromdichte erfordert eine für die aktive Regelung benötigte Sensorik und entsprechende temperaturbeständige Stellglieder, die zu einem höheren konstruktiven und finanziellen Aufwand führen. Zur Erfassung der inhomogenen Massenstromdichte über den Umfang der oberen Absorberwand kann bspw. ein temperaturbeständiges optisches Messsystem führen, welches rasterartig in die Isolationsschicht eingebracht ist. Eine weitere Möglichkeit besteht in der Massenstromregelung der Homogenisierungsrohre mit entsprechenden regelbaren Ventilen. Für eine segmentierte Regelung der Massenstromdichte kann das zentrale Einlassrohr mit der oberen Absorberwand verbunden sein, während über den Umfang des Rohrs Öffnungen vorgesehen sind, die geregelt geöffnet oder geschlossen werden können. Regelbare Öffnungsklappen können zudem an der unteren Seite der Auffangrinne, die sich am Rand der oberen Absorberwand befindet, vorgesehen sein. Mit der segmentierten Massenstromregelung ist es denkbar, die Absorberwände bereits während des Vorwärmvorgangs in einem Segment zu bespülen, an welchem die sichere Erstarrungstemperatur, aufgrund der inhomogenen Einstrahlung, bereits erreicht ist. Beim Vorwärmvorgang wird die Segmentgröße mit bespülendem WTM an den Bereich angepasst, wo die sichere Erstarrungstemperatur bereits vorherrscht, bis der Flüssigfilm die gesamte Absorberfläche bespült. Der Anfahrvorgang schließt mit dem Beginn des nominalen Betriebs ab.

Während des nominalen Betriebs ist die gesamte Absorberfläche des IDARs bespült. Der Massenstrom wird dabei in Abhängigkeit von der vorherrschenden Einstrahlung geregelt, sodass die adiabate Mischtemperatur am Auslass einer vorgegebenen Auslasstemperatur entspricht.

Im nominalen Betrieb sammelt sich das aufgewärmte WTM in einer zweiten Auffangrinne unterhalb der seitlichen Absorberfläche. Diese weist an dessen Unterseite mehrere Abflussöffnungen auf. Das WTM fließt dann über geneigte radial angeordnete Rohre von der Aperturfläche weg und sammelt sich in ausreichender Ferne von der Apertur bspw. in einem horizontalen Sammelrohrring. Der Sammlerrohrring kann dabei segmentweise Trennklappen aufweisen, die es ermöglichen, bestimmte Segmentvolumina vom restlichen Ringvolumen zu trennen. Jedes Segment kann zudem eine Rezirkulationsöffnung und eine Abflussöffnung aufweisen, die geregelt geschlossen oder geöffnet werden können. Sowohl die anschließenden Rezirkulationsleitungen, als auch die Abflussleitungen der Segmente werden zu wenigen Hauptleitungen zusammengeführt. Die Hauptrezirkulationsleitung ist mit dem Zuführungsleitungssystem verbunden, während die Hauptabflussleitung das WTM zum Boden oder zu einem im Turm angebrachten Wärmeübertrager (s. Anhang 8.10) befördert. Wenn das WTM in einem Sammlerrohrsegment die geforderte ausreichend hohe Temperatur nicht aufweist, wird das WTM rezirkuliert, d.h. wieder dem IDAR zugeführt. Dies erfolgt durch Rezirkulationspumpen, die sich in Sammlerrohrnähe befinden. Das isolierte Sammlerrohr kann zudem als Puffertank in Receivernähe bspw. für kurzzeitige Wolkendurchgänge dienen. Ist die Eignung des Sammlerrohrs als Puffertank aufgrund dessen Oberflächen-Volumen-Verhältnisses nicht gegeben, kann ein entsprechender Tank im Turm angebracht sein. Die Problematik im Zusammenhang mit der Leitungsführung, der Lagerung des Receivers und der ungehinderten Einstrahlung in eine horizontale Apertur ist in Anhang 8.7 diskutiert. Der nominale Betrieb beinhaltet Betriebszustände mit kurzzeitigen Wolkendurchgängen und schließt mit dem Beginn des Abfahrvorgangs ab.

Der Abfahrvorgang erfolgt üblicher Weise in den Abendstunden, wenn die Sonne untergeht oder wenn sich tagsüber gravierende Wetterlagenwechsel ereignen, die den Betrieb des Receivers nicht mehr ermöglichen. In diesen Fällen wird davon ausgegangen, dass die Absorberwände zu Beginn des Vorgangs höhere Temperaturen aufweisen als die sichere Erstarrungstemperatur des WTMs.

Die sicherste und einfachste Möglichkeit den Receiver abzufahren ist die Einstellung des Massenstroms, sobald die Einstrahlung in den IDAR nicht mehr ausreicht um den Receiver sicher zu betreiben bzw. wenn die Nutzleistung geringer ist als die Verlustleistung. Diese Maßnahme weist das geringste Risiko auf, dass das WTM über den Absorberwänden, in den Auffangrinnen oder in den Abflussleitungen erstarrt. Es besteht jedoch ebenfalls die Option, mittels vorhandener Regelungsmechanismen, den Abfahrvorgang mit reduziertem Massenstrom vorzunehmen. Diese kann sich positiv auf die Lebensdauer der Absorberwände auswirken. Für den Abfahrmassenstrom kann das noch nicht aufgewärmte WTM in der Zuführungsleitung über dem Sammlerrohr verwenden werden oder das noch nicht genug aufgewärmte WTM in den Sammlerrohrsegmenten. In diesem Fall wird die Rezirkulationspumpe für das Antreiben des Abfahrmassenstroms verwendet. Ist ein Regelungssystem für eine inhomogene Massenstromdichte vorgesehen, kann das Abfahren umgekehrt zum Anfahren, mit einem sich schließenden Flüssigfilmsegment erfolgen. Wenn kein WTM mehr durch den Receiver fließt, werden alle zum IDAR führenden Leitungen entleert. Unabhängig davon, ob das Abfahren mit oder ohne Abfahrmassenstrom ausgeführt wird, ist die Ablagerung einer dünnen Salzschicht an den Absorberflächen wahrscheinlich.

5.2.5.2 An- und Abfahrvorgang mit Rotation

Erfolgt das Anfahren mit einem elektrischen oder hydraulischen Heizungssystem homogen, wird während des Vorheizens von der Rotation abgesehen. Um die Rotation im Nominalbetrieb zu ermöglichen, erfordert diese Art der Vorwärmung Schnittstellen zu einem entsprechenden Heizungssystem, wie bspw. Schleifkontakte, bewegliche, hinreichend abdichtende Rohrbündelverbindungen oder trennbare Verbindungen. Die solare Vorwärmung erfolgt vorzugsweise mit Rotation, welche das Aufwärmverhalten homogenisiert. Bei applizierter Rotation, kann die Informationsübertragung für die Regelung des Anfahrvorgangs mit Funk oder mit einer optischen Datenübertragung erfolgen.

Im nominalen Betrieb rotiert die seitliche Absorberwand mit einer sicheren Winkelgeschwindigkeit unterhalb der kritischen Winkelgeschwindigkeit, um den Austrag an WTM zu unterbinden. Dabei entspricht die sichere Winkelgeschwindigkeit dem Wert, bei welchem kein Tropfenaustrag mehr stattfindet (s. Teilabschnitt 5.3.3). Erfolgt die Einleitung des WTMs während der Vorwärmung segmentweise, wird von der Rotation abgesehen. Während des Abfahrvorgangs klingt die Rotation des Receivers wieder ab.

5.2.5.3 Wolkendurchgänge

Die Betriebsführung bei Wolkendurchgängen stellt eine Kombination der möglichen Maßnahmen aus An- und Abfahrvorgang, sowie der nominalen Betriebsführung dar. Wolkendurchgänge bedeuten für die Betriebsführung eines Solarturmkraftwerks im Vergleich zu gravierenden Wetterlagenwechsel, dass der Betrieb des Receivers unter veränderten Bedingungen weiterhin Wärme an die nachfolgenden Komponenten liefern kann. Ein Sonderfall der Wolkendurchgänge besteht dann, wenn das Heliostatenfeld vollständig von Wolken für eine längere Zeit abgeschattet ist, jedoch der Betrieb des Receivers noch am selben Tag aufgrund einer Wetterverbesserung wieder aufgenommen wird und der Receiver deshalb in Wartebereitschaft steht. In diesem Fall erfolgt kein vollständiges Abfahren, jedoch liefert der Receiver in dieser Zeit keine Wärme an die nachfolgenden Komponenten. Aufgrund der Rotation ist die Betriebsführung des IDARs bei Wolkendurchgängen, die nur ein Teil des Heliostatenfeldes abschatten, bezüglich des nominalen Betriebs unverändert. Dies begründet sich durch die homogenisierende Wirkung der Rotation auf die Temperaturverteilung (s. Abschnitt 5.4) im gesamten IDAR. Bei aktiver Massenstromregelung und einer vorausgesetzten Teilabschattung wird der Massenstrom automatisch an die vorherrschende verringerte Einstrahlung angepasst. Hierfür darf die Einstrahlung jedoch, ähnlich zur Einstrahlung vor Sonnenuntergang, ein bestimmtes Limit nicht unterschreiten. Dieses Limit ist analog zur Beginnbedingung des Abfahrvorgangs und entspricht dem oben genannten Sonderfall mit einer vollständigen Abschattung für eine längere Zeit. Je nach Wetterlage und Wettervorhersage muss dann darüber entschieden werden, ob der Receiver in Wartebereitschaft gehalten oder vollständig abgefahren wird.

Die Überführung des IDARs in den Zustand der Wartebereitschaft weist eine Ähnlichkeit zum Abfahrvorgang auf, während nicht alle benannten Maßnahmen des Abfahrvorganges ausgeführt werden. Wird der IDAR in Wartebereitschaft überführt, erfolgt als erstes, wenn vorgesehen, das Abschließen oder die Verkleinerung der Aperturöffnung und die Abschaltung der Rotationsmotoren. Analog zum Abfahren wird der Massenstrom eingestellt, wenn die sichere Erstarrungstemperatur unterschritten wird. Im Wesentlichen ist die Wartebereitschaft dadurch charakterisiert, dass die Entleerung der Leitungen und des Puffertanks nicht erfolgt. Setzt die solare Einstrahlung während der Überführung in die Wartebereitschaft wieder ein, wird der Anfahrvorgang mit dessen Regelungsbedingungen wirksam und überführt den IDAR wieder in die nominale Betriebsführung. Dabei kann im Falle einer starken Auskühlung während der Wartephase die erstarrte dünne Salzrestschicht mit bereits aufgewärmtem WTM aus dem Puffertank aufgeschmolzen werden.

5.3 Betriebskriterien des IDARs

Die untersuchten Betriebskriterien, deren Erfüllung die Möglichkeit zu einem sicheren Betrieb des IDAR-Leitkonzepts ermöglichen, beziehen sich auf den Flüssigfilm, welcher für den Betrieb des IDARs das höchste Risiko darstellt. Erst wenn die mit dem Flüssigfilm zusammenhängenden Risiken positiv bewertet werden können, macht es einen Sinn den IDAR konstruktiv auszugestalten. Demnach sind in den nachfolgenden Teilabschnitten die Ergebnisse der Untersuchungen hinsichtlich der Temperaturfelder an den Absorberwänden und im WTM (5.3.1), der vollständigen Benetzung der Absorberwände (5.3.2) und des Austrags an WTM durch Tropfen oder Diffusion (5.3.3) ausgewertet.

5.3.1 Analyse der Temperaturfelder

Zur Visualisierung der Ergebnisse dienen die in Abbildung 42 gezeigten Schnittkreise. Diese stellen die Schnittlinien oder Querschnittsflächen von horizontalen Ebenen mit dem Rechenbereich dar. Die möglichen Rechenbereiche sind die bespülte oder unbespülte Seite der Absorberflächen oder das wenige Millimeter dünne kegelstumpfschalenförmige Volumen des WTMs.

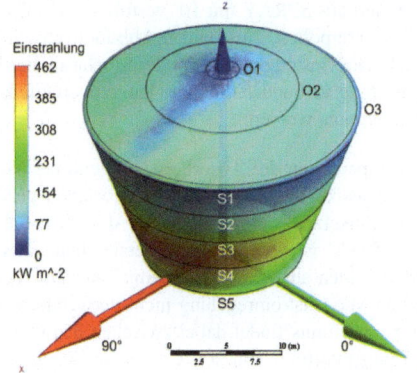

Abbildung 42   Definition der Schnittkreise für die Auswertung der Simulationsergebnisse (x-Achse weist nach Süden)

Zur Verdeutlichung der Auswertungsdefinition ist die solare Einstrahlung am DP, welche die Absorberflächen nach der Reflexion an der freien Oberfläche des WTMs bzw. nach der Transmission durch das Flüssigfilmvolumen erreicht, sowohl in Abbildung 42 als auch in Abbildung 43 beispielhaft dargestellt.

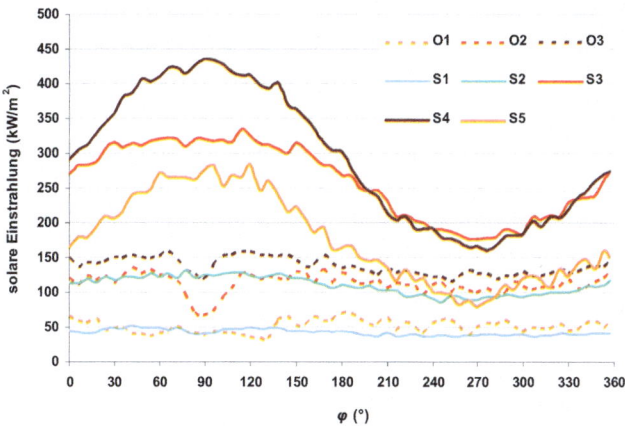

Abbildung 43   Die Absorberflächen erreichende solare Einstrahlung am DP nach der Reflexion am bzw. Transmission durch den Flüssigfilm ($\alpha = \beta = 20°$)

Die solare Einstrahlung resultiert aus SPRAY mit 10^7 verfolgten Strahlen und wird auf das Rechennetz der Absorberflächen interpoliert. Aus beiden Abbildungen wird ein unstetiger Strahlungsdichteverlauf ersichtlich. Die Unstetigkeit ist mit der Stochastik der Monte-Carlo Methode und mit der Flächendiskretisierung verbunden. Glattere Kurvenverläufe können bspw. mit einer Erhöhung der Strahlenanzahl erreicht werden.

In Abbildung 44 sind die Temperaturen der Absorberwände und des WTMs an ausgewählten Querschnitten über den Zentriwinkel für Solar-Salt ohne Rotation gezeigt. In den Literaturquellen sind unterschiedliche Zersetzungstemperaturen für das Solar-Salt angegeben, während eine der neuesten Angaben 593°C ist [121]. Es wird ersichtlich, dass das Referenzwärmeträgermedium bei einer erwünschten adiabaten Mischtemperatur am Auslass von 570°C unter Anwendung einer homogenen Massenstromregelung nicht verwendet werden kann. Die Überschreitung des oberen Temperaturlimits findet dabei zwischen den Querschnitten S3 und dem Auslass statt. Das untere Temperaturlimit von 260°C, welches der Erstarrungstemperatur entspricht, wird an keiner Stelle im Receiver unterschritten. Um die Übertemperaturen zu vermeiden, sind Maßnahmen zur Vergleichmäßigung der Temperaturen, wie eine lokale, segmentierte Massenstromregelung oder die Rotation des Receivers erforderlich.

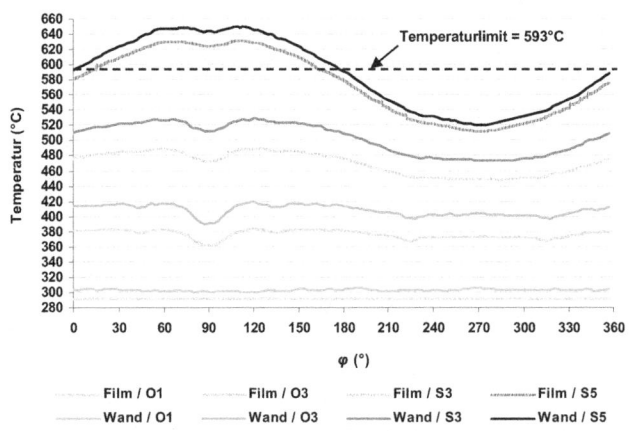

Abbildung 44 Temperaturen der Absorberwände und des angrenzenden WTMs für Solar-Salt und Einstrahlungsbedingungen am DP ohne Rotation ($\alpha = \beta = 20°$)

In Analogie zu Abbildung 44 entspricht Abbildung 45 der Option für erhöhte Temperaturen bei einer adiabaten Mischtemperatur von 620°C am Auslass des IDAR. Das obere Temperaturlimit für LiCl-KCl wird bei 800°C angesetzt, während mehrere Literaturquellen von stabilen thermophysikalischen Stoffwerten über diesem Temperaturlimit berichten [122-124]. Für die Hochtemperatursalzschmelze mit homogener Massenstromregelung zeigt sich bereits ohne Rotation, dass die Temperaturgrenzen nicht verletzt werden. Auch die Erstarrungstemperatur von 355°C wird nicht unterschritten. Wie sich die Temperaturverteilung am Auslass verhält, wenn das Rotationsverhältnis zur kritischen Winkelgeschwindigkeit ($RV = \omega/\omega_{krit,\,ab}$) erhöht wird, zeigt Abbildung 46 bei einer Einstrahlungscharakteristik am DP für die Referenzsalzschmelze. Aus den Kurvenverläufen wird die homogenisierende Wirkung mit zunehmender Rotation ersichtlich. Bei Rotationsverhältnissen über 70 % sind die Temperaturen des WTMs im gesamten Receiver innerhalb der gesetzten Temperaturgrenzen.

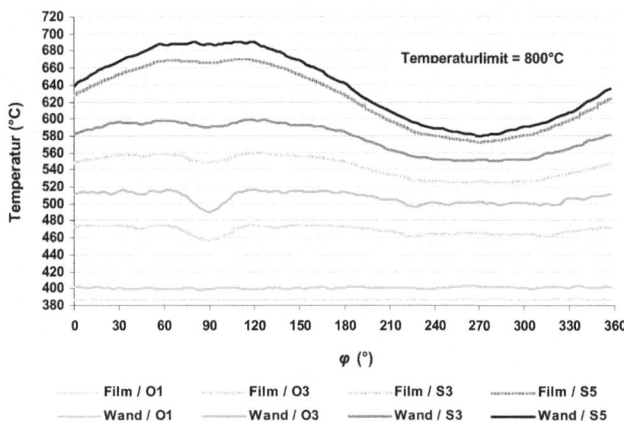

Abbildung 45 Temperaturen der Absorberwände und des angrenzenden WTMs für LiCl-KCl und Einstrahlungsbedingungen am DP ohne Rotation ($\alpha = \beta = 20°$)

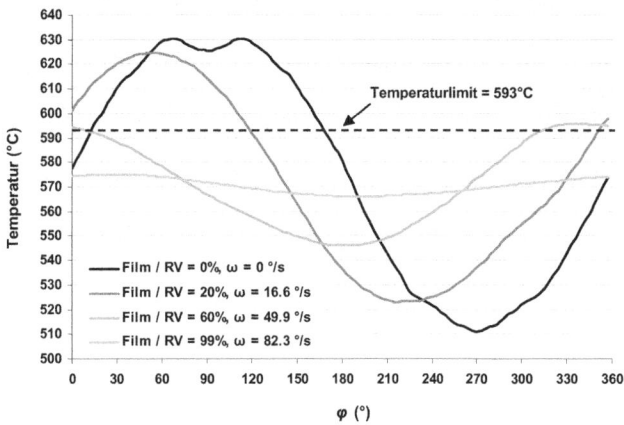

Abbildung 46 Temperaturen des WTMs am Auslass für Solar-Salt und Einstrahlungsbedingungen am DP mit zunehmendem Rotationsverhältnis ($\alpha = \beta = 20°$)

In Abbildung 47 sind für unterschiedlichen Einstrahlungscharakteristiken, die vom DP
($f = 100$ %) abweichen, die Auslasstemperaturen der Referenzsalzschmelze über den Zentriwinkel bei angewandter Rotation des IDARs dargestellt. Die Teillastzeitpunkte für die Simulation wurden so gewählt, dass die asymmetrische Einstrahlung in den Morgen- und Abendstunden abgebildet wird.

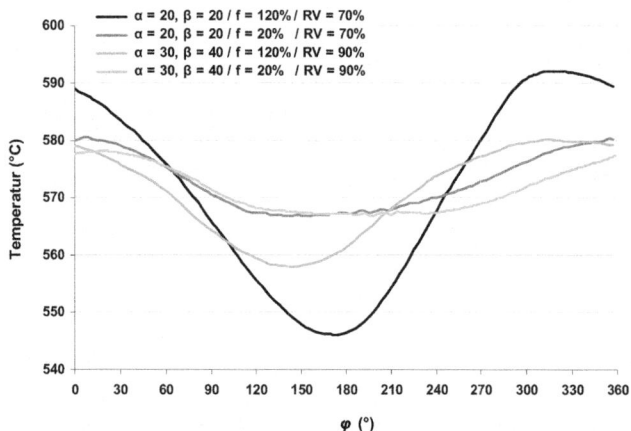

Abbildung 47   Temperaturen des WTMs am Auslass für Solar-Salt mit Rotation bei unterschiedli-
                     chen Einstrahlbedingungen und Neigungsstärken

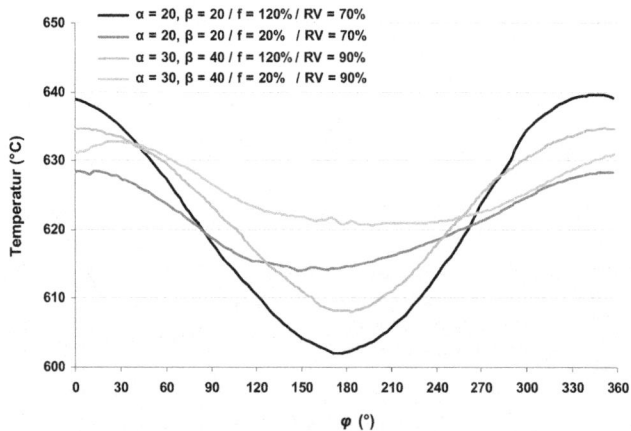

Abbildung 48   Temperaturen des WTMs am Auslass für LiCl-KCl mit Rotation bei unterschiedli-
                     chen Einstrahlbedingungen und Neigungsstärken

Dabei entspricht die 20 %-ige Einstrahlung dem Zeitpunkt um 8:00 h am 21. Januar. Für eine mittlere Wandneigung ($\alpha = \beta = 20°$) ist bei einer geringen Einstrahlung ($f = 20$ %) die maximale Temperatur des WTMs im IDAR unterhalb der gesetzten Temperaturgrenze. Bei einer um 20 % höheren Einstrahlung verglichen am DP liegt die maximale Temperatur des WTMs dagegen nur knapp unter dem gesetzten Limit, wenn eine homogene Massenstromregelung angewendet wird. Die homogenisierende Auswirkung der Rotation auf die Temperaturverteilung kann in diesem Fall mit einer lokalen Massenstromregelung unterstützt werden. Für eine starke Wandneigung ($\alpha = 30°$, $\beta = 40°$) ist die maximale Temperatur im IDAR für beide Einstrahlungscharakteristiken ($f = 20$ % und $f = 120$ %) über 10 K niedriger als die Temperaturgrenze, sofern das Rotationsverhältnis über 90 % beträgt.

Die homogenisierende Wirkung lässt sich ebenfalls für die Option mit erhöhter Auslasstemperatur mit der Hochtemperatursalzschmelze zeigen und ist in Abbildung 48 veranschaulicht. Die Temperatur der Chloridsalzschmelze befindet sich bei keinem Lastzustand des Receivers in kritischer Nähe der Betriebstemperaturgrenzen.

5.3.2 Analyse der Filmstabilität

Wenn man Gl.(84) für die Bewertung der Stabilität eines Flüssigfilms anwendet bzw. für die Fragestellung, ob der Flüssigfilm die geneigte Absorberwand vollständig benetzt oder nicht, ist die Abhängigkeit des Stabilitätsverhaltens von den thermophysikalischen Eigenschaften des jeweiligen WTMs vorauszusetzen. Obwohl mehrere Literaturangaben auf die Ähnlichkeit von Flüssigsalzen und Wasser bezüglich ihrer Fließeigenschaften hinweisen [38, 125], sind hinsichtlich der temperaturabhängigen thermophysikalischen Eigenschaften signifikante Abweichungen festzustellen (s. Anhang 8.1). Für die meisten benötigten Stoffwerte liegen adäquate, experimentell ermittelte temperaturabhängige Polynome für die Bewertung vor. Dies gilt jedoch nicht für die Benetzbarkeit bzw. für den Kontaktwinkel zwischen der Flüssigkeit und der Absorberwand, die ebenfalls in die Gleichungen der Stabilitätskriterien einfließen und vom Material, im Speziellen von der Rauheit der Absorberwände, abhängen. Die Annahme für die Absorberfläche entspricht in dieser Arbeit einer glatten Siliziumcarbidoberfläche. Für den Kontaktwinkel zwischen Wasser und einer glatten SiC-Oberfläche wird von Kontaktwinkeln in der Größenordnung 60° berichtet [126]. Es wird angegeben, dass die Benetzungsfähigkeit von Flüssigsalzen im Vergleich zu Wasser ($0° < \theta_0 < 20°$) höher sei [71]. Um eine konservative Bewertung der Filmstabilität zu gewährleisten, wird zunächst die Abhängigkeit der Stabilitätskriterien vom Kontaktwinkel in einem Intervall von $0° < \theta_0 < 90°$ untersucht.

Für die vollständige Benetzung der Absorberflächen wurden in Teilabschnitt 4.1.8 bzw. 4.2.2 kritische Reynolds-Zahlen anhand von Kriterien für die minimal zu erfüllende Filmdicke hergeleitet. Die niedrigste Reynolds-Zahl des Flüssigfilms und damit die niedrigste Filmdicke liegen erwartungsgemäß an der steiler geneigten Absorberwand und an der Stelle mit dem größten Radius bzw. Umfang vor. Diese Stelle entspricht in Abbildung 42 dem Umfangskreis $S1$, an welchem die Analyse der Kontaktwinkelabhängigkeit zunächst mit gemittelten Stoffwerten des WTMs ausgeführt wird. Die Kontaktwinkelabhängigkeit der kritischen Reynolds-Zahl für eine vollständige Benetzung zeigt beispielhaft, repräsentativ für alle betrachteten Fälle, Abbildung 49 bei der mittleren Neigungsstärke, Solar-Salt als WTM und der Einstrahlungscharakteristik am DP.

Die Auswertung erfolgt mit bzw. ohne Rotation (Gl.(84) bzw. Gl.(92)) und verdeutlicht die Unabhängigkeit vom Kontaktwinkel, wenn das Kriterium mit minimalem Energiefluss angesetzt wird. Die kritische Reynolds-Zahl steigt mit zunehmendem Kontaktwinkel an, wenn das Kriterium mit angesetztem Kräftegleichgewicht gilt. Während der Einfluss des Thermokapillareffekts mit steigendem Kontaktwinkel abnimmt, sinkt die kritische Reynoldszahl mit angewendeter Rotation. In beiden Fällen kann von einer konservativen Bewertung hinsichtlich der vollständigen Benetzung der Absorberwände ausgegangen werden, wenn ein Kontaktwinkel von 90° angenommen wird.

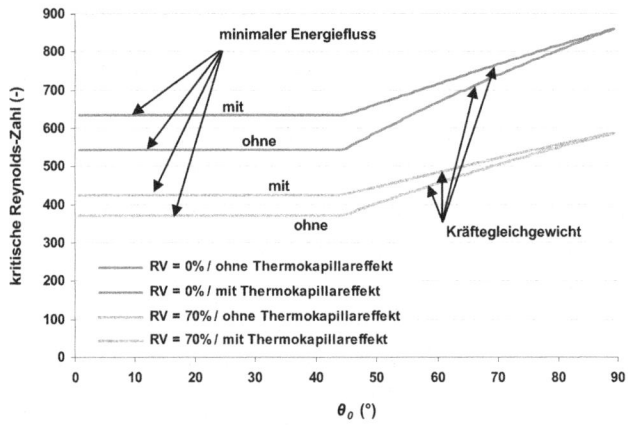

Abbildung 49 Kontaktwinkelabhängigkeit der Stabilitätskriterien für einen vollständig benetzenden Flüssigfilm am DP am Beispiel von Solar-Salt und einer mittleren Neigungsstärke

An jeder Stelle der Absorberwände im IDAR wird die Reynolds-Zahl des Flüssigfilms mit der kritischen Reynolds-Zahl der vollständigen Benetzung verglichen. Für eine mittlere bzw. eine starke Neigung der Absorberwände veranschaulicht Abbildung 50 für das Solar-Salt und Abbildung 51 für das LiCl-KCl das minimale Verhältnis zwischen der Film-Reynolds-Zahl und der kritischen Reynolds-Zahl in Abhängigkeit vom Massenstromverhältnis bei den untersuchten, den Teillastzuständen entsprechenden, Einstrahlungscharakteristika. Für beide Salzschmelzen und Neigungsstärken liegt das minimale Verhältnis bei einer geringen Einstrahlung ($f = 20\ \%$) an der seitlichen nicht rotierenden Absorberwand vor. An diesen Stellen beträgt die Reynoldszahl des Films mindestens das 2.9-fache für das Solar-Salt und das 3.3-fache für das LiCl-KCl der kritischen Reynolds-Zahl. Ist die seitliche Absorberwand in Rotation versetzt, kann eine Erhöhung des minimalen Verhältnisses festgestellt werden. Die Reynolds-Zahl des Flüssigfilms unterschreitet in keinem der untersuchten geometrischen Fälle, zu keinem Lastzustand, die kritische Reynolds-Zahl der vollständigen Benetzung.

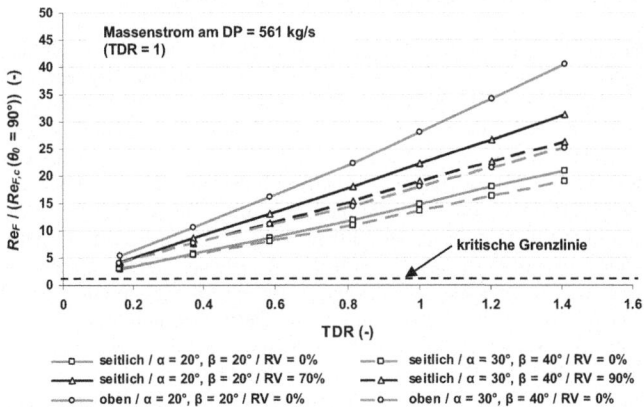

Abbildung 50 Gegenüberstellung des minimalen Verhältnisses der Film-Reynolds-Zahl zur kritischen Film-Reynolds-Zahl der vollständigen Benetzung in Abhängigkeit vom Massenstromverhältnis (*TDR*) bei unterschiedlichen Teillastzuständen am Beispiel von Solar-Salt

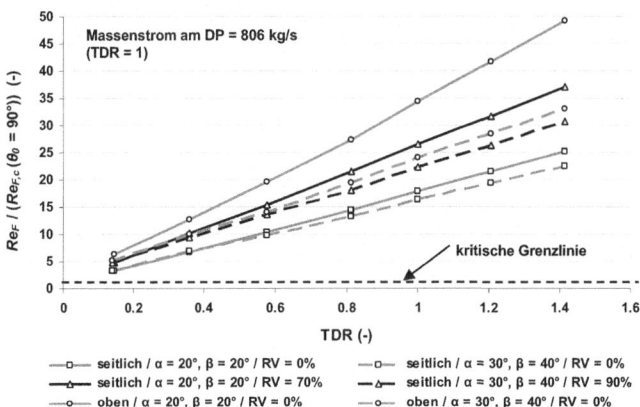

Abbildung 51 Gegenüberstellung des minimalen Verhältnisses der Film-Reynolds-Zahl zur kritischen Film-Reynolds-Zahl der vollständigen Benetzung in Abhängigkeit vom Massenstromverhältnis (*TDR*) bei unterschiedlichen Teillastzuständen am Beispiel von LiCl-KCl

5.3.3 Austrag des Wärmeträgermediums durch Tropfen

Die Untersuchung des Tropfenaustrags erfolgt in Analogie zur Analyse des vollständig benetzenden Flüssigfilms anhand der in Gl.(86) und Gl.(93) definierten kritischen Reynolds-Zahlen. Das Verhältnis der Fließgeschwindigkeiten zwischen dem Flüssigfilm und der angrenzenden Luft, von welchem das Kriterium des Tropfenaustrags abhängt, kann ebenfalls nur abgeschätzt werden. Die genaue Bestimmung der Luftströmung im Maßstab 1:1 des IDARs erfordert die adäquate Abbildung der Luftbewegung mit hochgradig rechenintensiven CFD-Simulationen. Im Zuge der Plausibilitätskontrollen erfolgte für die Überprüfung der Korrelation für die Verluste durch freie Konvektion die Abbildung der Luftbewegung im Maßstab 1:10. Die entsprechende instationäre CFD-Simulation wurde mit konstanten Wandtemperaturen zwischen 500°C und 800°C, sowie beweglichen Wand-Randbedingungen, bis zur Konvergenz ausgeführt. Die kombinierte Bewegungsform der Fließbewegung von der freien Flüssigfilmoberfläche wurde mit Hilfe der Froude-Zahl skaliert und durch eine sich entsprechend bewegende Seitenwand simuliert. Da der Windeinfluss auf die Konvektionsverluste mit diesem Modell ebenfalls untersucht wurde, sind die Modellbeschreibung und die diesbezüglichen Ergebnisse im Anhang 8.6 zu finden. In keinem der untersuchten Fälle konnte eine höhere Geschwindigkeit der sich entgegen der Filmströmung bewegenden Luft als das Dreifache der Flüssigfilmgeschwindigkeit festgestellt werden. Entsprechend dieser Beobachtung wird für die maximale Luftgeschwindigkeit in Flüssigfilmnähe konservativ die fünffache Flüssigfilmgeschwindigkeit angesetzt.

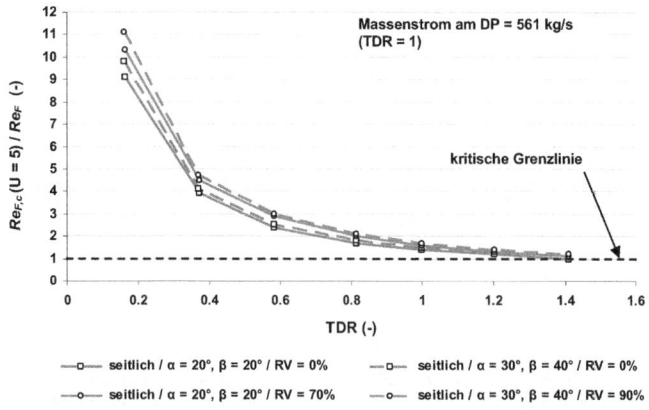

Abbildung 52   Gegenüberstellung des minimalen Verhältnisses der kritischen Reynolds-Zahl des Tropfenaustrags zur Reynolds-Zahl des Flüssigfilms für Solar-Salt in Abhängigkeit Massenstromverhältnis (*TDR*) bei unterschiedlichen Teillastzuständen

Kein Tropfenaustrag findet dann statt, wenn die kritische Reynolds-Zahl für den Tropfenaustrag höher ist als die Reynolds-Zahl des Flüssigfilms. Das Kriterium für den Tropfenaustrag ist nur an der seitlichen Absorberwand von Interesse, da über der oberen Absorberwand entstehende freie Tropfen den Receiver nicht verlassen können. Das kleinste Verhältnis zwischen der kritischen Reynolds-Zahl und der Reynolds-Zahl des Flüssigfilms auf der gesamten seitlichen Absorberwand geben die Verläufe in Abbildung 52 für die Referenzsalzschmelze und in Abbildung 53 für die Hochtemperaturschmelze, in Abhängigkeit vom Massenstromverhältnis am DP, bei unterschiedlichen Teillastzuständen wieder. Die Diagramme lassen sich hinsichtlich der Optionen der mittleren und starken Absorberwandneigung, sowie der angewendeten und nicht angewendeten Rotation, vergleichen. Im Gegensatz zu dem Kriterium der vollständigen Benetzung ist die Wahrscheinlichkeit für austretende Tropfen bei hohen Einstrahlungen bzw. bei großen Massenströmen erwartungsgemäß höher als bei niedrigen.

Beide Maßnahmen, Wandneigung und Rotation, wirken sich positiv gegen den Tropfenaustrag aus. Dabei ist der Einfluss der Rotation größer als jener der Wandneigung von 20° zu 40°. Wird Solar-Salt eingesetzt, beträgt die kritische Reynolds-Zahl am DP an jeder Stelle auf der gesamten seitlichen Absorberwand mindestens das 1.4 fache der Reynolds-Zahl des Flüssigfilms. Bei starker Neigung und angewendeter Rotation steigt dieser Wert auf 1.7 an. Bei einer 20 % höheren Einstrahlung verglichen mit dem DP betragen die entsprechenden Verhältnisse 1.2 bzw. 1.4. Die kleinsten Verhältnisse treten am Auslass ($S5$) auf.

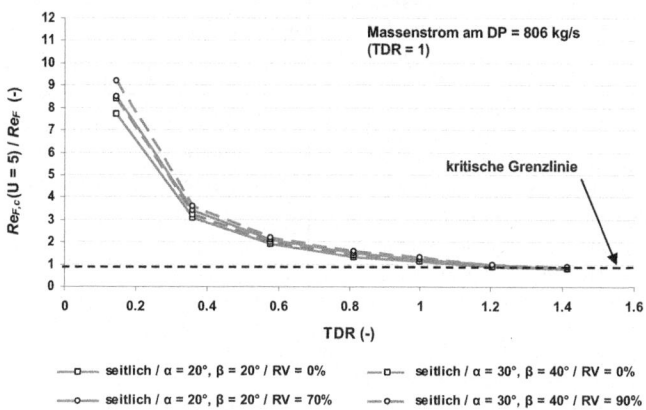

Abbildung 53   Gegenüberstellung des minimalen Verhältnisses der kritischen Reynolds-Zahl des Tropfenaustrags zur Reynolds-Zahl des Flüssigfilms für LiCl-KCl in Abhängigkeit vom Massenstromverhältnis (TDR) bei unterschiedlichen Teillastzuständen

Bei erhöhten Temperaturen und LiCl-KCl als WTM liegen am DP ebenfalls alle Kurven über der kritischen Grenzlinie. Die kritische Reynolds-Zahl auf der gesamten seitlichen Absorberwand beträgt am DP für jeden untersuchten Fall mindestens das 1.1-fache der vorherrschenden Reynolds-Zahl des Flüssigfilms. Bei starker Neigung und angewandter Rotation steigt dieser Wert auf 1.3 an. Die die rotierenden Absorberwände repräsentierenden Kurven erreichen für eine 20 % höhere Einstrahlung als am DP die Grenzlinie des Kriteriums. Ohne Rotation zeigen die Ergebnisse, dass die Reynolds-Zahl des Flüssigfilms die kritische Reynolds-Zahl bereits rund 3 m über dem Auslass auf der bestrahlten Seite ($\varphi = 90°$) überschreitet. Das Verhältnis am

Auslass beträgt dann 0.9. Der mittlere Wert über der seitlichen Absorberwand liegt am DP zwischen 1.8 und 3.1. Es sei darauf hingewiesen, dass sich die Rotation nicht nur auf den Flüssigfilm, sondern auch auf aus dem Flüssigfilm austretende Tropfen auswirkt. Im Vergleich zur nicht rotierenden Flüssigkeit wird der Geschwindigkeitsvektor der Tropfen beim Austreten durch eine Tangentialkomponente überlagert. Zudem wird die Flugbahn der Tropfen durch die rotierende Luft im IDAR beeinflusst. Beide Effekte erhöhen die Wahrscheinlichkeit, dass ausgetretene Tropfen wieder auf die Filmoberfläche treffen, bevor sie die Apertur erreichen.

5.3.4 Austrag durch Diffusion

Die detaillierte Untersuchung des Diffusionsmassenstroms vom Flüssigfilm in die Luft im Inneren des IDARs und nachfolgend durch die Apertur an die Umgebungsluft erfordert ebenso wie die Bewertung der Verluste durch freie Konvektion die Abbildung der Luftphase im Maßstab 1:1 des IDARs. Daher erfolgt hier eine Abschätzung des Austrags durch Diffusion anhand von konservativen Annahmen, die sich die Analogie zwischen der Wärme- und der Stoffübertragung zu Nutze machen. Von Interesse für den Massenverlust sind die Zeit, in welcher sich das IDAR-Volumen mit gesättigtem Salzdampf auflädt und die Menge an Salz, die sich dann in der Luft befindet. Ferner ist der Verlust an Salz durch die Apertur gefragt, nachdem sich die Luft vollständig mit Salzdampf beladen hat. Für die Abschätzungen

Tabelle 5: WTM-Verluste durch Diffusion

	$\alpha = 20°$ $\beta = 20°$	$\alpha = 30°$ $\beta = 40°$
V_R (m^3)	5721	12841
Beladung / Solar-Salt		
m_V (g)	1.1	2.5
$t_{100\%}$ (min)	295	464
Beladung / LiCl-KCl		
m_V (g)	177	396
$t_{100\%}$ (min)	304	464
Austritt durch die Apertur / Solar-Salt		
$\dot{m}_{D,WTM}$ (mg/h)	1.6	2.3
Austritt durch die Apertur / LiCl-KCl		
$\dot{m}_{D,WTM}$ (mg/h)	341	485

wird der Salzdampf wie ein ideales Gas behandelt. Je schneller sich die Luft im IDAR mit Salzdampf belädt, desto schneller beginnt die Salzdampfabgabe an die Umgebung. Eine größere Temperaturdifferenz zwischen dem Flüssigfilm und der Luft bewirkt eine schnellere Beladung. Für die Abschätzung der Konvektion im IDAR sei die treibende Temperaturdifferenz die Temperatur des WTMs am Auslass abzüglich der sicheren Erstarrungstemperatur. Die Temperatur der Luft im IDAR sei die sichere Erstarrungstemperatur des WTMs. Für den Massenstrom durch die Apertur wird für die treibende Temperaturdifferenz die Temperatur des WTMs am Auslass abzüglich der Umgebungstemperatur angenommen, sowie ein maximales Konzentrationsgefälle von 100 %. Die Ergebnisse der Abschätzung sind in Tabelle 5 zusammengefasst. Aufgrund der sehr geringen Dampfdrücke der Salzschmelzen (Solar-Salt / p_V < 0.01 Pa, [44] und LiCl-KCl / p_V < 3 Pa, [123]) ergeben sich vernachlässigbar kleine Massenströme und Verlustmassen. Diese betragen für die gesamte Betriebsdauer von 30 Jahren weniger als fünf Tonnen für das LiCl-KCl und weit weniger als eine Tonne für das Solar-Salt. Aufgrund der niedrigen Dampfdrücke können auch Windeinflüsse den Austrag durch Diffusion nicht in einem Maß erhöhen, das für den Betrieb des IDARs, für die Umwelt oder aufgrund der finanziellen Belastung als kritisch angesehen werden muss.

5.4 Analyse des Betriebsverhaltens

Im vorliegenden Abschnitt wird die Betriebscharakteristik des IDARs zum Auslegungszeit-punkt (5.4.1) und nachfolgend bei ausgesuchten Teillastzuständen (5.4.2) beschrieben. An-schließend sind die Ergebnisse der Jahresanalyse (5.4.3) beschrieben. Die Betriebsanalyse er-folgt in allen drei Teilabschnitten bei mittlerer und starker Absorberwandneigung und vergleicht die Ergebnisse mit dem Referenzkonzept (LIT) unter Berücksichtigung der Option, erhöhte Auslasstemperaturen zu erreichen.

5.4.1 Auslegungs-Zeitpunkt

Das Betriebsverhalten des IDARs wird in erster Linie durch die Einstrahlungscharakteristik beein-flusst. Die zur xz-Ebene symmetrische Flussdichtevereilung auf den bestrahlten Seiten der Absor-berwände veranschaulicht Abbildung 54 für die ausgewählten geometrischen Parameter am Bei-spiel der Referenzsalzschmelze am DP. Auf den ersten Blick ist die Auswirkung des Turmschattens auf den oberen Absorberflächen auffällig. Von dem Einlassbereich ausgehend und der x-Achse fol-gend wirkt sich der Turmschatten in einem vergleichsweise niedrig bestrahlten Bereich aus. Als Zielpunkt der Heliostate wird die Mitte der Apertur angenommen, weshalb, abweichend von der Einstrahlungscharakteristik bei einer Multiaimingstrategie, ein verzerrtes Abbild der Heliostaten-feldbestrahlung auf die Absorberflächen des IDARs projiziert wird. Ebenso auffällig ist der Unter-schied der Flussdichteverteilung bezüglich der unterschiedlich starken Neigung der Absorberwände. Bei einer mittleren Absorberwandneigung sind die Flussdichten höher und der größere Anteil der Einstrahlung wird seitlich absorbiert. Im Vergleich dazu ergeben sich für die starke Absorberwand-neigung niedrigere Flussdichten, während ein signifikanter Anteil der hohen Strahlungsdichte den oberen Randbereich erreicht. Die Einstrahlungscharakteristik weist für beide Fälle nur geringe Ab-weichungen auf, wenn anstatt der Referenzsalzschmelze die Hochtemperatursalzschmelze das WTM darstellt, weshalb von der Darstellung dieser Option abgesehen wird. Die Abweichung ist auf die angenommenen Brechungsindizes (Solar-Salt, $n_2 = 1.46$, LiCl-KCl, $n_2 = 1.57$) zurückzuführen. Ein höherer Brechungsindex erhöht die Reflektivität der freien Oberfläche, weshalb im Falle der Hochtemperatursalzschmelze, ein geringfügig größerer Anteil der Einstrahlung an der seitlichen freien Flüssigkeitsoberfläche reflektiert und auf der oberen Seite absorbiert wird.

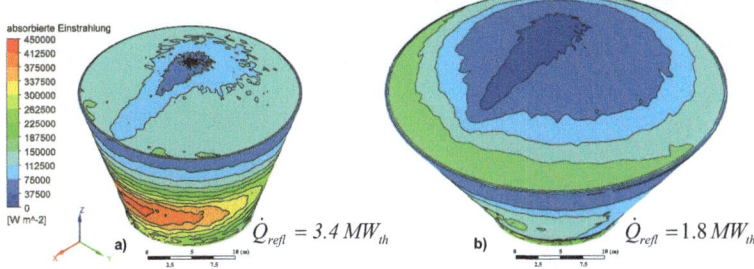

$\dot{Q}_{refl} = 3.4\,MW_{th}$ $\dot{Q}_{refl} = 1.8\,MW_{th}$

Abbildung 54 Verteilung der absorbierten Strahlungsdichte am DP für die mittlere (a) und die starke (b) Absorberwandneigung mit Solar-Salt, (x-Achse weist nach Süden)

Neben der Flussdichteverteilung charakterisiert das Temperaturfeld des WTMs den Betrieb des IDARs. Während sich die Rotation auf die Einstrahlungscharakteristik nicht auswirkt, besteht ein starker Einfluss der Rotation auf das Temperaturfeld des WTMs. Die Temperaturfelder der Ausführungen mit einer nicht rotierenden seitlichen Absorberwand und einem angewendeten Rotationsverhältnis von 70 % sind in Abbildung 55 für die mittlere Absorberwandneigung miteinander verglichen. Des Weiteren sind die Temperaturfelder bei starker Neigung und Rotation (RV = 90 %) für beide Salzschmelzen bzw. Austrittstemperaturen visualisiert.

Ist keine Rotation appliziert, ist die Temperaturverteilung am DP symmetrisch zur xz-Achse (a). In Analogie zur in Teilabschnitt 5.3.1 beschriebenen homogenisierenden Wirkung der Rotation ist die maximale Temperatur des WTMs, im Falle einer rotierenden Seitenfläche (b), reduziert. Durch die Rotation hervorgerufen, ist die Temperaturverteilung nicht mehr symmetrisch zur xz-Achse, sondern im Drehsinn der Rotation gewunden. Zwischen den beiden geometrischen Ausführungen (a, c) ist bezüglich der Temperaturfelder bei einer starken Absorberwandneigung eine höhere Aufwärmung des WTMs zu erkennen. Wie in Teilabschnitt 5.2.2 erläutert, resultiert die höhere Erwärmung an der oberen Absorberwand aus dem größeren Anteil der absorbierten Strahlung, aus der größeren Fläche, sowie aus der um 20° größeren Neigung und somit erhöhten Wärmeübergangskoeffizienten. Der aufgrund des Turmschattens niedrig bestrahlte Bereich an der oberen Absorberfläche wirkt sich auf das Temperaturfeld des WTMs in allen gezeigten Fällen mit leicht verminderten Temperaturen in x-Achsen Richtung aus.

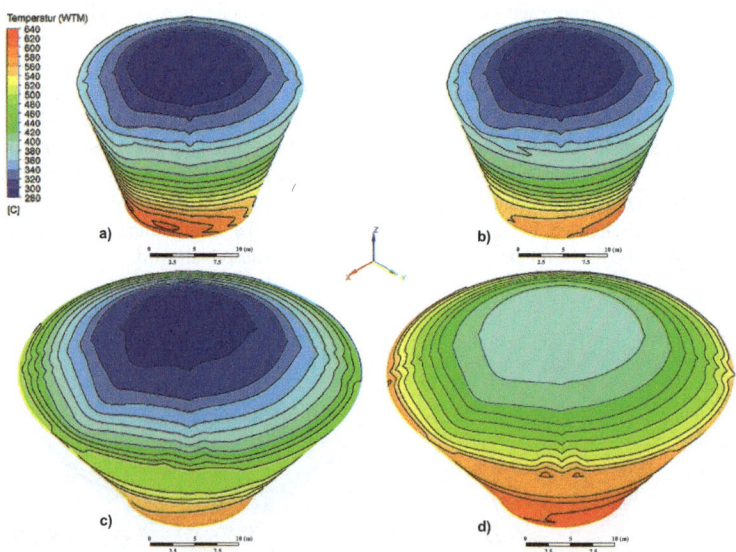

Abbildung 55   Temperaturfelder des WTMs am DP für die mittlere Absorberwandneigung mit Solar-Salt ohne Rotation (a) bzw. RV = 70 % (b), sowie für die starke Absorberwandneigung mit Solar-Salt (c) bzw. LiCl-KCl (d) bei RV = 90 %

Analog zu den in Abbildung 55 gezeigten Beispielen, visualisiert Abbildung 56 die treibende Temperaturdifferenz der erzwungenen Konvektion zwischen der bespülten Absorberfläche und dem WTM. Die Gegenüberstellung der Wärmeübergangskoeffizienten erfolgt in Abbildung 57. Die treibende Temperaturdifferenz spiegelt die Charakteristik der absorbierten Einstrahlung wieder. Die Verteilung der Temperaturdifferenzen am DP ist unabhängig von der Rotation spiegelsymmetrisch zur xz-Achse.

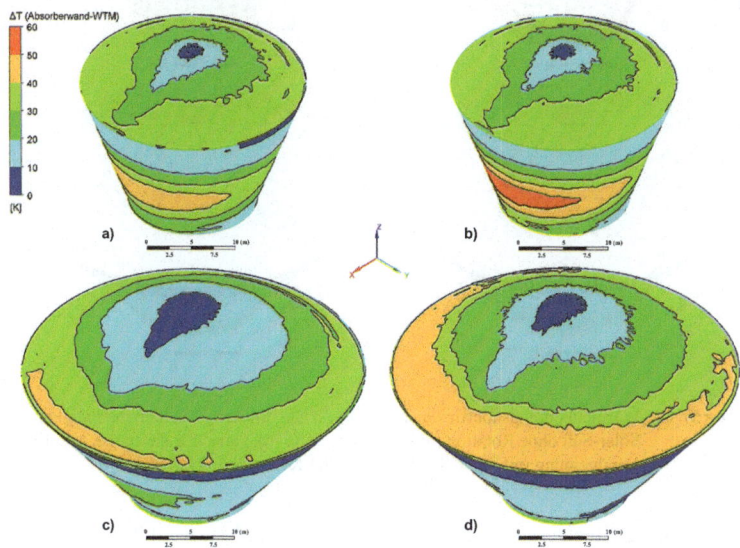

Abbildung 56   Treibende Temperaturdifferenz am DP für die mittlere Absorberwandneigung mit Solar-Salt ohne Rotation (a) bzw. $RV = 70\,\%$ (b), sowie für die starke Absorberwandneigung mit Solar-Salt (c) bzw. LiCl-KCl (d) bei $RV = 90\,\%$

Die mit der Rotation veränderte Temperaturverteilung im WTM und somit auch an den Absorberwänden ruft einen veränderten thermischen Strahlungsaustausch im Inneren des IDARs hervor. Die Veränderung des thermischen Strahlungsaustauschs im Inneren des IDARs aufgrund der Rotation hat keine signifikante Auswirkung auf die Temperaturdifferenzen an der oberen Absorberwand. Vergleicht man die unterschiedlichen Salzschmelzen bzw. Austrittstemperaturen (c, d), zeigen sich an der oberen Absorberwand erhöhte Werte für die Hochtemperaturoption, obwohl der Massenstrom dann höher ist. Zurückführbar ist dies auf die veränderten thermophysikalischen Stoffwerte und auf die erhöhte Strahlungsdichte im Randbereich aufgrund der erhöhten Reflektivität. Letzteres ist zudem der Grund für die niedrigeren Temperaturdifferenzen an der seitlichen Absorberwand, wenn LiCl-KCl bei erhöhten Temperaturen zur Anwendung kommt. An der seitlichen Absorberwand dagegen erhöhen sich die Temperaturdifferenzen, wenn diese rotiert (a, b). Hierfür ist die Zunahme der Filmdicke bei angewandter Rotation verantwortlich, die aus Abbildung 58 zusammen mit den Strömungsvektoren zur Veranschaulichung des Drehsinns ersichtlich sind.

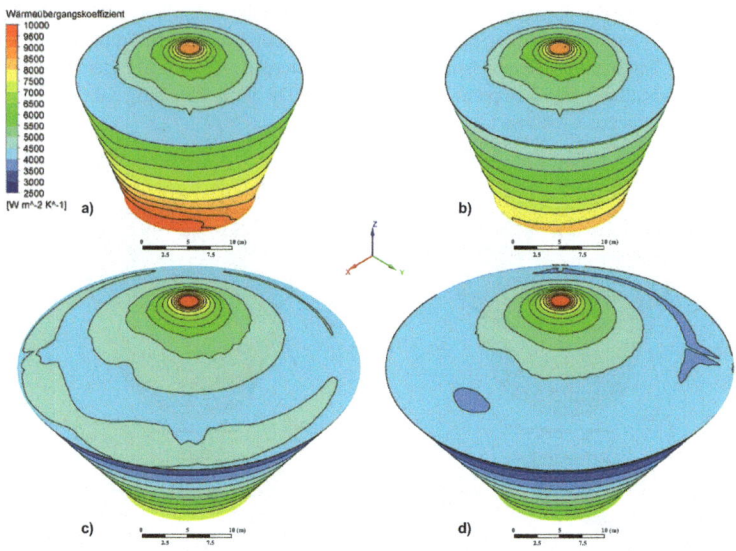

Abbildung 57   Wärmeübergangskoeffizienten am DP für die mittlere Absorberwandneigung mit Solar-Salt ohne Rotation (a) bzw. $RV = 70$ % (b), sowie für die starke Absorberwandneigung mit Solar-Salt (c) bzw. LiCl-KCl (d) bei $RV = 90$ %

Die Auswirkung der Rotation auf die thermischen Strahlungsverluste weist für alle ausgeführten Simulationen maximal -0.2 Prozentpunkte auf, woraus sich nur geringfügig veränderte Massenströme ergeben. Verändert sich die Filmdicke, nicht jedoch der Massenstrom, resultieren geringere Strömungsgeschwindigkeiten relativ zur Absorberwandbewegung und daraus verringerte Wärmeübergangskoeffizienten. Diese bewirken erhöhte Temperaturdifferenzen. Durch die höhere absorbierte Strahlungsdichte zeigen sich daher für die mittlere Neigung trotz höherer Wärmeübergangskoeffizienten an der Seitenwand höhere Temperaturdifferenzen (b, c). In Tabelle 6 erfolgt die Gegenüberstellung der Receivercharakteristika ausgewählter Ausführungen des IDARs und des Referenzkonzepts am DP. Den quantitativen Vergleich der Randdaten und der physikalischen Daten unterstützen die Aussagen dieses Teilabschnittes.

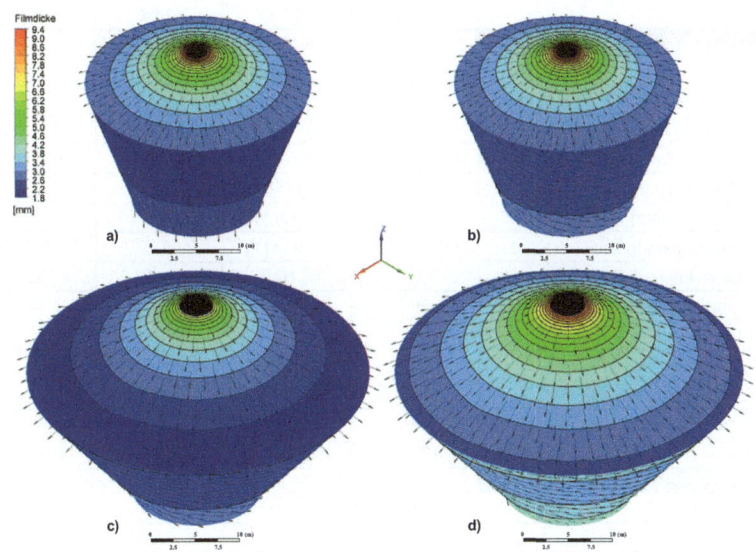

Abbildung 58 Filmdicke und Strömungsvektoren am DP für die mittlere Absorberwandneigung mit Solar-Salt ohne Rotation (a) bzw. $RV = 70\%$ (b), sowie für die starke Absorberwandneigung mit Solar-Salt (c) bzw. LiCl-KCl (d) bei $RV = 90\%$

Tabelle 6: Gegenüberstellung der Receivercharakteristika ausgewählter Ausführungen des IDAR-Leitkonzepts und des Referenzkonzepts mit erhöhten Temperaturen (DP)

Receivertyp	360°-LIT 570°C	360°-IDAR 570°C	360°-LIT 620°C	360°-IDAR 620°C
	Randdaten und Dimensionen			
Receivergeometrie (-)	Zylinder	Kegelstumpf	Zylinder	Kegelstumpf
min. Durchmesser (m)	11.28	14.8	11.28	14.8
max. Durchmesser (m)	11.28	25.6	11.28	39.4
Gesamthöhe (m)	14.66	19.5	14.66	24.3
Absorberfläche (m²)	519.5	1569	519.5	3004
Aperturfläche (m²)	519.5	172	519.5	172
seitliche Absorberwandneigung (°)	0	20	0	40
obere Absorberwandneigung (°)	-	20	-	30
WTM-Masse im Receiver (1000 kg)	10.2	9.6	10.2	20.7
WTM	NaNO₃-KNO₃	NaNO₃-KNO₃	NaNO₃-KNO₃	LiCl-KCl

Receivertyp	360°-LIT 570°C	360°-IDAR 570°C	360°-LIT 620°C	360°-IDAR 620°C
Physikalische Daten (Position*)				
Massenstrom (kg/s)	530	561	447	806
Winkelgeschwindigkeit (°/s)	-	56.6	-	40
min. Reynolds-Zahl (-)	37634	13341 (S1*)	31944	13534 (S1*)
max. Reynolds-Zahl (-)	101239	76726 (O1*)	95997	59985 (O1*)
min. Filmdicke (mm)	-	1.9 (S1*)	-	2.5 (S1*)
max. Filmdicke (mm)	-	9 (O1*)	-	13.3 (O1*)
min. Fließgeschwindigkeit (m/s)	3.6	1.39 (S1*)	3.1	1.19 (S1*)
max. Fließgeschwindigkeit (m/s)	3.9	3.7 (O1*)	3.4	4.1 (O1*)
Einlasstemperatur (°C)	290	290	290	385
Auslasstemperatur (°C)	570	570	620 **	620
max. Temperatur / WTM (°C)	570	589 (S5*)	620 **	629 (S5*)
max. Temperatur / Absorber (°C)	578 ***	606 (S4*)	626 ***	651 (S4*)
min. Wärmeübergangszahl (W/(m²K))	7996	3916 (S1*)	6951	2774 (S1*)
max. Wärmeübergangszahl (W/(m²K))	12811	8154 (O1*)	11774	7168 (O1*)
Wärmebilanz und Effektivwerte (Position*)				
Einstrahlung (MW_th)	260	250	260	250
Ø Flussdichte / Apertur (kW_th/m²)	500	1453	500	1453
max. Flussdichte / Apertur (kW_th/m²)	1200	8900	1200	8900
Ø Flussdichte / Absorber (kW_th/m²)	500	159	500	83
max. Flussdichte / Absorber (kW_th/m²)	1200	430 (S4*)	1200	194 (O3*)
Reflexionsverluste (MW_th)	26	3.4	26	1.8
eff. Reflektivität (%)	10	1.4	10	0.7
Strahlungsverluste (MW_th)	6.5	6.3	7.5	8.5
eff. Ausstrahltemperatur (°C)	418	625	443	696
Konvektionsverluste (MW_th)	5.5	1.8	5.8	3.7
parasitäre Verluste (MW_th)	1	0.4	0.6	1.4
Gesamtverluste (MW_th)	39	11.9	39.9	15.4
Nutzwärme (MW_th)	221	238.1	220.1	234.6
Wirkungsgrad (%)	85	95.2	84.7	93.8

* Definition der Positionen s. Abbildung 42 (S.- 99 -).
** bei angenommener Schutzgasatmosphäre (s. Anhang 8.11, S.- 159 -).
*** max. Rohrwandtemperatur in der Mitte, max. WTM-Temperatur am Auslass (s. Teilabschnitt 3.4.1, S.- 28 -).

5.4.2 Teillastverhalten

Im vorangegangenen Abschnitt erfolgte die Beschreibung des Betriebsverhaltens im Vergleich zum DP aus dem Gesichtspunkt der Einstrahlung und der resultierenden Temperaturfelder. Dieser Abschnitt konzentriert sich auf den Vergleich der Verlustmechanismen und der Receivergüte im Teillastzustand.

Die mit dem Solar-Salt und 570°C Auslasstemperatur erzielbaren Wirkungsgrade des IDARs und des Referenzkonzepts vergleicht Abbildung 59 in Abhängigkeit von der normierten Einstrahlung bei einer Umgebungstemperatur von 25°C. Gegenüber der Ergebnisse der Konzeptbewertung (s. Abbildung 15, S.- 44 -) zeigt der Rohrreceiver mit Solar-Salt keine signifikanten Veränderungen. Die geringfügige Abweichung geht aus der Änderung der Leistungsklasse, des Heliostatenfeldes und somit der Einstrahlungscharakteristik sowie der Änderung des Höhenverhältnisses (HV = 1 → 1.3) hervor. Des Weiteren wurde eine Anpassung auf praktikable, durch vier teilbare, Werte angepasst. Somit weist die angewandte Referenzkonzept 12 Module auf, wodurch eine gleichmäßige Verteilung der Modulanzahl auf vier Receiversegmente mit einer Überkreuzung nach drei Modulen erfolgen kann. Vergleicht man die ausgewählten IDAR-Konfigurationen des Leitkonzepts mit dem IDAR der Konzeptbewertung ist eine signifikante Verbesserung der Receivergüte zu erkennen. Gegenüber einer horizontalen oberen Absorberwand und einer vertikalen seitlichen Absorberwand erhöht sich der Receiverwirkungsgrad bei einer mittleren Absorberwandneigung um 4.9 Prozentpunkte (5.4 %) am DP und um 9.2 Prozentpunkte (12.6 %) im niedrigsten Teillastzustand (f = 0.2). Bei einer starken Wandneigung beträgt die Erhöhung des Receiverwirkungsgrades am DP 5.2 Prozentpunkte (5.7 %) bzw. 4.3 Prozentpunkte (5.9 %) im niedrigsten Teillastzustand. Für die Option der erhöhten Auslasstemperatur von 620°C gehen ähnliche Erkenntnisse hervor.

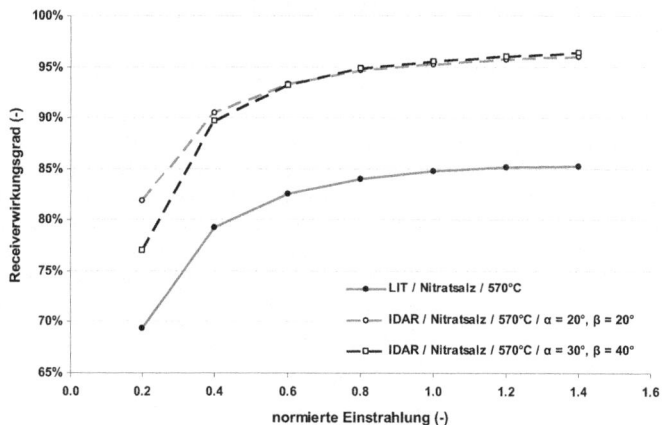

Abbildung 59   Vergleich der Receiverwirkungsgrade für 570°C Auslasstemperatur

Die Gegenüberstellung der Receiverwirkungsgrade für Rohrreceiver mit Solar-Salt unter einer Schutzatmosphäre aus Sauerstoff, sowie Zinn als WTM und dem IDAR mit LiCl-KCl erfolgt in Abbildung 60. Gegenüber dem IDAR ohne Wandneigung vergrößert sich der Receiverwirkungsgrad am DP bei einer mittleren Neigung um 5.2 Prozentpunkte (5.9 %) und um 4.1 Prozentpunkte (6 %) im niedrigsten Teillastzustand. Bei einer starken Absorberwandneigung beträgt die Erhöhung am DP 5.7 Prozentpunkte (6.4 %), während im niedrigsten Teillastzustand ein Absinken um 1.2 Prozentpunkte (1.8 %) resultiert. Die signifikante Erhöhung der Receiverwirkungsgrade gegenüber der Referenz aber auch gegenüber dem IDAR ohne Wandneigung aus der Konzeptbewertung ergibt sich vor allem aus den reduzierten Reflexionsverlusten.

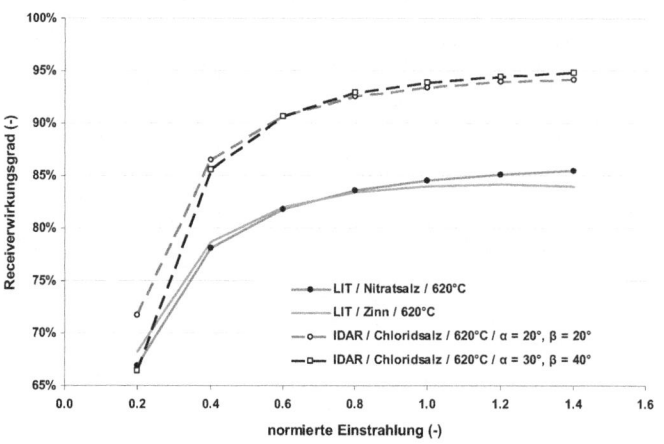

Abbildung 60   Vergleich der Receiverwirkungsgrade für 620°C Auslasstemperatur

Die Verlustverhältnisse zeigt Abbildung 61 für die Einstrahlung am DP, sowie Abbildung 62 für die Einstrahlung beim niedrigsten Teillastzustand. Wie bereits in der Konzeptbewertung aufgezeigt, besteht der wesentliche Unterschied zwischen dem außen liegenden Rohrreceiver und dem IDAR in den verminderten Reflexionsverlusten. Bei einer mittleren Absorberwandneigung sind die Reflexionsverluste um 8.6 Prozentpunkte (86.4 %), bei einer starken Absorberwandneigung 9.3 Prozentpunkte (92.7 %) geringer als die der Referenz. Während sich die Strahlungsverluste des IDARs und der Referenz in der gleichen Größenordnung bewegen, sind die Verluste aufgrund der freien Konvektion ebenfalls reduziert. Ein Resultat der angewandten Korrelation für die freie Konvektion, die nicht nur die Aperturfläche, sondern auch die Gesamtfläche der Absorberwände berücksichtigt, sind höhere Konvektionsverluste bei einer starken Absorberwandneigung verglichen mit der mittleren Absorberwandneigung. Dabei erhöhen sich die Verluste durch freie Konvektion von 0.7 % auf 1.3 % bei einer Auslasstemperatur von 570°C und von 0.81 % auf 1.45 % bei einer Auslasstemperatur von 620°C. Die verringerten Reflexionsverluste der starken Absorberwandneigung werden durch die erhöhten Konvektionsverluste nahezu ausgeglichen. Die parasitären Verluste sind dann am größten, wenn durch die

Rohrreceiver das Schwermetall Zinn gepumpt wird. Sind mit Solar-Salt in Rohrreceivern höhere Auslasstemperaturen angestrebt, vergrößert sich der Temperaturhub von 280 K auf 330 K.

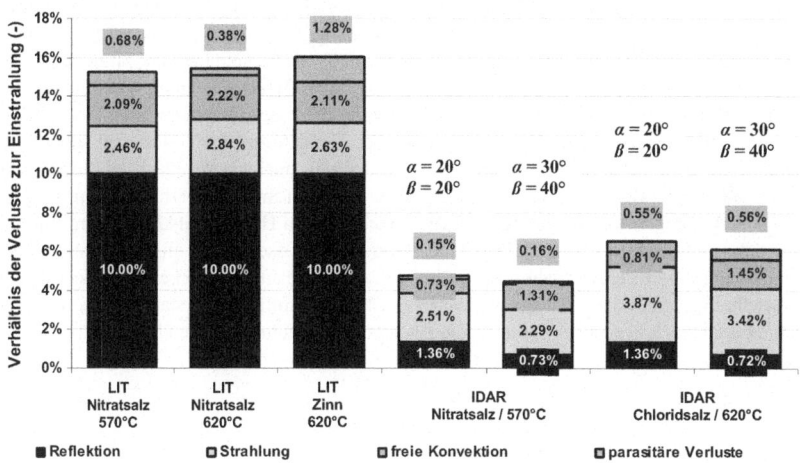

Abbildung 61   Vergleich der auf die Einstrahlung bezogenen Verlustanteile des Referenz- und des Leitkonzepts am DP für 570°C bzw. 620°C Auslasstemperatur

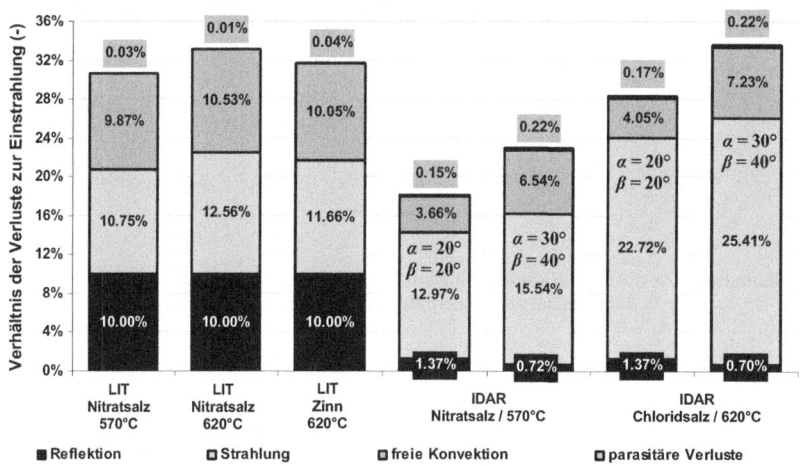

Abbildung 62   Vergleich der auf die Einstrahlung bezogenen Verlustanteile des Referenz- und des Leitkonzepts im Teillastzustand ($f = 0.2$) für 570°C bzw. 620°C Auslasstemperatur

Bei der gleichen Einstrahlung resultieren dann geringere Massenströme, weshalb die parasitären Verluste sinken. Bei IDAR geht die Erhöhung der Auslasstemperaturen mit erhöhten parasitären Verlusten einher. Während die sichere Erstarrungstemperatur der Hochtemperatursalzschmelze gegenüber der Referenzsalzschmelze um 95 K höher liegt, beträgt die Erhöhung der Auslasstemperatur 50 K. Durch den somit reduzierten Temperaturhub ergeben sich mit LiCl-KCl höhere Massenströme und die parasitären Verluste nehmen um 0.4 Prozentpunkte (367 %) zu. Der Anteil der parasitären Verluste an den Gesamtverlusten ist unter Berücksichtigung der Rotation zwischen 3.2 % und 8.3 %. Der Anteil der Strahlungsverluste an den Gesamtverlusten beträgt dagegen zwischen 52.8 % und 58.7 %. Betrachtet man die Verhältnisse der Verluste zur solaren Einstrahlung im niedrigsten Teillastzustand, wird die Ursache für das Absinken der Receiverwirkungsgrade in den Teillastzuständen deutlich. Während die Temperaturverhältnisse im Receiver und dadurch die thermischen Verluste nahezu unverändert am DP sind, sinkt die solare Einstrahlung und damit der Wirkungsgrad. Durch die verringerten Massenströme im Teillastzustand nehmen die parasitären Verluste nahezu vernachlässigbare Werte an. Das stärkere Absinken des Receiverwirkungsgrades mit niedriger werdender Einstrahlung im Falle der starken Absorberwandneigung ergibt sich gegenüber der mittleren Absorberwandneigung aus den höheren thermischen Strahlungsverlusten sowie der höheren Verluste durch freie Konvektion.

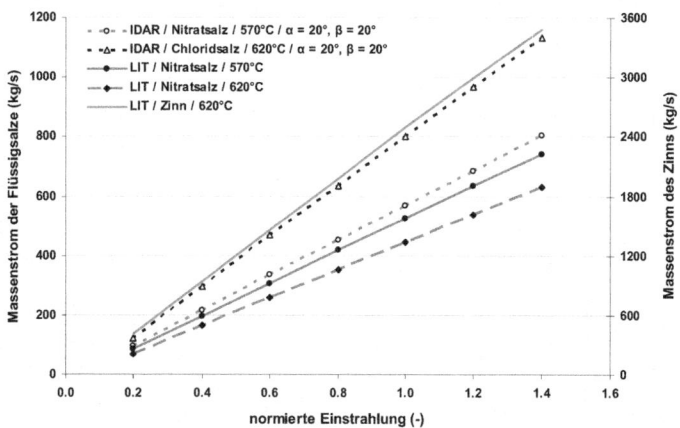

Abbildung 63   Erforderliche Massenströme zur Gewährleistung der geforderten Austrittstemperatur in Abhängigkeit von der normierten Einstrahlung und dem Receivertyp

Die erforderlichen Massenströme, um die angestrebten Temperaturhübe in jedem Teillastzustand zu erreichen, können für die aufgeführten Receiver und Temperaturvarianten aus Abbildung 63 abgelesen werden. Auffällig ist der signifikant höher liegende Massenstrom des Zinns (s. Sekundärachse) in Rohrreceivern, der aus dessen niedrigeren spezifischen Wärmekapazität hervorgeht. Der ebenfalls erhöhte Massenstrom der Hochtemperatursalzschmelze resultiert dagegen aus der höheren sicheren Erstarrungstemperatur und dem damit einhergehenden niedrigeren Temperaturhub.

5.4.3 Jahres-Ergebnisse

Im Zuge der Jahresanalyse wird mit den ermittelten Wirkungsgradkennfeldern analog zur Konzeptbewertung (s. Abschnitt 3.7, S.- 39 -) der Jahresertrag der Kraftwerke ermittelt. Die Jahreswirkungsgrade der Komponenten, sowie die daraus abgeleiteten kumulierten Wirkungsgrade der Komponentenkette sind in Abbildung 64 veranschaulicht. Die über das Jahr gemittelten Wirkungsgrade gehen im Gegensatz zur Heliostatenfeldauslegung nicht aus einem Clear-Sky-Datensatz, sondern aus einem bei Sevilla gemessenen Wetterdatensatz hervor. Mit dem gemessenen Wetterdatensatz ergibt sich für das LIT-System ein Jahreswirkungsgrad des Heliostatenfeldes von 57.8 % und für das IDAR-System 54.6 %. Mit einem IDAR lässt sich der Jahreswirkungsgrad des Receivers von 82 % auf 92.7 % steigern. Werden mit dem IDAR erhöhte Temperaturen angestrebt, beträgt der Jahreswirkungsgrad des Receivers 89.8 %. Der Jahreswirkungsgrad des thermischen Speichersystems beträgt für alle Konzeptvarianten 97.9 %. Da das WTM nicht zwangsläufig dem Speicher zugeführt wird, ist nicht der gesamte, aus dem Receiver transportierte Wärmestrom mit dem Wirkungsgrad des Speichers beaufschlagt, sondern nur der Anteil, welcher den Kraftwerksblock über den Speicher erreicht. Die kostenoptimalen Kapazitäten entsprechen dabei einem 15 h Speicher (6.85 GWh) für die Optionen mit 570°C Auslasstemperatur und 16 h (6.71 GWh) für den IDAR mit erhöhten Temperaturen. Wird der Wärmebedarf für den Volllastbetrieb des Kraftwerksblocks gedeckt und die Speicherkapazität ausgeschöpft, wird Wärme verworfen (Dumping). Der Jahreswirkungsgrad des Dumpings ist für das Referenzkonzept am höchsten und beträgt 94.8 %, während im Falle des Leitkonzepts 90.9 % bzw. 88.8 % resultieren. Den niedrigsten Wirkungsgrad in der Komponentenkette weist der Kraftwerksprozess auf. Aufgrund der Teillastzustände beträgt der Jahreswirkungsgrad des Referenzkraftwerkes 44.3 % und des überkritischen Dampfprozesses 48.4 %. Die parasitären Verluste der Gesamtanlage ergeben sich aus den Betriebsanforderungen des Heliostatenfeldes und des Kraftwerksblocks. Aufgrund der gleichen Anzahl an Heliostaten gehen die unterschiedlichen Jahreswirkungsgrade der parasitären Anlagenverluste aus dem unterschiedlichen Energieaufwand für die Kraftwerksprozesse hervor. Dabei ist der Energieaufwand für den überkritischen Kraftwerksprozess am höchsten, woraus der niedrigste Jahreswirkungsgrad von 89.2 % resultiert. Der Unterschied der parasitären Jahreswirkungsgrade zwischen dem Referenzkonzept (89.9 %) und dem Leitkonzept (90.2 %) mit jeweils subkritischem Kraftwerksprozess geht aus der Definition der Feldauslastung (R_{HF}, s Gl.(34)) hervor, welche die Auslegungsleistung der Receiver berücksichtigt. In Analogie zur ECOSTAR-Studie wird unter der Berücksichtigung von Wartungsarbeiten für die gesamte Anlage eine Verfügbarkeit von 96 % angesetzt.

Aus der Multiplikation der Jahreswirkungsgrade in der Komponentenkette ergibt sich der kumulierte Jahreswirkungsgrad nach jeder Komponente. Somit weist das Solarturmkraftwerk des Referenzkonzepts einen Gesamtwirkungsgrad von 16.8 % auf. Unter Anwendung des Leitkonzepts erhöht sich der Wirkungsgrad von der Sonne in das Stromnetz auf 17.3 % bzw. 17.7 %, womit eine Verbesserung des Jahreswirkungsgrades von über 5 % einhergeht. Diese Erkenntnis gibt auch Abbildung 65 wieder, in welcher die Potenziale zur Erhöhung der Jahreserträge für die ausgewählten Solarturmkonzepte gegenübergestellt sind. Es zeigt sich zudem, dass der Jahresertrag eines IDARs mit mittlerer Absorberwandneigung der starken Absorberwandneigung überlegen ist. Stellt ein IDAR mit mittlerer Absorberwandneigung den Strahlungsempfänger des Konzepts dar und der Kraftwerksblock der Anlage ist subkritisch, beträgt die Erhöhung des Jahresertrages gegenüber der Referenz bis zu 2.7 %.

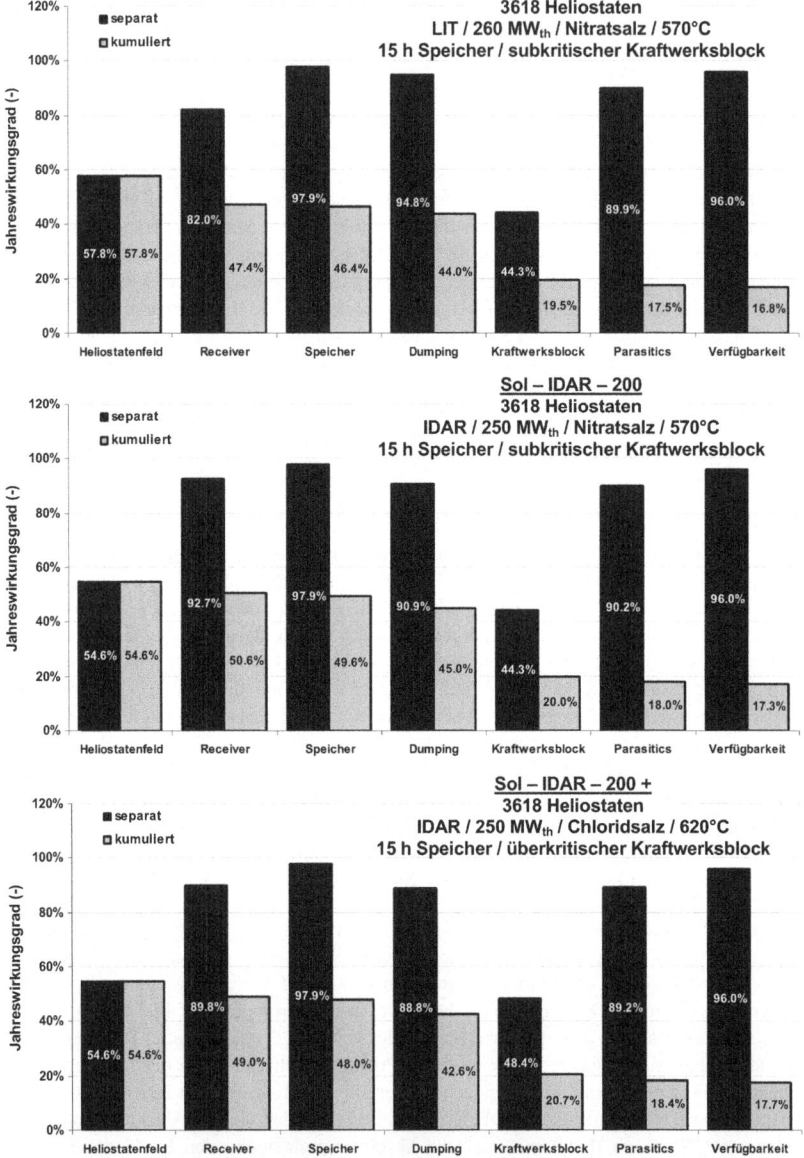

Abbildung 64 Vergleich der separaten und kumulierten Jahreswirkungsgrade auf Komponentenbasis für das Referenzsystem (Solar-200) und für das Leitkonzept (Sol-IDAR) mit 570°C und 620°C Austrittstemperatur und mittlerer Absorberwandneigung

Der Jahresertrag kann um bis zu 3.9 % gegenüber der Referenz gesteigert werden, wenn mit Rohrreceivern eine Erhöhung der Auslasstemperatur auf 620°C angestrebt ist und ein überkritischer Kraftwerksblock angetrieben wird. Es ist zu beachten, dass das Referenzkonzept zur Beurteilung des Leitkonzepts aufgrund dessen optimalen Speicherkapazität von 15 h Volllastbetrieb, einen um 28.9 % höheren Jahresertrag aufweist, als die Referenzanlage der Konzeptbewertung (s. Teilabschnitt 3.8.3, S.- 48 -) mit einer optimalen Speichekapazität von 8 h.

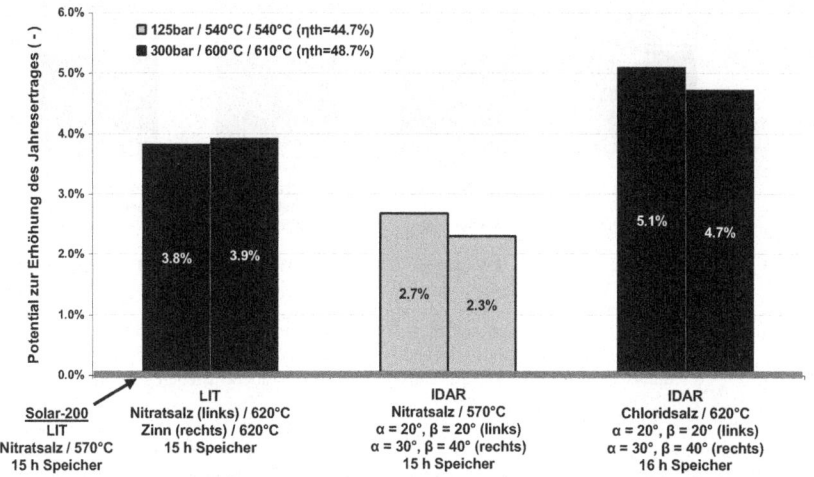

Abbildung 65   Vergleich der relativen, auf das Referenzkonzept bezogenen Differenz der Jahreserträge für Solartürme mit LIT und IDAR bei unterschiedlichem WTM und subkritischen, sowie überkritischen Dampfprozessen

5.5 Kostenrechnung

Die Kostenrechnung beruht auf einer aus der einschlägigen Literatur gesammelten Datenbasis, die zum Vergleich der komponentenbezogenen Investitionskosten der Konzeptvarianten führt. Nachfolgend werden die Kostenreduktionspotenziale der ausgewählten Anlagevarianten gegenübergestellt. Abschließend wird die ermittelte Kostenreduktion mit Sensitivitätsstudien bezüglich der Kostenannahmen relativiert.

Der Gesamtinvestitionsbedarf für die Referenzanlage beträgt rund eine Milliarde Euro. Mögliche Kostenersparnisse durch das Leitkonzept gegenüber dem Referenzkonzept veranschaulicht das Balkendiagramm in Abbildung 66. Diese bezieht den Investitionsbedarf der einzelnen Komponenten sowie den Gesamtinvestitionsbedarf der Anlagen auf die finanziellen Gesamterfordernisse des Referenzkonzepts. Die Heliostate des Leitkonzepts können aufgrund des höheren Turmes und der horizontalen Aperturfläche enger aufgestellt werden, woraus Kostenersparnisse bis zu 0.6 % resultieren können. Aufgrund der angestrebten relativen Vergleichbarkeit der Konzepte weisen die untersuchten Anlagen die gleiche Heliostatenanzahl auf, woraus ein Investitionsanteil von 37.9 % bezüglich der Referenz resultiert.

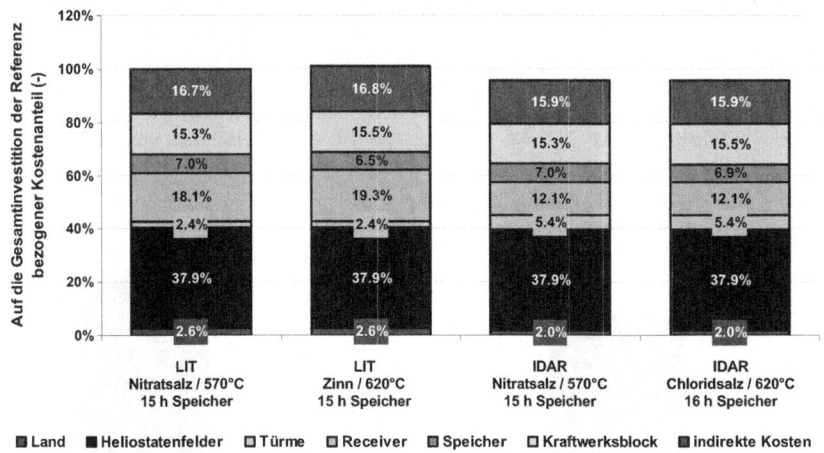

Abbildung 66   Vergleich der relativen, auf den Gesamtinvestitionsbedarf der Referenz bezogenen, Komponentenkosten mit LIT und IDAR bei einer mittleren Absorberwandneigung, unterschiedlichem WTM und subkritischen, sowie überkritischen Dampfprozessen

Der Investitionsanteil der höheren Türme des Leitkonzepts ist um 3 % höher als jener des Referenzkonzepts. Dagegen führen die Kostenannahmen der direkt absorbierenden Receiver im Vergleich zu Rohrreceivern zu einer Reduktion der Gesamtinvestition von 7.2 %. Die metallischen Rohre der LIT-Konzepte erfordern im Falle einer angestrebten Temperaturerhöhung einen Materialwechsel zu hochwertigeren Nickel-Basis-Legierungen, woraus eine Teilerhöhung der Gesamtinvestitionskosten um 1.2 % resultiert. Die Anwendung eines überkritischen Kraftwerksblocks mit einem höheren thermischen Wirkungsgrad vermag die Investitionskosten der Anlage aufgrund der geringeren erforderlichen Speicherkapazität für einen gleich langen Volllastbetrieb um 0.5 % zu senken. Die parasitären Verluste von überkritischen Kraftwerksblöcken sind dagegen höher und erfordern eine größere Bruttoleistung des Kraftwerksblocks, wodurch die Gesamtinvestitionskosten um 0.2 % steigen. Die indirekten Kosten umfassen entsprechend der Annahmen der ECOSTAR-Studie überschlägig 10 % der Komponentenkosten für die Konstruktion, 5 % der Komponentenkosten für Ingenieursdienstleistungen und weitere 5 % als Reserve. Insgesamt geht für das Referenzkonzept mit erhöhten Temperaturen ein um 0.9 % höherer und für das Leitkonzept ein um 4.4 % niedrigerer Investitionsbedarf hervor.

Unter Berücksichtigung der Zinsen für die Finanzierung und der Betriebs- und Wartungskosten, ergeben sich aus den ermittelten Jahreserträgen und Investitionskosten die Stromgestehungskosten. Der Vergleich des Leitkonzepts mit der Referenz erfolgt in Abbildung 67.

Ist der Betrieb eines überkritischen Kraftwerksblocks mit Rohrreceivern angestrebt, ist unter den getroffenen Kostenannahmen eine Senkung der Stromgestehungskosten um 2.9 % erzielbar. Die Anwendung eines IDARs mit mittlerer Absorberwandneigung erzielt unter den gleichen Voraussetzungen in Verbindung mit einem subkritischen Dampfprozess um 6.3 % niedrigere Stromgestehungskosten als das Referenzkraftwerk. Wird ein überkritischer Kraftwerksblock mit einem IDAR angetrieben, dessen WTM die eutektische Hochtemperatursalzschmelze LiCl-KCl verwendet, beträgt das Potenzial zur Reduktion der Stromgestehungskosten bis zu 8.4 %. Es sei darauf hingewiesen, dass die Stromgestehungskosten des Referenzkonzepts zur Beurteilung des Leitkonzepts, aufgrund der erhöhten Speicherkapazität und Kostendegressionseffekten, um 2 % niedriger liegen als die Referenz der Konzeptbewertung in Teilabschnitt 3.8.3 (S.- 48 -).

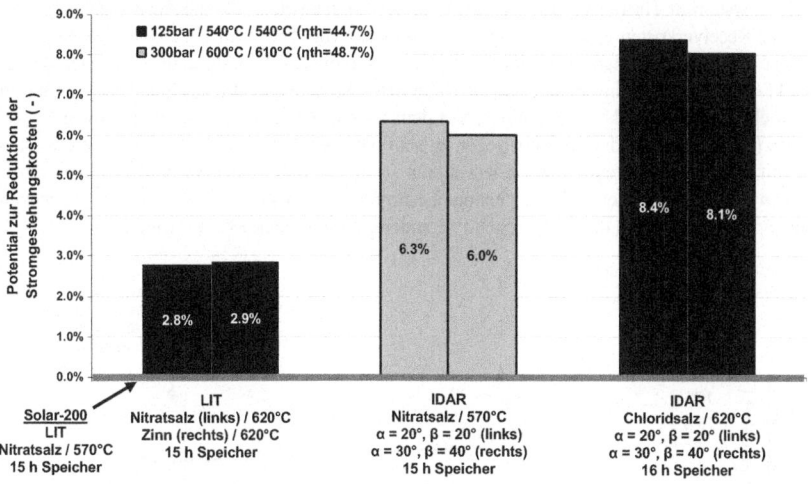

Abbildung 67 Vergleich der relativen Differenz zwischen den Stromgestehungskosten der Leitkonzeptvarianten und des Referenzkonzepts

Der Kostenanteil des Inventars an WTM in den Leitungen ist für die Salzschmelzen vergleichsweise gering und fließt daher nicht in die Basisabschätzung ein. Eine entsprechende Analyse kann jedoch unter Zuhilfenahme der in Abbildung 68 und Abbildung 69 gezeigten Sensitivitätsdiagramme ausgeführt werden. Diese ordnen die Veränderung der komponentenspezifischen Kostenannahmen dem resultierenden Potenzial zur Kostenreduktion zu.

An dem Beispiel des WTM-Inventars in den Leitungen vom Receiver zum zentralen thermischen Speichersystem wird im Folgenden demonstriert, wie die Ergebnisse der Sensitivitätsanalyse zu deuten sind. Unter Berücksichtigung der in Tabelle 4 (S.66) gegebenen Turmhöhen und Landflächen für die Heliostatenfelder, sowie der Stoffwerte und Kostendaten in den Anhängen 8.1 und 8.2, lässt sich der Kostenaufwand für das WTM-Inventar abschätzen. Unter der Annahme von zwei Leitungssträngen je Anlagenmodul mit 200 mm Leitungsdurchmesser vom Receiver bis zum zentralen Speichersystem, beträgt der zusätzliche Kostenaufwand 0.3 % für das Referenzkonzept, 14.8 % für das LIT-Konzept mit Zinn und 1.7 % für das Leitkonzept mit LiCl-KCl als WTM, wenn man die zusätzliche Aufwendung auf die Gesamtkosten der erforderlichen Receiversysteme bezieht. Konzeptintern (LIT, IDAR) können die Sensitivitätsgeraden als parallel verlaufend angenommen werden, während sie je nach Variation des WTMs bzw. der

Auslasstemperatur den entsprechenden Punkt enthalten, der sich bei 100 % relativen Komponentenkosten aus Abbildung 67 ergibt. Sind die Receiverkosten um 1.7 % höher als die Basisannahme, sinkt entsprechend der Kostensensitivität des Receivers in Abbildung 69 das Potenzial des Leitkonzepts mit LiCl-KCl als WTM von 8.4 % auf 8.2 % herab. Für das LIT-Konzept mit Zinn ist aufgrund der hohen Zinnkosten kein Potenzial mehr zu erkennen, wenn das Zinninventar (14.8 %) in der Kostenrechnung berücksichtigt wird. Befindet sich Zinn nur in den Leitungen des Turms und interagiert mit einem dezentralen, jedem Modul zugeordneten Speichersystem in Turmnähe, beträgt der zusätzliche finanzielle Aufwand für das Zinninventar 3 % der Receiverkosten und die Kostenreduktion sinkt von 2.9 % auf 2.4 %. Mit der Steigung der Geraden für die Kostensensitivität des Speichersystems aus Abbildung 68 ergibt sich daraus für LIT-Systeme, dass ein Speichersystem mit einer Schutzatmosphäre aus Sauerstoff um bis zu 6 % mehr kosten darf als angenommen, um dem System mit Zinn und dezentralem Speichersystem (2.4 % Kostenreduktion) überlegen zu sein. Dies gilt jedoch nur dann, wenn die Kosten des mit Zinn interagierenden Speichersystems nicht ebenfalls als kostenaufwändiger anzunehmen sind. Sofern Kostendaten genauer bestimmt werden können, ist mit den gegebenen Sensitivitätsdiagrammen die entsprechend veränderte Kostenreduktion bestimmbar.

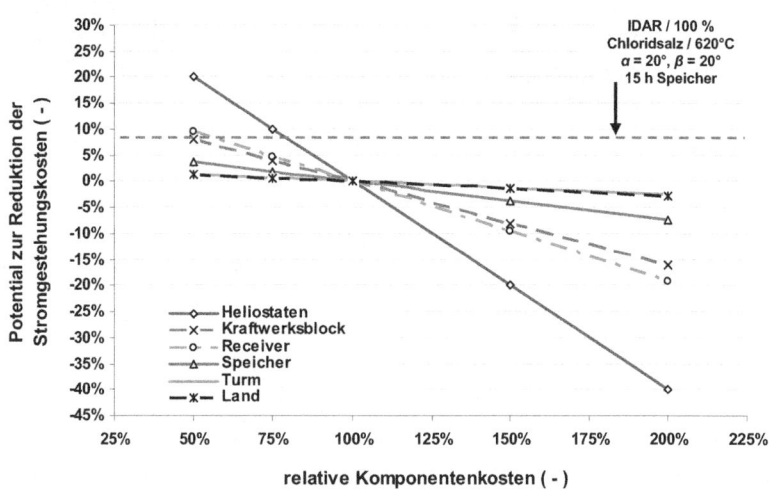

Abbildung 68   Sensitivitätsanalyse des LIT-Konzepts mit Solar-Salt und 570°C Auslasstemperatur

Aus Abbildung 69 sind bezüglich der Kostenannahmen die Kostenintervalle ablesbar, in welchen das Leitkonzept sein höheres Potenzial bewahren kann. Demnach sinkt das Potenzial des Leitkonzepts (8.4 %) auf das Potenzial der LIT-Systems mit erhöhten Temperaturen herab (2.9 %), wenn die Turmkosten den zweifachen Wert der Basisannahme aufweisen. Die Kosten des IDARs selbst können bis zu 50 % zunehmen, um das überlegene Potenzial zum LIT-System mit erhöhten Temperaturen beizubehalten. Eine höhere Kostenreduktion des Leitkonzepts mit überkritischem Kraftwerksblock bleibt gegenüber dem Referenzkonzept mit subkritischem Kraftwerksblock bestehen, sofern die tatsächlichen Kosten der überkritischen Kraftwerksanlage nicht höher liegen, als 55 % der Basisannahme. Bezüglich der Kostenannahmen des Heliostatenfeldes und der Landfläche wirken sich veränderte Kosten gleichermaßen auf beide betrachteten Konzepte aus, weshalb das ermittelte relative Potenzial zur Reduktion der Stromgestehungskosten erhalten bleibt.

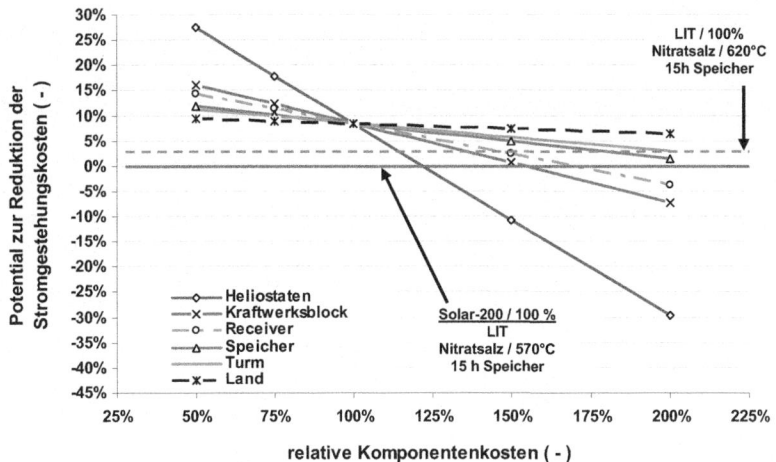

Abbildung 69   Sensitivitätsanalyse des IDAR-Konzepts mit LiCl-KCl und 620°C Auslasstemperatur

6 Ausblick

Die nächsten Schritte zur Verwirklichung des Leitkonzepts bestehen in der experimentellen Validierung der Ergebnisse und in der Lösung jener Fragestellungen, die diese Arbeit neu aufwirft.

Sofern Mehrturmsysteme eine Option darstellen, um die Turmhöhe für IDAR aber auch alternative Receiversysteme zu senken, besteht die Frage nach der kostenoptimalen thermischen Leistungsklasse eines Moduls und nach der kostenoptimalen elektrischen Leistungsklasse der gesamten Kraftwerksanlage. Bei der Auslegung des Mehrturmsystems besteht damit einhergehend die weiterführende Frage, wie das Speichersystem aus mehreren Tanks oder Feststoffspeicherblöcken im Mehrturmsystem zu verteilen ist, um das Wärmetransportsystem und das Zusammenwirken mit einem oder mehreren Kraftwerksblöcken möglichst effizient zu gestalten. Zudem ist die Betriebslogik mit innovativen Ansätzen des Speichersystems zu untersuchen und hinsichtlich der Jahreserträge zu optimieren. Weitere Anregungen zum Themenkomplex des thermischen Speichersystems gibt Anhang 8.11. Die offene Thematik erforderlicher Wärmeübertrager zwischen den unterschiedlichen WTM und Speichermedien, die für erhöhte Temperaturen zu Kostenvorteilen führen können, sowie die Möglichkeiten der Direktwärmeübertragung, wird in Anhang 8.10 diskutiert.

Unabhängig davon, ob die Türme des IDARs aufgrund einer größeren thermischen Leistungsklasse höher sind oder aufgrund mehrerer kleiner Module niedriger ausgeführt werden, ist der Windeinfluss für alle denkbaren Turmhöhen für Solarturmkonzepte von großem Interesse. Entsprechende experimentelle und numerische Untersuchungen, sowie Windmessungen können zu einer verlässlichen Datenbasis führen, mit welcher die Verluste, insbesondere die der freien Konvektion, für große Receiverstrukturen genauer vorhergesagt werden können. Weitere Aspekte, wie bspw. die Turmkosten, die Schwankung der Türme sind in Anhang 8.6 diskutiert. Einige Möglichkeiten zur Lagerung des gesamten Receivers sowie zur Lagerung, Anordnung und der konstruktiven Ausgestaltung der Absorberstruktur umreißt Anhang 8.7. Auf die Verschmutzung des WTMs geht Anhang 8.8 ein.

Der Flüssigfilm stellt im Receiver des Leitkonzepts ein komplexes System dar, während die numerische Modellierung der Wellenbildung im Maßstab 1:1 des IDARs einen hohen Rechenaufwand erfordert. Bezüglich der Wellenbildung ist jedoch weniger das Strömungsverhalten des Flüssigfilms ein kritischer Aspekt, als dessen Optik, die zu mehreren noch zu beantwortenden Fragestellungen führt. Einerseits ist das Reflexionsverhalten an der welligen freien Oberfläche verändert gegenüber einer glatten Oberfläche, andererseits sind derzeit die von der Wellenlänge und den hohen Temperaturen abhängigen optischen Eigenschaften der Salzschmelzen noch unbekannt. Die im Zusammenhang mit dieser Arbeit ausgeführten experimentellen Untersuchungen bezüglich der Reflektivität der Flüssigfilmoberfläche und des Extinktionskoeffizienten von Flüssigsalzen bei hohen Temperaturen sind in Anhang 8.5 zusammengefasst und bieten Ansätze für weiterführende Arbeiten.

Mit Flüssigsalzen oder Flüssigmetallen gekühlte Absorberstrukturen erfordern ebenso wie die Speichertanks korrosionsbeständige Materialpaarungen. Zahlreiche experimentelle Untersuchungen in der Vergangenheit bieten nutzbare Anhaltspunkte bei der Auswahl solcher Materialpaarungen. Eine kurze Zusammenfassung der relevanten Literaturquellen erfolgt in Anhang 8.9.

Das IDAR-Konzept kann neben der Kühlung mit Flüssigfilmen weitere Kühlungskonzepte unterstützen. Zu diesen gehört bspw. die bekannte Option der offenen volumetrischen Luftkühlung. Aufgrund der stagnierenden Luft im IDAR kann ein offenes volumetrisches Receiverkonzept von den Gegebenheiten im IDAR profitieren. Ein offener volumetrischer Betrieb kann ebenso mit Flüssigsalzen möglich sein, wenn bspw. mit der erhöhten Rotationsgeschwindigkeit der Seitenwand der Flüssigfilm nach oben bewegt und die Salzschmelze durch die poröse Absorberstruktur gesaugt wird. In diesem Zusammenhang kann die Untersuchung des in Anhang 8.4 beschriebenen passiven Regelungseffekts der Massenstromdichte in porösen Absorbern zu weiteren verwertbaren Erkenntnissen führen.

7 Zusammenfassung

Die solarthermische Kraftwerkstechnologie stellt eine wirtschaftliche Option dar, um die Stromversorgung auf regenerativem Wege sicherzustellen, woraus die derzeitige Markteinführung von Solarturmanlagen mit subkritischen Dampfprozessparametern hervorgeht. Für zukünftige Solarturmkraftwerke stehen die Ertragssteigerung und die Senkung der Stromgestehungskosten im Vordergrund, die zur Minderung von Risiken und zum Aufzeigen von Chancen bei der Markteinführung verbesserter Konzepte beitragen. Der hier ausgeführte Ansatz zur Senkung der Stromgestehungskosten für Solarturmkraftwerke mit Dampfprozessen leitet sich aus gegebenen Innovationen in der fossilen Kraftwerkstechnik ab. Diese betreffen überkritische Dampfprozesse, mit welchen sich durch erhöhte Dampfparameter signifikant höhere thermische Wirkungsgrade des Clausius-Rankine-Prozesses realisieren lassen. Wie die Potenziale zur Ertragserhöhung und Kostenreduktion von solarthermischen Turmkraftwerken bei der Nutzung überkritischer Dampfkraftwerksblöcke ausgeprägt sind, ist Gegenstand dieser Arbeit.

Der Ausgangspunkt für die vorliegende Arbeit war daher die Frage nach zukunftsträchtigen Receiverkonzepten, welche in der Lage sind moderne mittelfristig kommerziell verfügbare überkritische Kraftwerksblöcke mit Hochtemperaturwärme zu versorgen. In diesem Zusammenhang wurden Turmreceiver bzw. Turmreflektorkonzepte mit indirekter oder direkter Absorption, jeweils mit unterschiedlichen Wärmeträgermedien in Hinblick auf ihre Eignung zur Temperaturerhöhung, Ertragssteigerung und Kostenreduktion untersucht. Die Konzeptbewertung erfolgt in mehreren Bewertungsstufen bei unterschiedlichen Leistungsklassen (50 MW$_{th}$ / 200 MW$_{th}$). Die zum relativen Vergleich dienenden Referenzkonzepte mit thermischem Speichersystem entsprechen auf die jeweilige Leistungsklasse skalierten Anlagevarianten eines Basiskonzepts. Das Basiskonzept entspricht dem Stand der Technik und somit der kommerziellen Gemasolar-Anlage. Das Referenzkonzept der vorliegenden Arbeit weist Rohrreceiver mit einer gängigen Alkalinitratsalzschmelze als Wärmeträgermedium auf. Innovative Receiverkonzepte stellen der Tank-Receiver für Turmreflektorsysteme mit poröser Absorberstruktur und volumetrischer Absorption, sowie ein neuartiger Direktabsorptionsreceiver für Turmreceiversysteme dar. Die Besonderheit des Direktabsorptionsreceivers besteht im Wesentlichen in einer direkt bestrahlten Absorberstruktur, die sich auf der Innenseite eines nach unten geöffneten, zylindrischen Cavity-Receivers befindet (IDAR) und mittels eines ebenfalls bestrahlten semitransparenten Flüssigsalzfilms gekühlt wird. Im Zuge der Konzepterweiterung mit erhöhten Receivertemperaturen umfassen die optionalen Wärmeträgermedien ausgewählte Flüssigmetalle und Alkalichloridsalze.

Unter Anwendung bestehender Programme, wie HFLCAL für die Heliostatenfeldauslegung, SPRAY für die Strahlverfolgung, FEMRAY für die Adaption der Strahlungsdaten auf die Receiverrechennetze, Cycle-Tempo für die Auslegung der Kraftwerksblöcke und neu erstellter Modelle für die innovativen Receiverkonzepte, erfolgt die Jahresrechnung für die Konzeptauswahl auf Stundenbasis mit ermittelten Wirkungsgradkennfeldern der wichtigsten fünf Kraftwerkskomponenten. Diese umfassen das Heliostatenfeld, die Turmkonstruktion, den Receiver, das thermische Speichersystem und den Kraftwerksblock. Die mit den Receivermodellen untersuchten Verlustmechanismen, wie Reflexion, thermische Ausstrahlung, freie Konvektion und parasitäre Verluste, sowie die mit der ECOSTAR-Methodik ausgeführten Jahresanalysen bilden die Grundlage für die Konzeptauswahl für die nähere Receiveruntersuchung.

Turmreflektorsysteme weisen, trotz hoher thermischer Receiverwirkungsgrade bis zu 92 %, die geringste Ertragserhöhung und Kostenreduktion gegenüber der Referenz auf. Die erhöhten Receiverwirkungsgrade gegenüber der Referenz gehen aus der Anwendung einer porösen Absorberstruktur im Hohlraum hervor. Die Begründung, warum das Konzept vom erhöhten Receiverwirkungsgrad nicht profitieren kann, liegt überwiegend in den erhöhten Verlusten durch die Mehrfachreflexion der Konzentratorkomponenten und in den hohen Turmreflektorkosten. Aus der Konzeptbewertung mit erhöhten Receivertemperaturen ergeben sich für das IDAR-Konzept höhere Potenziale zur Reduktion der Stromgestehungskosten als für Rohrreceiver. Das ausgeprägte Potenzial des IDARs resultiert trotz erhöhter Türme im Wesentlichen aus den signifikant verringerten Reflexionsverlusten. Die Auswahl für die näheren Untersuchungen fiel daher auf das IDAR-Konzept.

Der Kern der vorliegenden Arbeit verfolgt das Ziel, den Receiverwirkungsgrad weiter zu erhöhen bzw. die Stromgestehungskosten weiter zu senken sowie das Konzept bezüglich dessen Machbarkeit auf ein solides wissenschaftliches Fundament zu stellen. Dabei steht die Optimierung des IDARs, dessen Betriebsstrategie sowie die grundlegenden Probleme des Konzepts, im Vordergrund. Ansätze für weitere Arbeiten werden diskutiert, um die Technologie des ausgearbeiteten Leitkonzepts zu verwirklichen.

Das in dieser Arbeit entwickelte IDAR-Modell erlaubt die Abbildung des Receiververhaltens in Originalgröße unter Berücksichtigung der Flüssigfilmoptik und der Flüssigfilmkühlung bei geneigten grauen Absorberwänden. Um bei der Einstrahlung in den Receiver die Reflexion und die Transmission an und durch den Flüssigfilm unter Anwendung der Fresnel'schen Formeln zu berücksichtigen, wurde das Rechenmodell mit dem Strahlungsverfolgungsprogramm SPRAY und mit dem Rechennetzadapter FEMRAY sowie einem Rechennetzgenerator gekoppelt. Die Abbildung der Flüssigfilmkühlung wird durch ein entkoppeltes CFD-Modell in Interaktion mit einem parametrisierten CAD-Modell und dem Rechennetzgenerator bewerkstelligt. Die Flüssigfilmströmung wird dabei mit einem dünnen Kanal approximiert, dessen Kanalbreite an ausgewählten Stützstellen der korrelierten Flüssigfilmdicke entspricht. Die Anpassung der Kanalbreite an die Flüssigfilmdicke erfolgt durch das parametrisierte CAD-Modell iterationsweise, nachdem die angepasste Geometrie vom Rechennetzgenerator neu vernetzt wird. Die Wärmeübergangskoeffizienten zwischen der Absorberwand und dem Flüssigfilm werden mit benutzerdefinierten Wandfunktionen in die Berechnungen eingebracht. Die eingebrachten Filmdickenkorrelationen und Korrelationen für den Wärmeübergangskoeffizienten der erzwungenen Konvektion entstammen aus experimentell ermittelten Datensätzen. Das entkoppelte Rechenmodell zwischen Strömungs- und Temperaturfeldberechnung ermöglicht die Abbildung der Flüssigfilmströmung unter Vernachlässigung der rechenintensiven Luftströmung. Die thermischen Verluste durch freie Konvektion und Massenstromverluste durch Diffusion wurden mit empirischen Korrelationen unter konservativen Annahmen ermittelt. Das Rechenmodell wurde mit Plausibilitätsstudien überprüft sowie das Rechennetz mit einer Gitterverfeinerungsstudie auf eine Qualität von unter 1 % Fehler der Zielgrößen gebracht.

Die untersuchten kritischen Aspekte des IDARs umfassen die Überhitzung des Wärmeträgermediums, die Stabilität eines vollständig benetzenden Flüssigfilms, sowie die Neigung des Wärmeträgermediums zum Austrag durch Tropfen oder Diffusion. Die Beurteilung der kritischen Aspekte wurde in das CFD-Modell implementiert, damit die Auswertung an jeder Stelle im Receiver erfolgen kann. Um auf die kritischen Gegebenheiten im Receiver einwirken zu können, wurde als zusätzliche Betriebsstrategie zur Massenstromregelung die Rotation der seitlichen Absorberwand implementiert und dessen Auswirkung auf den Flüssigfilm bzw. auf das Betriebsverhalten des Receivers untersucht. Um einen sicheren Betrieb des IDARs zu gewährleisten, wurden durch Literaturquellen gestützte konservative Receiverkriterien für die maximale Temperatur des Wärmeträgermediums sowie für die minimale Filmdicke eines vollständig benetzenden Flüssigfilms und für die Weberzahl ohne Tropfenaustrag eingeführt. Die minimale Filmdicke und das Weberzahlkriterium wurden in kritische Reynolds-Zahlen umformuliert, die ein unkritisches Reynolds-Zahlen-Intervall des Flüssigfilms im IDAR aufspannen. Alle Kriterien wurden auf die Flüssigfilmkühlung mit Rotation übertragen und implementiert.

Im Zuge der Heliostatenfeldauslegung des Leitkonzepts wurde die Leistungsklasse der Solarturmmodule im Mehrturmsystem dahingehend angepasst, dass die Turmhöhen für den IDAR sich im machbaren Bereich befinden. Die Leistungsklasse des Referenzsystems wurde daraufhin so verändert, dass die Heliostatenanzahl des Referenzsystems und des Leitkonzepts übereinstimmen. Nachfolgend wurde die Receivergeometrie des Referenzsystems optimiert. Dies führt zu einer relativen Vergleichbarkeit des optimierten Leitkonzepts mit dem Referenzkonzept. Mit dem entstandenen Modellkomplex wurden nachfolgend die freien geometrischen Parameter des IDARs hinsichtlich der dominanten Verlustmechanismen untersucht. Die höchsten Verluste aufgrund der Reflexion und der thermischen Ausstrahlung resultieren, wenn die Neigung der Absorberwände gering ist. Die Reflexionsverluste nehmen mit zunehmender Neigung der seitlichen Absorberwand sukzessive ab, während die Neigung der oberen Absorberwand nur einen geringfügigen Einfluss auf die optische Güte des IDARs hat. Die thermischen Strahlungsverluste des IDARs sind von dessen optischen Güte und von der Güte der Flüssigfilmkühlung abhängig, wobei letztere mit zunehmender Neigung abnimmt. Des Weiteren zeigt sich, dass der Anteil der absorbierten Einstrahlung an der oberen Seitenwand mit größer werdender Neigung der seitlichen Absorberwand zunimmt. Mit zunehmendem Verhältnis der Receiverhöhe zum Aperturdurchmesser geht eine leichte Abnahme der dominanten Verluste einher, während die benötigte Absorberfläche überproportional zunimmt. Es konnte festgestellt werden, dass ein IDAR mit starker Absorberwandneigung und großem Höhenverhältnis die geringsten Reflexions- und thermischen Strahlungsverluste aufweist, jedoch dessen Absorberfläche gegenüber einem IDAR mit mittlerer Absorberwandneigung um ein Vielfaches zunimmt.

Die Analyse der Betriebskriterien erfolgte daraufhin mit und ohne Rotation der seitlichen Absorberwand bei einer mittleren und bei einer starken Absorberwandneigung und gleicher Receiverhöhe und Aperturdurchmesser. Wird die Seitenwand des IDARs nicht in Rotation versetzt, können die Temperaturgrenzen der Referenzsalzschmelze nur unter Anwendung einer lokalen Massenstromregelung eingehalten werden. Unter Anwendung der Hochtemperatursalzschmelze werden die Temperaturgrenzen auch bei einer homogenen Massenstromregelung nicht überschritten. Es konnte gezeigt werden, dass und in welchem Ausmaß die Rotation der seitlichen Absorberwand eine homogenisierende Wirkung auf die Temperaturverteilung des Wärmeträgermediums hat. Im Falle der mittleren Absorberwandneigung ist eine Rotation der seitlichen Absorberwand erforderlich, um die maximale Temperatur des Wärmeträgermediums in allen Lastzuständen unter dem gesetzten sicheren Limit zu halten. Bezüglich eines vollständig benetzenden Films konnte für beide Neigungsstärken und alle Lastzustände ein unkritisches Verhalten, auch ohne Rotation, festgestellt werden. Es konnte gezeigt werden, dass sich die Rotation sowohl auf die vollständige Benetzung, als auch auf den Tropfenaustrag positiv auswirkt. Bei einer Rotation von 70 % der kritischen Winkelgeschwindigkeit werden bei der mittleren Absorberwandneigung für beide Salzschmelzen und Auslasstemperaturen alle gesetzten konservativen Betriebskriterien erfüllt. Für die starke Absorberwandneigung ist hierfür 90 % der kritischen Winkelgeschwindigkeit erforderlich. Der Massenverlust durch Diffusion ist aufgrund der niedrigen Dampfdrücke der Flüssigsalze weit unterhalb des kritischen Bereichs. Es konnte bezüglich der untersuchten grundlegenden Probleme die sichere Betriebsweise des IDARs unter Anwendung der Rotation aufgezeigt werden. Demnach wurden die Ansätze zur Betriebsführung des IDARs, die den An- und Abfahrvorgang und Wolkendurchgänge beschreiben, um die Rotation erweitert.

Mit der Analyse des Betriebsverhaltens wurde die Wirkungsgradsteigerung des IDARs gegenüber der Referenz quantifiziert. Sowohl gegenüber dem Referenzkonzept, als auch gegenüber dem IDAR mit nicht geneigten Absorberwänden, kann eine signifikante Steigerung des Receiverwirkungsgrades bei geneigten Absorberwänden festgestellt werden. Mit den ermittelten Wirkungsgradkennfeldern wurden erneute Jahresrechnungen ausgeführt, um die Potenziale zur Ertragssteigerung und zur Reduktion der Stromgestehungskosten abzuschätzen. Das thermische Speichersystem der Konzepte wurde unter der Annahme einer mit den jeweiligen Anlagevarianten kompatiblen virtuellen Speichertechnologie berücksichtigt. Der Jahresertrag eines IDAR mit mittlerer Absorberwandneigung ist höher als mit einer starken Absorberwandneigung. Zwischen der solaren Einstrahlung auf das Heliostatenfeld und dem Stromnetz beträgt der Jahreswirkungsgrad des Referenzkraftwerkes mit 15 h optimaler Speicherkapazität 16.8 %. Das Leitkonzept mit subkritischem Kraftwerksblock weist ebenfalls eine optimale Speicherkapazität von 15 h auf, dessen Jahreswirkungsgrad 17.3 % beträgt. Das Leitkonzept mit überkritischem Kraftwerksblock und 16 h optimaler Speicherkapazität erreicht dagegen 17.7 %, womit eine Verbesserung des Jahreswirkungsgrades von über 5 % einhergeht.

Für die abschließend ausgeführte Kostenrechnung wurden alle Kostenannahmen einschlägigen Literaturquellen entnommen, während die Kostendegression unter Anwendung konservativer Skalierungsfaktoren berücksichtigt wurde. Die getroffenen Kostenannahmen wurden mit Sensitivitätsanalysen relativiert, die es ermöglichen die Reduktionspotenziale bei geänderten Kostendatensätzen anzupassen. Mit Rohrreceivern und einem überkritischen Kraftwerksblocks ist unter den getroffenen Kostenannahmen eine Senkung der Stromgestehungskosten um 2.9 % gegenüber der Referenz erzielbar. Das Leitkonzept mit einem subkritischen Dampfprozess vermag die Stromgestehungskosten um 6.3 % zu senken. Wird ein überkritischer Kraftwerksblock mit einem IDAR angetrieben, beträgt das Potenzial zur Reduktion der Stromgestehungskosten bis zu 8.4 %.

8 ANHANG

8.1 Modellannahmen

Tabelle 7: Übergeordnete Modellannahmen

Bezeichnung	Spezifikation
1. Standort (nahe Sevilla, Spanien)	
geographische Länge	05° 9' W
geographische Breite	37° 2' N
Höhe ü. M.	20 m
Auslegungszeitpunkt (DP)	21.März (Äquinoktium), 12:00 h, UTC +2
2. Leistungsklasse - Konzeptbewertung (Receivereinstrahlung (DP) / Kraftwerksblock)	
Solar-Tres (Basiskonzept)	136 MW$_{th}$ / 17 MW$_{el}$ (SUB*) [11, 35]
Solar-50 (Referenzkonzept)	335 MW$_{th}$[1] / 50 MW$_{el}$ (SUB**, USC)
Solar-200 (Mehrturm-Referenzkonzept)	4 x 335 MW$_{th}$ / 200 MW$_{el}$ (SUB**, SC)
Dampfprozessparameter – SUB*	unbekannt, η_{th} = 38 % aus [11]
Dampfprozessparameter – SUB**	125 bar / 540°C / 540°C [127]
Dampfprozessparameter – SC	300 bar / 600°C / 610°C [127]
Dampfprozessparameter – USC	350 bar / 700°C / 720°C [15, 128]
3. Leistungsklasse - Leitkonzept (Einstrahlung auf Receiver (DP) / Kraftwerksblock)	
Solar-200 (Mehrturm-Referenzkonzept)	4 x 261 MW$_{th}$[2] / 200 MW$_{el}$ (SUB**, SC)
Sol-IDAR (Leitkonzept)	4 x 250 MW$_{th}$[3] / 200 MW$_{el}$ (SUB**, SC)
4. Konzentration der Solarstrahlung	
Heliostatentyp	Sanlúcar 120 [25]
Spiegelfläche	121.3 m^2
Reflektivität, Spiegelfehler	87 %, 3.3 mrad
Reflektivität (Turmreflektor und CPC)	95 %
HFLCAL - Feldtyp	Rundumfeld, Slip-Plane-Aufstellung
HFLCAL - Optimierungsparameter (LIT)	a_r, b_r, u_{start}, H_T, z_{hor}, z_{vert}, H_R/D_R[4]
HFLCAL - Optimierungsparameter (IDAR)	a_r, b_r, u_{start}, H_T, F_{AP}
HFLCAL - Optimierungsparameter (BDS)	a_r, b_r, u_{start}, H_T, r_{TR}, e_{TR},

[1] $\dot{Q}_{R,in} = SV \cdot P_{el} \cdot \eta_{PB}^{-1}$, $SV = 3$, $\eta_{CR} = 44.7\%$

[2] aus der Forderung nach einer gleicher Heliostatenanzahl entsprechend des Leitkonzepts

[3] aus der Forderung nach einer reduzierten Turmhöhe < 300 m

[4] Optimierung erfolgte bei der Leitkonzeptbewertung; Bei der Konzeptbewertung H_R/D_R = 1

Bezeichnung	Spezifikation

5. Rohrreceiver (LIT)[5]

Rohrmaterial (SUB / SC, USC)	Incoloy® 800H / Inconel® 617
selektive Beschichtung	Pyromark® (45 μm)
Absorptivität, Emissivität	90 %, 83 %
mittlere Flussdichte, maximale Flussdichte	500 kW/m², 1200 kW/m²
Flussdichteverteilung	aus HFLCAL, über Modulfläche gemittelt
Rohr-Außendurchmesser, -Wandstärke	20 mm, 1 mm
Rohr-Abstand	3.3 mm
absolute Rauheit (Rohrinnenseite)	0.02 mm

6. Flüssigfilmreceiver (IDAR)[5]

Absorberwände (Material / Stärke)	SiC / 10 mm
Strukturwand[6] (Material / Stärke)	Inconel® 617 / 5 mm
Isolationsschicht[6] (Material / Stärke)	Microtherm® / 20 mm
Aussenschicht[6] (Material / Stärke)	rostfreier Edelstahl / 1 mm
Absorptivität, Emissivität	90 %, 90 %
Flussdichteverteilung	aus SPRAY, ortsaufgelöst
mittlere Flussdichte[7]	500 kW/m²
Rauheit der Absorberwände	ideal glatt

7. Tankreceiver und CPC (BDS)[5]

poröse Absorberstruktur (Material / Tiefe)	SiC-Schaum (20 Pores pro Inch) / 50mm
volumenbezogene Porosität	80 %
innere Oberfläche	1118 m²/m³
Absorptionsmaß	375 m⁻¹
Viskositätskoeffizient / Inertialkoeffizient	16.7 10⁶ m⁻² / 508 m⁻¹
Höhe (CPC[8] / Receiver[9])	40 m / 10 m
Aperturdurchmesser (CPC[10] / Receiver[8])	45 m / 22 m
Receiverdurchmesser[9]	30 m
mittlere Flussdichte[9] (CPC-Eintritt)	180 kW/m²

[5] Temperaturrandbedingungen s. unter Wärmeträgermedien (nächste Seite)
[6] geschätzte Werte zur Berechnung des Trägheitsmoments für die parasitären Verluste
[7] nur Konzeptbewertung, für das Leitkonzept abhängig von den freien Parametern α, β, H_R/D_R
[8] aus CPC - Optimierung nach Denk [29]
[9] orientiert an der mittleren Flussdichte nach Tamaura [76]
[10] orientiert an optimaler Aperturfläche nach Schmitz [24]

Bezeichnung	Spezifikation

8. Wärmeträgermedien

	SUB	SC	USC	T_{Ein}	T_{Aus}	Receivertyp
NaNO$_3$-KNO$_3$ (Solar-Salt)	X			290°C	570°C	LIT / IDAR / BDS
		X		290°C	620°C	LIT[11]
LiCl-KCl (Eutektikum)	X			385°C	620°C	LIT / IDAR / BDS
			X	385°C	730°C	LIT / IDAR / BDS
Zinn	X			280°C	620°C	LIT
			X	280°C	730°C	LIT
Blei-Wismut (Eutektikum)	X			240°C	620°C	LIT
			X	230°C	730°C	LIT
Natrium	X			240°C	620°C	LIT
			X	230°C	730°C	LIT

9. Thermisches Speichersystem (virtuell[12])

Basisannahme	Zwei-Tank-Speicher mit Solar-Salt
thermischer Wirkungsgrad[13]	95 %
Betriebslogik	100 % Strombedarf (s. S.- 40 -)

10. Werkzeuge

Heliostatenfeldauslegung	HFLCAL [86]
Strahlenverfolgung	SPRAY [87]
Schnittstelle SPRAY-CFX	FEMRAY (DLR intern)
analytisches Receivermodell	MathCad [89]
numerische Receivermodelle	ANSYS-CFX (Version 12.1) [90]
Auslegung der Kraftwerksblöcke	Cycle-Tempo [91]
Jahresanalysen	ECOSTAR-Excel-Sheet [92]

[11] Annahme mit Sauerstoff-Schutzatmosphäre
[12] Annahme einer kompatiblen Speichertechnologie passend zum WTM und Temperaturen
[13] inklusive Verluste des Wärmetransportsystems

Tabelle 8: Thermophysikalische Eigenschaften der verwendeten Wärmeträgermedien und Kosten

Bezeichnung	Wert oder Polynom
60 Gew.-% / 64.1 mol-% NaNO₃ - 40 Gew.-% / 35.9 mol- % KNO₃ [44, 46, 56, 105, 122]	

Schmelztemperatur $(°C)$	260
Zersetzungstemperatur[*] $(°C)$	$593, 620$
Dichte (kg/m^3)	$2090 - 0.636 \cdot T(°C)$
spez. Wärmekapazität $(J/(kg\,K))$	$1443 + 0.172 \cdot T(°C)$
dyn. Viskosität $(kg/(m\,s)) \cdot 10^{-3}$	$22.7 - 0.12 \cdot T(°C) + 2.3 \cdot 10^{-4} \cdot (T(°C))^2 - 1.5 \cdot 10^{-7} \cdot (T(°C))^3$
Wärmeleitfähigkeit $(W/(m\,K))$	$0.433 \cdot 1.9 \cdot 10^{-4} \cdot T(°C)$
Oberflächenspannung $(kg/s^2) \cdot 10^{-3}$	$155.68 - 6.23 \cdot 10^{-2} \cdot T(K) - 8.33 \cdot 10^{-6} \cdot (T(K))^2$
Brechungsindex $(-)$	1.456
Absorptionsmaß[**] $(1/m)$	0 für $300\ nm < \lambda < 10000\ nm$ 10^6 für $300\ nm > \lambda > 10000\ nm$
Dampfdruck (Pa)	0.01
Stoßdurchmesser[**] (m)	$0.6 \cdot 10^{-9}$
ε_{LJ} / k_B[**] (K)	250
Molmasse NaNO₃ $(kg/mol) \cdot 10^{-3}$	84.99
Molmasse KNO₃ $(kg/mol) \cdot 10^{-3}$	101.11
Kosten[***] $(€/kg)$	0.36

[*] unter einer Sauerstoff-Schutzatmosphäre liegt die Zersetzungstemperatur höher (s. Anhang 8.11)
[**] Annahmen entsprechend LiCl-KCl angelehnt an [107, 129]
[***] 1€ = 1.4US$ (2011)

Bezeichnung	Wert oder Polynom
44.5 Gew.-% / 58.5 mol-% LiCl – 55.5 Gew.-% / 41.5 mol- % KCl [107, 122, 123, 129]	
Schmelztemperatur $(°C)$	355
Zersetzungstemperatur $(°C)$	$≈ 1400$
Dichte (kg/m^3)	$1877.2 - 0.87 \cdot T(°C)$
spez. Wärmekapazität $(J/(kg\,K))$	1205.8
dyn. Viskosität $(kg/(m\,s)) \cdot 10^{-3}$	$0.0861 \cdot e^{\left(2517/T(K)\right)}$
Wärmeleitfähigkeit $(W/(m\,K))$	0.43
Oberflächenspannung $(kg/s^2) \cdot 10^{-3}$	$189.57 - 8.24 \cdot 10^{-2} \cdot T(K)$
Brechungsindex[*] $(-)$	1.57
Absorptionsmaß[**] $(1/m)$	0 für $300\ nm < λ < 10000\ nm$ 10^6 für $300\ nm > λ > 10000\ nm$
Dampfdruck (Pa)	3
Stoßdurchmesser[**] (m)	$0.6 \cdot 10^{-9}$
$ε_{LJ} / k_B$[**] (K)	250
Molmasse LiCl $(kg/mol) \cdot 10^{-3}$	42.39
Molmasse KCl $(kg/mol) \cdot 10^{-3}$	74.55
Kosten[**] $(€/kg)$	3.6

[*] gemessen bei 550°C und 632.8 nm (s. Anhang 8.5)
[**] 1€ = 1.4US$ (2011)

Bezeichnung	Wert oder Polynom		
Flüssigmetalle [109, 130, 131]			
	Zinn	Blei-Wismut (eut)	Natrium
Schmelztemperatur $(°C)$	232	124	98
Siedetemperatur $(°C)$	2300	1670	880
spez. Wärmekapazität $(J/(kg\,K))$	255.22	146.44	1272
Kosten[1] $(€/kg)$	19	12	2.5
Zinn			
Dichte (kg/m^3)	$7166 - 0.7485 \cdot T(°C)$		
dyn. Viskosität $(kg/(m\,s)) \cdot 10^{-3}$	$10^{-0.3486 + 322.81/T(K)}$		
Wärmeleitfähigkeit $(W/(m\,K))$	$13.8 + 0.0133 \cdot T(°C)$		
45 Gew.-% Blei – 55 Gew.-% Wismut			
Dichte (kg/m^3)	$10729 - 1.216 \cdot T(°C)$		
dyn. Viskosität $(kg/(m\,s)) \cdot 10^{-3}$	$5 - 0.017 \cdot T(°C) + 3 \cdot 10^{-5} \cdot T(°C)^2 - 2 \cdot 10^{-8} \cdot T(°C)^3$		
Wärmeleitfähigkeit $(W/(m\,K))$	$9.624 + 0.01 \cdot T(°C)$		
Natrium			
Dichte (kg/m^3)	$952.6 - 0.247 \cdot T(°C)$		
dyn. Viskosität $(kg/(m\,s)) \cdot 10^{-3}$	$10^{-1.0853 + 347.71/T(K)}$		
Wärmeleitfähigkeit $(W/(m\,K))$	$89 - 0.016 \cdot T(°C) - 1 \cdot 10^{-4} \cdot T(°C)^2 + 2 \cdot 10^{-7} \cdot T(°C)^3$		

[1]   1 € = 1.4 US$ (2011)

8.2 Kostenannahmen

Tabelle 9: Spezifische Komponentenkosten und Skalierungsbeispiele[1,2]

Komponente	Kostenannahme[3]				
	Solar-Tres	Solar-50	Solar-200	SF	Quelle
Heliostatenfeld (RG = Heliostatenanzahl)	150 €/m² (1259)	140.4 €/m² (4709)	131 €/m² (18836)	0.95	[11]
Spiegel (CPC + Turmreflektor) (RG = Spiegelfläche)	-	1000 €/m² (17029 m²)	933 €/m² (68116 m²)	0.95	[24]
Turmreflektorstruktur (RG = Spiegelfläche)	-	1250 €/m² (12438 m²)	1134 €/m² (49752 m²)	0.93	[24]
Rohrreceiver (Incoloy® 800H) (RG = Interceptleistung)	125 €/kW$_{th}$ (136 MW$_{th}$)	117.4 €/kW$_{th}$ (335 MW$_{th}$)	106.5 €/kW$_{th}$ (1340 MW$_{th}$)	0.93	[11]
Rohrreceiver (Inconel® 617) (RG = Interceptleistung)	-	124.8 €/kW$_{th}$ (335 MW$_{th}$)	113.3 €/kW$_{th}$ (1340 MW$_{th}$)	0.93	[93]
Direktabsorptionsreceiver (RG = Interceptleistung)	-	81 €/kW$_{th}$ (335 MW$_{th}$)	73.5 €/kW$_{th}$ (1340 MW$_{th}$)	0.93	[69]
Receivertank (BDS) (RG = Volumen)	-	121 €/m³ (7068 m³)	110 €/m³ (28272 m³)	0.93	[47]
Keramikschaum (BDS) (RG = Volumen)	-	5000 €/m³ (83 m³)	4538 €/m³ (332 m³)	0.93	[132]
Speicher (RG = Speicherkapazität)	14 €/kWh$_{th}$ (153.8 MWh$_{th}$)	12 €/kWh$_{th}$ (927.6 MWh$_{th}$)	11 €/kWh$_{th}$ (4564 MWh$_{th}$)	0.93	[11]
Kraftwerksblock (RG = Nettoleistung)	750 €/kW$_{el}$ (17 MW$_{el}$)	695 €/kW$_{el}$ (50 MW$_{el}$)	631 €/kW$_{el}$ (200 MW$_{el}$)	0.93	[11]
Turm (Korrelation (€))	$410000 \cdot e^{0.0109 \cdot H(m)}$				[24]
Landkosten	2 €/m²				
Personalkosten pro Person	48000 €/Jahr				
Personal exklusive Feldwartung	30				
Personal für Feldwartung	30 km^{-2}				[11]
Wasserkosten	1.3 €/MWh$_{el}$				
Equipment für B&W	1 % der gesamten Equipmentkosten pro Jahr				
B&W Kraftwerksblock (fest)	27 €/kW$_{el}$				
B&W Kraftwerksblock (variabel)	2.5 €/MWh$_{el}$				

[1] Skalierungsbeispiele für Größen der Konzeptbewertung
[2] Berücksichtigung der Kostendegression nach Gl.(31) / S.- 38 -
[3] weitere Quellen zur Kostenermittlung: [12, 13, 28, 133]
[4] B&W – Betrieb und Wartung / RG – Referenzgrößen bei der Kostendegression

8.3 Wärmestrahlung des gekühlten porösen Absorbers

Die Vorgehensweise, wie die Berechnung des Tankreceivers für BDS erfolgt, wird im Folgenden beschrieben. Dabei steht die Lösung der Problematik, eine direkt bestrahlte poröse Absorberstruktur, die durch ein WTM konvektiv gekühlt wird, mit einem kommerziellen CFD-Code im großen Maßstab abzubilden, im Vordergrund. Die Modellskizze in Abbildung 70 dient zur Veranschaulichung der Zusammenhänge.

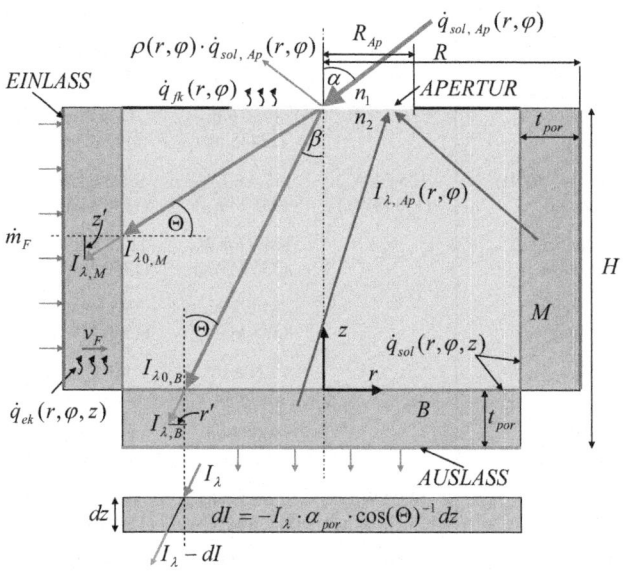

Abbildung 70   Modellskizze des Tankreceivers mit konvektiv gekühlter poröser Absorberstruktur

Die Schnittstelle zwischen der Berechnung der Receivercharakteristik mit CFX und der Strahlungsverfolgung von den Heliostaten bis zum porösen Absorber im Receiver stellt die innere Randfläche der porösen Absorberstruktur im Tankreceiver dar. Die Problematik bei der Modellbildung besteht zum Einen in der flächenbasierten Modellsystematik des Strahlungsverfolgungsprogramms SPRAY, mit welcher die im porösen Volumen absorbierte konzentrierte Solarstrahlung nicht erfasst werden kann. Da für unterschiedliche Zeitpunkte im Jahr bzw. unterschiedliche Einstrahlungsbedingungen jeweils eine stationäre Berechnung erfolgt, ist es sinnvoll, für jede Berechnung nur einmalig die Einstrahlungsrandbedingung zu ermitteln. Diese muss dann nicht für jede Iterationsschleife des CFD-Modells neu berechnet werden. Daher wird die Berechnung der Einstrahlung separat vorgenommen. Dabei wird ein solarer volumetrischer Quellterm für die absorbierte Wärme im porösen Medium erzeugt. Diese wird während der Berechnung des Strömungsfeldes und des Temperaturfeldes nicht mehr als rechenintensive Strahlungsquelle, sondern als volumetrische Wärmequelle eingebracht. Der volumetrische Quellterm wird als Interpolationsmatrix aus der separaten Berechnung der Einstrahlung entnommen und bei der nachfolgenden Lösung der Erhaltungsgleichungen auf das Rechennetz des porösen Mediums interpoliert. Der volumetrische Quellterm wird unter der Annahme von gerichteten Strahlenbündeln mit der Monte-Carlo Methode (implementiert in ANSYS-CFX) generiert. Die bestrahlte Innenfläche der Absorberstruktur dient dabei als Strahlungsquelle, welche in das Volumen des porösen Absorbers hineinstrahlt. Die Intensität der erzeugten Strahlenbündel entspricht der mit SPRAY ermittelten Strahlungsdichteverteilung auf der Innenfläche der porösen Absorberstruktur, die in Abbildung 70 als rote Linie gekennzeichnet ist (exklusive Auslass). Die approximierte Richtung der generierten Strahlen folgt in jedem Punkt der Strahlungsquelle dem Vektor, welcher von der Aperturmitte ausgeht und zum jeweiligen Punkt auf der Fläche der Strahlungsquelle zeigt. Die Strahlenbündel dringen in das poröse Medium ein und werden aufgrund eines definierten wellenlängenunabhängigen Absorptionsmaßes (α_{por}) und einer geometrisch bedingten Durchdringlänge im jeweiligen Volumenelement absorbiert. Die Summe der absorbierten Strahlungsbündelanteile bezogen auf das Volumen des jeweiligen finiten Volumenelements, in welchem die Extinktion stattfindet, ergibt den volumetrischen Wärmeeintrag. Das Integral der mit SPRAY ermittelten Strahlungsdichteverteilung über die Absorberfläche am Boden und an der Mantelfläche ergibt die Gesamtleistung der solaren Einstrahlung:

$$\dot{Q}_{sol,A} = \int_0^{2\pi}\int_0^{R_{por}} \dot{q}_{sol}(r,\varphi,Z_B)\,r\,dr\,d\varphi + \int_0^{2\pi}\int_0^{Z_M} \dot{q}_{sol}(R_{por},\varphi,z)\,R_{por}\,dz\,d\varphi$$

$$\text{mit } R_{por} = R - t_{por},\ Z_B = 0,\ Z_M = H - t_{por} \tag{100}$$

Das Integral des volumetrischen Quellterms über dem Volumen des porösen Absorbers muss bei einer ausreichend tief modellierten Schichtdicke, welche eine vollkommene Absorption gewährleistet, ebenfalls der Gesamtleistung der solaren Einstrahlung entsprechen:

$$\dot{Q}_{sol,A} \equiv \dot{Q}_{sol,V} \text{ mit } \dot{Q}_{sol,V} = \int_0^{\infty}\left(\iiint_V \alpha_{por} I_\lambda(r,\varphi,z)\,r\,dr\,d\varphi\,dz\right)d\lambda \tag{101}$$

I_λ ist hierbei die wellenlängenabhängige Intensität der einfallenden Strahlung. In einer infinitesimal dünnen Schicht ist die absorbierte Strahlung nach dem Lambert-Beer'schen Gesetz:

$$dI_B = -I_\lambda \cdot \alpha_{por} \cdot cos(\Theta)^{-1} dz \text{ bzw. } dI_M = -I_\lambda \cdot \alpha_{por} \cdot cos(\Theta)^{-1} dr \tag{102}$$

Nach der Integration von Gl.(102) über die durchdrungene Schichtdicke beschreiben für den vorliegenden Fall Gl.(103) bis Gl.(105) die einfallende spektrale Strahlungsintensität in jedem Punkt der porösen Schicht:

$$I_{\lambda,B}(r,\varphi,z) = I_{\lambda 0,B}(r - r',\varphi,Z_B) \cdot e^{\alpha_{por} \cdot cos(\Theta_B)^{-1} \cdot z} \tag{103}$$

$$I_{\lambda,M}(r,\varphi,z) = I_{\lambda 0,M}(R_P,\varphi,z + z') \cdot e^{\alpha_{por} \cdot cos(\Theta_M)^{-1} \cdot (r - R_P)} \tag{104}$$

$$I_{\lambda 0,B}(r,\varphi,z),\ I_{\lambda 0,M}(r,\varphi,z) \text{ aus } SPRAY \left(= \dot{q}_{sol}(r,\varphi,z)\right) \tag{105}$$

Dabei entsprechen die auf das Lot der Absorberflächen bezogenen Einstrahlwinkel:

$$\Theta_B(r,z) = arctan\left(\frac{r}{H-t_{por}-z}\right) \quad bzw. \quad \Theta_M(r,z) = arctan\left(\frac{H-t_{por}-z}{r}\right)$$

$$mit \quad \left(\begin{array}{c} r \le R-t_{por} \\ z \ge 0 \end{array}\right) \to B \quad und \quad \left(\begin{array}{c} r \ge R-t_{por} \\ z \le 0 \end{array}\right) \to M$$

(106)

Die Berechnung des volumetrischen Quellterms erfolgt unabhängig von der daran anschließenden Berechnung des Strömungs- bzw. Temperaturfeldes. In diesem Berechnungsschritt ist lediglich der Löser für die Strahlungstransportgleichung aktiviert, während im Modell nur die Geometrie des porösen Absorbers abgebildet ist.

Für die Berechnung des Receiverwirkungsgrades ist es wichtig das Temperaturfeld im Receiver zu ermitteln, um daraus die thermischen Verluste zu erhalten. Die Problematik besteht darin das Temperaturfeld sowohl für den porösen Feststoff, als auch für das WTM aufzulösen. Dabei ist zu berücksichtigen, dass das WTM den porösen Absorber über erzwungene Konvektion kühlt, während dieser sowohl bestrahlt wird, als auch selbst abstrahlt. Kommerzielle CFD-Tools haben bislang die Strahlungsextinktion in finiten Volumina zwar implementiert, jedoch ist bislang nur eine Temperatur als Systemvariable einem finiten Volumen zugeordnet. Dies ist auch dann der Fall, wenn es sich im Rechenbereich (Domain) um poröse Medien mit einem Feststoff und einer Flüssigkeit handelt. Dabei entspricht die Systemtemperatur der verwendeten Softwareversion (CFX 12.1) der Fluidtemperatur. Domains mit porösen Medien unterscheiden sich von Domains mit Flüssigkeiten oder Gasen lediglich durch die Definitionsmöglichkeit der Darcy-Größen und der volumenbezogenen Porosität. Neuere Versionen (ab CFX 13) unterstützen zwar die Berechnung beider Temperaturen in porösen Domains, jedoch sind die Feststoff- bzw. Fluidtemperaturen nur über einen volumetrischen Wärmeübergangskoeffizienten gekoppelt. Eine entsprechend beider Temperaturen modifizierte Strahlungstransportgleichung ist derzeit noch nicht implementiert. Aus diesem Grund kann in porösen Medien die implizite Fragestellung bezüglich der Wärmeübertragung einschließlich des Strahlungsaustauschs nicht ohne zusätzlichen Aufwand abgebildet werden. Die Aufgabenstellung besteht daher in der Erweiterung bzw. Modifikation der thermischen Quellterme dahingehend, dass die Einflüsse der Feststofftemperatur auf die Wärmeübertragung bzw. auf die Temperatur des WTMs, sowie auf die Strahlungsbilanz abgebildet werden. Der Lösungsansatz basiert auf der Manipulation der systembedingten thermischen Quellterme unter Zuhilfenahme der vom Benutzer definierbaren Wärme- und Strahlungsquellen. Die Vorgehensweise ist im Folgenden erläutert.

Ohne eine Erweiterung wird in der Domain des porösen Absorbers nur die Systemtemperatur für die Berechnung des thermodynamischen Gleichgewichts verwendet. Daraus resultiert die systeminterne thermische Bilanzgleichung des WTMs in einem finiten Volumenelement:

$$d\dot{Q}_{em}(T_l) = d\dot{Q}_{sol} + d\dot{Q}_{abs}$$

(107)

Die emittierte Strahlung resultiert aus der volumetrischen spektralen spezifischen Ausstrahlung:

$$d\dot{Q}_{em}(T_l) = \left(4 \cdot \int_0^\infty \alpha_{por} \cdot M_{\lambda,S}^P(\lambda, T_l)\, d\lambda \right) \cdot dV \tag{108}$$

Die absorbierte Strahlung resultiert aus der spektralen Einstrahlung in das Volumenelement:

$$d\dot{Q}_{abs} = \left(\int_0^\infty \alpha_{por} \cdot G_\lambda(\lambda)\, d\lambda \right) \cdot dV \tag{109}$$

Die systeminterne Abstrahlung eines finiten Volumenelements entspricht der Abstrahlung mit der Temperatur des WTMs anstatt der adäquaten Abstrahlung mit der Temperatur des porösen Feststoffes. Ferner ist ohne eine Manipulation der Wärmeeintrag in das WTM die Summe aus dem solaren volumetrischen Quellterm und der absorbierten Wärmestrahlung anstatt der konvektiv übertragenen Wärme. Die Erweiterung der Wärmebilanzgleichung hinsichtlich des porösen Feststoffes ist:

$$d\dot{Q}_{em}(T_s) + d\dot{Q}_{ek}(T_l, T_s) = d\dot{Q}_{sol} + d\dot{Q}_{abs} \tag{110}$$

Der Zusammenhang zwischen der Temperatur des porösen Feststoffes und der Temperatur des WTMs besteht in der erzwungenen konvektiven Wärmeübertragung:

$$d\dot{Q}_{ek}(T_l, T_s) = h_{por} \cdot (T_s - T_l) \cdot dV \quad mit \quad h_{por} = h \cdot A_V, \left[\frac{W}{m^3 \cdot K} \right] \tag{111}$$

Die Temperatur des porösen Absorbers wird mit Hilfe einer benutzerdefinierten Variable (AV, engl. Additional Variable) in das CFD-Modell eingebracht. Sie wird mit einer über die CFX-Benutzersprache (CEL, engl. CFX Expression Language) eingebrachten Temperaturschleife innerhalb der Systemiteration (CL, engl. Coefficient-Loop) näherungsweise bestimmt. Für die erste Iteration der Temperaturschleife wird für die Temperatur des porösen Feststoffes die Temperatur des WTMs verwendet. Die Näherungslösung ergibt sich in jedem finiten Volumenelement aus der treibenden Temperaturdifferenz der erzwungenen Konvektion, welche die Bilanz bzw. Gl.(110) ausgleicht. Mit dem arithmetischen Mittelwert zwischen den beiden Temperaturen, werden die temperaturabhängigen Stoffwerte des WTMs bestimmt. Die Gleichung für die Feststofftemperatur ergibt sich somit aus Gl.(110) und Gl.(111) und ist wie folgt formuliert:

$$T_{s,k+1} = \left(\dot{Q}_{sol} + \dot{Q}_{abs} - \dot{Q}_{em}^R(T_{s,k}) \right)_V \cdot \left(h_{por}(T_{m,k}) \right)^{-1} + T_{l,k},$$

$$mit \quad T_{m,k} = \frac{T_{s,k} + T_{l,k}}{2} \tag{112}$$

Die Anzahl der Iterationsschritte der Temperaturschleife wird so gewählt, dass ein Konvergenzkriterium von 10^{-4} eingehalten wird. Die Nusselt-Korrelation nach Petrasch [98] für niedrige

Reynoldszahlen in porösen Medien dient zur Bestimmung des Wärmeübergangskoeffizienten für die erzwungene Konvektion:

$$Nu_{por}(T_{mk}) = C_0 + C_1 \cdot Re(T_{mk})^{C_2} \cdot Pr(T_{mk})^{C_3}$$

$$\text{mit} \quad C_0 = 1.559, \, C_1 = 0.5954, \, C_2 = 0.5626, \, C_3 = 0.472$$

(113)

$$h_{por}(T_m) = \frac{Nu_{por}(T_m) \cdot \lambda_{c,l}(T_m)}{d_{nom}}$$

(114)

Nach der Ausführung der Temperaturschleife, jedoch bevor die nächste Systemiteration (CL) beginnt, wird die systeminterne Wärmebilanzgleichung bzw. Gl.(107) des WTMs in die manipulierte Wärmebilanzgleichung des porösen Feststoffes bzw. Gl.(110) überführt. Dies geschieht mit benutzerdefinierten Wärme- und Strahlungsquellen. Dabei gilt die Annahme, dass das WTM ideal transparent ist und am Strahlungsaustausch nicht teilnimmt. Somit fließt Wärme nur über erzwungene Konvektion in das WTM. Die systeminterne volumetrische Ausstrahlung wird mit Hilfe einer zusätzlichen volumetrischen Strahlungsquelle korrigiert. Diese ergänzt die systemintern abgestrahlte Wärme mit der Temperatur des WTMs Gl.(108) dahingehend, dass die Gesamtabstrahlung des finiten Volumenelements dem adäquaten Wärmestrom entspricht, der mit der Temperatur des porösen Feststoffes ausgestrahlt wird. Die Wärmeleistung der zusätzlich eingebrachten Strahlungsquelle ist demnach in jedem finiten Volumenelement die Differenz zwischen der volumetrischen Ausstrahlung mit der Feststofftemperatur und der volumetrischen Ausstrahlung mit der Temperatur des WTMs:

$$d\dot{Q}_{korr}(T_l, T_s) = d\dot{Q}_{em}(T_s) - d\dot{Q}_{em}(T_l)$$

(115)

Auf diesem Wege wird zunächst eine zusätzliche Wärmeleistung in das System eingebracht und die Abstrahlung entsprechend der Feststofftemperatur erhöht. Um die Gesamtwärmebilanz nicht zu verfälschen wird die über die Strahlungsquelle eingebrachte zusätzliche Wärmeleistung vom jeweiligen Volumenelement abgezogen. Dies geschieht mit einer benutzerdefinierten Wärmesenke und bewirkt die Absenkung des Wärmeeintrags in das WTM von der volumetrisch absorbierten solaren und thermischen Einstrahlung (Gl.(107)) auf die konvektiv übertragenen Wärme:

$$d\dot{Q}_{WTM,in} = \left(d\dot{Q}_{sol} + d\dot{Q}_{abs} - d\dot{Q}_{korr}(T_l, T_s)\right) - \left(d\dot{Q}_{em}(T_l)\right)$$

$$d\dot{Q}_{WTM,in} = d\dot{Q}_{sol} + d\dot{Q}_{abs} - d\dot{Q}_{em}(T_s) \qquad Gl.(115) \text{ eingesetzt}$$

(116)

$$d\dot{Q}_{WTM,in} = d\dot{Q}_{ek}(T_l, T_s) \qquad Gl.(110) \text{ eingesetzt}$$

Die begrenzenden Flächen des Tanks entsprechen an der Mantelfläche und am Boden Einlauf-
bzw. Auslauf-Randbedingungen. Die obere Grundfläche des Tanks entspricht für den geschlossenen Teil am Rand einer adiabaten Wand-Randbedingung mit ideal diffus spiegelnder Oberfläche. Die Apertur entspricht einer isothermen Wand-Randbedingung, welche die Umgebungstemperatur aufweist und sich bezüglich des Strahlungsaustauschs ideal schwarz verhält.
Die Grenzflächen zwischen dem Auslegungsraum des WTMs im Tank (Fluid-Domain) und der
seitlich bzw. am Boden angeordneten Rechenbereichen des Absorbers (Porous-Domain) weisen
transparente 1:1 Interface-Randbedingungen (Porous-Fluid-Interface) auf. Die Strahlungstransportgleichung wird mit der im CFD-Code implementierten Diskrete Transfer Methode
(DTM) approximiert. Als Konvergenzkriterium wird eine maximale Abweichung der Residuen
von 10^{-4} angewendet. Die poröse Struktur entspricht einem SiC-Schaum (20 Poren pro Inch)
mit 50 mm Tiefe, 80 % volumenbezogener Porosität, einer inneren Oberfläche von 1118 m²/m³
und einem Absorptionsmaß von 375 m⁻¹. Weitere Randdaten zum porösen Absorber und der
WTM können aus Anhang 8.1 entnommen werden.

Um die Gültigkeit der Modellerweiterung nachzuweisen wurde sie mit einem experimentell
validierten Zwei-Fluss-Modell [57] verglichen. Die Ergebnisse des Vergleichs veranschaulicht
Abbildung 71.

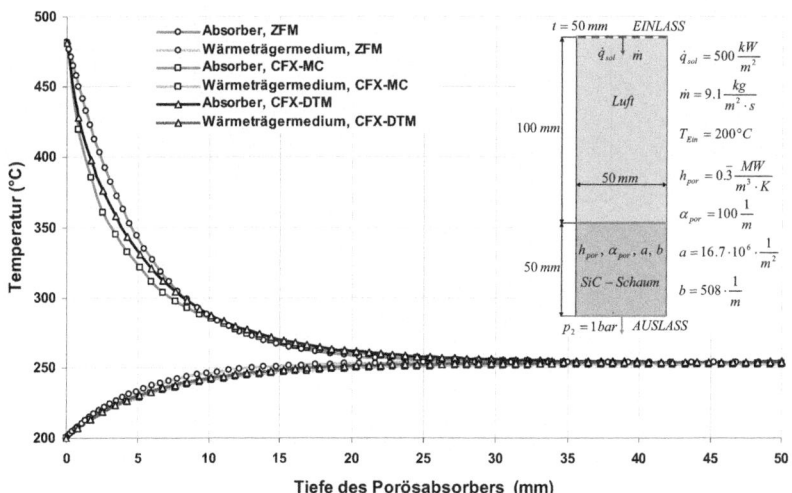

Abbildung 71   Vergleich der Modellergebnisse zwischen dem Zwei-Fluss-Modell (ZFM) und der
CFX-Erweiterung des konvektiv gekühlten porösen Absorbers um die thermische
Ausstrahlung mit der Temperatur des porösen Feststoffes

Sowohl die Ausführung mit dem in CFX implementierten Monte-Carlo Strahlungsmodell
(MC), als auch die Ausführung mit der Diskrete Transfer Methode (DTM) zeigt eine gute
Übereinstimmung mit dem experimentell validierten Zwei-Fluss-Modell.

8.4 Passive Massenstromregelung in porösen Absorbern

Es ist bekannt, dass bei einem ungleichmäßig bestrahlten porösen Absorber und Luft als WTM Massenstrominstabilitäten auftreten können. Die Massenstrominstabilitäten in porösen Absorbern können mit den temperaturabhängigen thermophysikalischen Eigenschaften der Gase und der Forchheimer-Erweiterung des Gesetzes von Darcy für den Druckverlust in porösen Medien erklärt werden [57]. Der gesamte Druckverlust einer porösen Absorberschicht ergibt sich durch die Integration der Forchheimer-Gleichung über die Stärke der porösen Absorberstruktur:

$$-\Delta p_{por} = \pm \int_{z=0}^{z=t_{por}} (\ \overbrace{a \cdot \eta(T) \cdot u}^{\text{Viskositätsterm}} + \overbrace{b \cdot \rho(T) \cdot u^2}^{\text{Trägheitsterm}})dz \qquad (117)$$

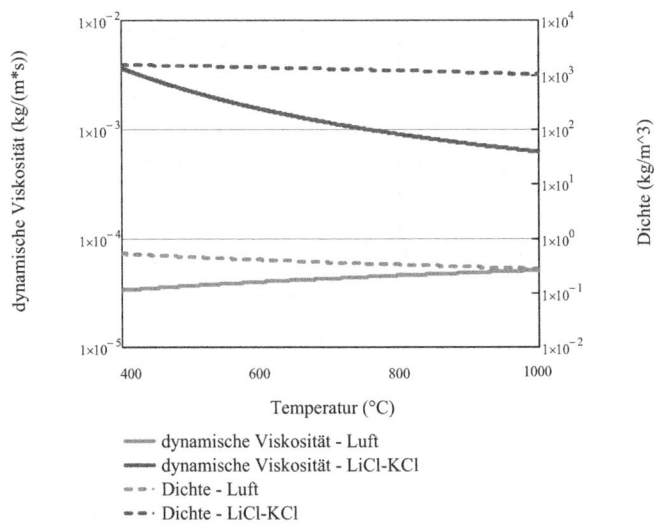

Abbildung 72   Dynamische Viskosität und Dichte der Luft bzw. LiCl-KCl über die Temperatur

Um das erweiterte CFX-Modell dahingehend zu untersuchen, ob diese ebenfalls in der Lage ist die Massenstrominstabilitäten abzubilden, wurde ein Zweizonentest entsprechend [57] mit Luft ausgeführt. Durch die Annahme unterschiedlich bestrahlter Zonen konnte die verringerte Massenstromdichte der höher bestrahlten Zone gezeigt werden. Daraufhin erfolgte der gleiche Test mit Flüssigsalz als WTM. Es zeigte sich das umgekehrte Verhalten, das sich durch eine erhöhte Massenstromdichte in der stärker bestrahlten Zone auswies. Es kann gezeigt werden, dass sich die gleiche Ursache, die zu den Massenstrominstabilitäten bei Gasen führt, bei flüssigen WTM einen Effekt bewirkt, welche die Massenstromdichte passiv regelt. Die passive Regelung der Massenstromverteilung zur erhöhten Kühlung der porösen Absorberstruktur an stärker bestrahlten Stellen resultiert aus den thermischen Eigenschaften von Flüssigkeiten. Während bei Gasen der Druckverlust durch die poröse Absorberstruktur bei stärker bestrahlten Abschnitten und erhöhten Temperaturen zunimmt, nimmt diese bei den meisten flüssigen WTM ab. Der gefundene passive Regelungseffekt kann ebenfalls mit der Forchheimer-Gleichung nahegelegt werden.

Während a und b von der Geometrie der porösen Struktur abhängige Koeffizienten der Permeabilität darstellen, fließen die dynamische Viskosität η (Viskositätsterm), die Stoffdichte ρ (Trägheitsterm) und die Strömungsgeschwindigkeit u in Gl.(117) ein. Bei konstant gehaltenem Massenstrom weist die Strömungsgeschwindigkeit wiederum eine Abhängigkeit von der Stoffdichte auf.

In Abbildung 72 sind die dynamische Viskosität der Luft bzw. der Hochtemperatursalzschmelze (LiCl-KCl), sowie die Stoffdichte über die Temperatur aufgetragen. Während die Dichte bei beiden Medien mit der Temperatur abnimmt, zeigt der Verlauf der dynamischen Viskosität unterschiedliche Tendenzen. Während diese für Luft mit zunehmender Temperatur ansteigt, sinkt die dynamische Viskosität der Salzschmelze mit der Erhöhung der Temperatur.

Massenstrominstabilitäten bei der Verwendung von Gasen als WTM entstehen durch einen erhöhten Druckverlust bei erhöhten Temperaturen. Die Bereiche mit erhöhter Bestrahlung und dadurch erhöhten Temperaturen stellen für das gasförmige WTM einen höheren Widerstand dar. Daher strömen Gase in Richtung des geringeren Widerstandes, wodurch die stärker bestrahlten Zonen weniger gekühlt werden und sich die poröse Absorberstruktur in diesen Bereichen weiter aufheizt. Verwendet man hingegen bspw. semitransparente Flüssigkeiten als WTM, sinkt der Druckverlust mit der Temperatur. Durch die erhöhte Temperatur der stärker bestrahlten Bereiche steigt somit die Strömungsgeschwindigkeit an, woraus der passive Regelungseffekt hervorgeht.

Dieses Verhalten von flüssigen WTM kann mit einem einfachen, charakteristischen Beispiel verständlich gemacht werden. Es sei ein SiC-Schaum (a = 16.7 m^{-2}, b = 508 m^{-1}, Ψ_V = 80 %) mit 1 m^2 Fläche (A_F) und 50 mm Tiefe (Δz) angenommen, in welchen durch eine homogene Bestrahlung eine bestimmte Wärmeleistung, abzüglich der thermischen Verluste, eingetragen wird. Der poröse Absorber wird von dem gewähltem WTM mit einem Massenstrom von 10 kg/s, bei einer ebenfalls homogenen Massenstromdichte, durchströmt. Es gilt die Annahme eines stationären Fließprozesses und dass sich die Luft wie ein ideales Gas verhält. Die Stoffwerte der Salzschmelze sind in Tabelle 8 (S.- 138 -) zusammengefasst. Die Eintrittstemperatur des WTMs sei 400°C, die Austrittstemperatur richtet sich nach dem eingetragenen Wärmefluss. Die Auswertung der dynamischen Viskosität und der Dichte erfolgen bei der mittleren Temperatur des WTMs zwischen dem Ein- und Auslass. Die Abhängigkeit der Strömungsgeschwindigkeit im porösen Absorber von der Dichte des WTMs wird wie folgt berücksichtigt:

$$u_{WTM} = \frac{\dot{m}_{WTM}}{\rho_{WTM} \cdot A_F \cdot \Psi_V} \tag{118}$$

Des Weiteren wird der Gesamtdruckverlust aus Gl.(117) näherungsweise bestimmt:

$$\Delta p_{por} = \left(a \cdot \eta(T_{m,\,WTM}) \cdot u + b \cdot \rho(T_{m,\,WTM}) \cdot u^2\right) \cdot \Delta z \tag{119}$$

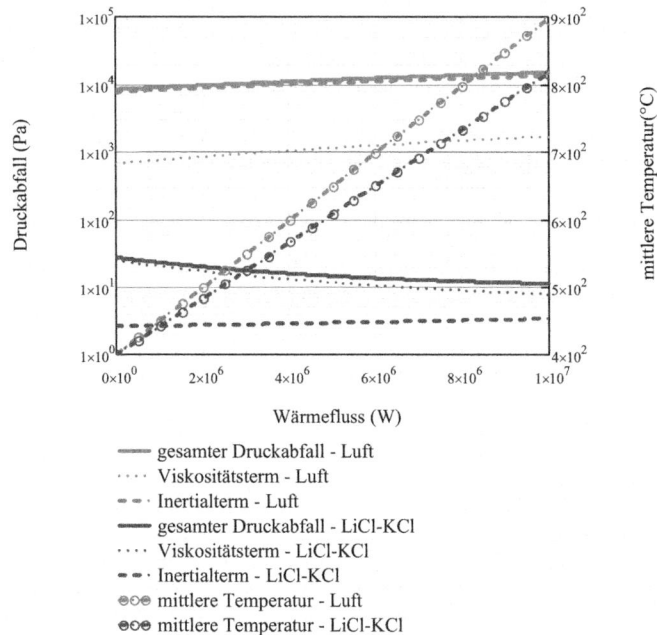

Wärmefluss (W)

──── gesamter Druckabfall - Luft
···· Viskositätsterm - Luft
── ─ · Inertialterm - Luft
──── gesamter Druckabfall - LiCl-KCl
···· Viskositätsterm - LiCl-KCl
── ─ · Inertialterm - LiCl-KCl
⊕⊙⊖ mittlere Temperatur - Luft
⊕⊙⊖ mittlere Temperatur - LiCl-KCl

Abbildung 73   Druckverlust und mittlere Temperatur des WTMs über den eingetragenen Wärmefluss für Luft bzw. LiCl-KCl

In Abbildung 73 sind die Druckverluste, der Viskositätsterm, der Trägheitsterm, sowie die mittlere Temperatur über den eingetragenen Wärmefluss für Luft und LiCl-KCl veranschaulicht. Das Beispiel verdeutlicht für Luft als WTM die Zunahme des Druckverlustes bei zunehmender Einstrahlung bzw. bei erhöhten Temperaturen. Für die Salzschmelze wird bei höheren Temperaturen die Abnahme des Druckverlustes deutlich. Dabei dominiert im vorliegenden Beispiel der Salzschmelze der Viskositätsterm. Je nachdem, wie stark der passive Regelungseffekt bei einer technischen Realisierung ausgeprägt ist, kann diese zur Erhöhung der Receivergüte oder zur Senkung der Receiverkosten beitragen. Der Effekt tritt auch im Zusammenhang mit gekühlten parallel durchströmten Rohren auf, jedoch ist die Auswirkung aufgrund der Form der Colebrook-Gleichung geringer als in porösen Absorbern.

8.5 Messung der optischen Eigenschaften von HT-Salzschmelzen

Eines der möglichen WTM für erhöhte Temperaturen ist bspw. die eutektische Salzschmelze LiCl-KCl. Diese ist nach D.M. Gruen [107] im Wellenlängenbereich von 300 nm bis 10000 nm nahezu transparent. Nach dem Integral der spektralen spezifischen Ausstrahlung befindet sich nach Gl.(58) nur 0.2 % der solaren Einstrahlungsleistung (5777 K) außerhalb dieses Wellenlängenintervalls. Im Vergleich dazu nimmt das Spektrum der thermischen Abstrahlung der Absorberwände zwischen 400°C und 700°C signifikante Anteile außerhalb dieser Absorptionsgrenzen an. Je nachdem bei welchen Wellenlängen die genauen Absorptionsgrenzen der optionalen Salzschmelzen liegen, kann ein größerer Anteil der solaren Einstrahlung bzw. ein geringerer Anteil der thermischen Abstrahlung die Salzschmelze durchdringen. Somit kann die Salzschmelze als eine selektive Beschichtung der Absorberwände angesehen werden, welche sich positiv auf den Receiverwirkungsgrad auswirken kann. Des Weiteren ist es für die optische Güte des IDARs nicht unerheblich, wie stark die freie Oberfläche des Flüssigfilms die einfallende Strahlung reflektiert. Die Reflektivität des WTMs ist dabei von dessen Brechungsindex abhängig. In diesem Zusammenhang ist die Bestimmung der optischen Eigenschaften von Salzschmelzen, wie der temperatur- und wellenlängenabhängige Brechungsindex und Extinktionskoeffizient von Bedeutung.

Die messtechnische Bestimmung der optischen Größen von semitransparenten Flüssigkeiten bei hohen Temperaturen ist derzeit mit einigen grundlegenden Problemen behaftet. Die Begründung hierfür liegt einerseits in der spektralen Transmissivität von üblichen Küvettenmaterialien, wie bspw. das Quarzglas Suprasil ®, das nur bis etwa 5000 nm eine hohe Transmissivität aufweist. Andererseits liegen diese in der Beschaffenheit exotischer Küvettenmaterialien, die zwar eine hohe Transmissivität bis in den mittelinfraroten Bereich aufweisen, aber entweder bei den erforderlich hohen Temperaturen nicht eingesetzt werden können (bspw. Selen), oder mit den zu untersuchenden Salzschmelzen nach kurzer Zeit interagieren (Salze, wie bspw. Magnesiumfluorid). Zudem besteht die Problematik auf Seiten der Messeinrichtung, bei welcher die Küvette bspw. in einem Spektrometer selbst die hohen Temperaturen aufweist und zu einem niedrigen Signal-Rausch-Verhältnis führt, wodurch die detektierte Transmissivität nicht mehr zu interpretieren ist.

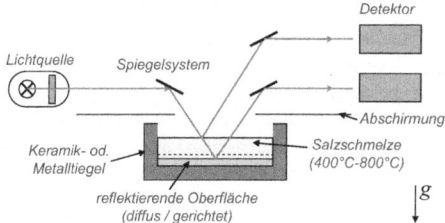

Abbildung 74   Skizze eines Messsystems mit ‚offenem Strahlengang' zur Bestimmung der optischen Eigenschaften von Salzschmelzen bei hohen Temperaturen

Im Zuge der ausgeführten Arbeiten wurden innovative Ansätze zur Messung der optischen Eigenschaften der Flüssigsalze bei hohen Temperaturen im ausreichenden Wellenlängenintervall untersucht. Einer der Ansätze besteht in einer Messeinrichtung, bei welcher die Transmission des Strahlengangs durch ein Küvettenmaterial eliminiert wird. Ein solches Messsystem ist in Abbildung 74 skizziert. Die Grundidee besteht darin, den Strahlengang mit einem Spiegelsystem auf die freie Oberfläche der Salzschmelze zu lenken, die sich geschmolzen in einem Tiegel befindet. Dabei befindet sich eine reflektierende Oberfläche am Boden des Tiegels. Durch die bekannte Menge an Salzschmelze im geometrisch definierten Tiegel und der Winkelzusammenhänge des Strahlenganges kann zunächst die Durchdringlänge durch die Schmelze und aus der detektierten Lichtintensität mit und ohne Salzschmelze im Tiegel der Extinktionskoeffizient der Salzschmelze ermittelt werden. Der für die Lichtbrechung benötigte Brechungsindex resultiert aus der analogen Messung des an der freien Oberfläche reflektierten Strahlenanteils.

Als erstes wurde die Eignung von verschiedenen Materialien untersucht, welche die reflektierende Oberfläche am Boden des Tiegels darstellen könnten. Untersucht wurden Magnesiumfluorid, Nickel, Molybdän, Aluminium, Silizium, Zinn, Silber und Gold. Die zunächst grob polierten kleinen Probeplättchen wurden am Boden des Tiegels positioniert und mit entsprechend des Eutektikums gemischtem Salzpulver aus LiCl und KCl bedeckt. Daraufhin wurde das Salz in einem Ofen auf 700°C gebracht und geschmolzen. Nach 30 min wurde die Veränderung der polierten und reflektierenden Oberfläche qualitativ mit bloßem Auge beurteilt. Das Magnesiumfluorid war in der Salzschmelze nicht mehr zu finden. Nickel, Molybdän, Silizium und Silber verloren ihre Reflektivität aufgrund chemischer Reaktionen mit der Salzschmelze. Aluminium und Zinn wurden vor dem Schmelzen als Granulat im Tiegel platziert. Das Aluminium war zwar im Salz geschmolzen, jedoch entfaltete sich die Metallschmelze nicht glatt am Boden des Tiegels sondern bildete ein kuppelförmiges Volumen aus. Die Oberfläche war zudem nicht reflektierend sondern matt. Die Zinnschmelze wies eine hohe Reflektivität auf, so dass außerhalb des Tiegels befindliche Objekte klar zu erkennen waren, jedoch war auch die Zinnoberfläche noch zu sehr gewölbt. Nach der Abkühlung der Metallschmelzen konnte festgestellt werden, dass das Salz in den geschmolzenen Zustand in die Flüssigmetalle diffundierte. Das Goldplättchen zeigte weder optisch, noch nach dem Wiegen wahrnehmbare Veränderung in der Salzschmelze auf. Während dieser Versuche wurden mit Wasser befeuchtete Indikatorstreifen die pH-Werte der Salzschmelzendämpfe gemessen. Dadurch konnte ausgeschlossen werden, dass sich bei 700°C erhebliche Mengen an giftigen Chlorwasserstoffen bilden.

Nachfolgend wurde ein Messaufbau mit einem Laser (632.8 nm, 5 kW) realisiert, um die Entwicklung nicht in einem empfindlichen Spektrometer vornehmen zu müssen. Das Messverfahren zur Brechungsindexbestimmung wurde mit Wasser validiert. Der Brechungsindex wurde auf zwei verschiedenen Arten, mit parallel polarisiertem Laserstrahl und senkrecht polarisiertem Laserstrahl, gemessen. Beim parallel polarisierten Laserstrahl wurde der Brewster-Winkel ermittelt, bei welchem der an der freien Oberfläche reflektierte Anteil an der Decke des Einrichtungsraumes nicht mehr wahrgenommen werden konnte. Bei der senkrechten Polarisation wurde ein konventioneller Kameradetektor, mit dem der reflektierte Anteil bestimmt wurde, eingesetzt. Für Wasser zeigte der Brechungsindex bei beiden Messmethoden geringe Abweichungen vom Literaturwert. Auf gleichem Wege wurde der Brechungsindex des LiCl-KCl Eutektikums zu 1.57 bei 550°C und 632.8 nm bestimmt. Die Salzschmelze wurde in einem Ofen erwärmt. Für die Temperaturmessung diente ein Thermoelement und ein Datenlogger.

Die Messung des Extinktionskoeffizienten konnte auf diesem Wege nur mit Wasser bei Raumtemperatur und einem handelsüblichen Spiegel auf dem Boden des Tiegels zufriedenstellend ausgeführt werden. Einerseits war die Politur des Goldplättchens nicht ausreichend fein, sodass der am Boden des Tiegels reflektierte Laserstrahl aufgrund der Schleiffrillen Interferenzmuster erzeugte und nicht weiter verfolgt werden konnte. Andererseits zeigte sich bereits bei der Brechungsindexmessung, dass sich durch die Auskühlung der Salzschmelze und der somit veränderten Dichte des Flüssigsalzes die Flüssigkeitshöhe veränderte. Somit war es bei den gegebenen Messbedingungen nicht möglich die Durchdringlänge des Laserstrahls durch die Salzschmelze adäquat zu bestimmen.

Für weiterführende Arbeiten wird empfohlen den Tiegel elektrisch zu beheizen, um bei konstanten Temperaturen arbeiten zu können und auf die ausreichend feine Politur bzw. auf die Möglichkeiten zur Verfeinerung der Politur der reflektierenden Oberfläche zu achten. Bei der Brechungsindexmessung mit dem Kameradetektor war das Signal-Rausch-Verhältnis groß genug um adäquate Messungen vornehmen zu können. Dies zeigte sich dadurch, dass die ermittelten Ergebnisse mit Kameradetektor (senkrechte Polarisation) und ohne Kameradetektor (parallele Polarisation) eine sehr gute Übereinstimmung zeigen. Dabei erfolgte die Abschirmung der thermischen Strahlen vom Tiegel mit einer zugeschnittenen Isolationswolle, die auf den Tiegel gelegt wurde, sodass nur ein dünner Spalt für den Strahlengang offen blieb.

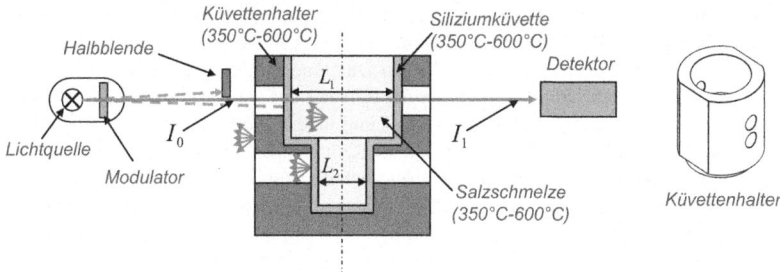

Abbildung 75   Skizze eines Messsystems mit gestufter Siliziumküvette zur Bestimmung der optischen Eigenschaften von Salzschmelzen bei hohen Temperaturen

Der zweite Ansatz zur Messung der relevanten optischen Größen ging aus der Vermessung der spektralen Transmissivität vom Siliziumplättchen vor und nach dem Salzbad hervor. Das Siliziumplättchen wies nach dem Salzbad eine hinreichende Transmissivität im mittelinfraroten Bereich auf, um als Küvettenmaterial zu dienen. Da die chemischen Reaktionen mit der heißen Salzschmelze die Änderung der Transmissionseigenschaften der Siliziumküvette hervorrufen, bestand die Idee darin, den Extinktionskoeffizienten mittels Relativmessungen bei zwei unterschiedlichen Durchdringlängen zu ermitteln. Bei beiden Durchdringlängen wird der Einfluss der chemischen Interaktion von Küvettenmaterial und Probe und der so entstehenden Reaktionsschicht auf die Messergebnisse als gleich angenommen und somit eliminiert. Ein solches Messsystem ist in Abbildung 75 skizziert. Der Zusammenhang zwischen der Transmissivität und dem Extinktionskoeffizienten ist nach dem Lambert-Beer'schen Gesetz gegeben:

$$\alpha_\lambda = \frac{ln\left(\dfrac{\tau_1}{\tau_2}\right)}{(L_2 - L_1)} \quad \text{mit} \quad \tau_1 = \frac{I_1}{I_0} \quad \text{und} \quad \tau_2 = \frac{I_2}{I_0} \tag{120}$$

Um thermische Spannungen bei den hohen Temperaturen zu vermeiden und damit der Zerstörung der Küvette während den Messungen im Spektrometer vorzubeugen wurde die Küvette aus einkristallinem Silizium integral gedreht. Somit wies die Küvette eine zylindrische und rotationssymmetrische Geometrie auf ($L_1 = 3.6$ cm, $L_2 = 1.6$ cm, $t = 1$ mm). Die integrale Fertigung einer rechteckigen, planen Küvette, als auch die Fertigung der Küvette aus lasergeschweißten Siliziumplatten ($t = 1$ mm) war nach Herstellerangaben aufgrund fehlender Werkzeuge und spröden und undichten Schweißnähten nicht realisierbar.

Bei der in Abbildung 75 gezeigten rotationssymmetrischen Messeinrichtung erschweren mehrere optische und physikalische Gegebenheiten die Messung des Extinktionskoeffizienten der Salzschmelze. Betrachtet man nur den Eintritt des Strahls in die leere Küvette, so wirkt die Küvette als Zerstreuungslinse und der Strahl wird aufgeweitet. Die Brennweite hängt dabei von den beiden Radien der Küvettenwandung ab (dünne Linse). Theoretisch könnte man aus Symmetriegründen erwarten, dass der Effekt durch den Austritt durch die gegenüberliegende Küvettenseite kompensiert wird. Je nach Aufweitung des Strahls ist der Strahlquerschnitt aber dann schon so groß, dass dies nicht mehr angenommen werden kann. Aufgrund der dann erhöhten Mehrfachreflexionen in der Küvette führt dies zu einem Signalverlust. Die Aufweitung ist deutlich stärker, wenn die Messung durch den kleinen Durchmesser der Küvette erfolgt. Inwiefern sich die unterschiedlichen Krümmungsradien der Küvette auf die Ergebnisse der Transmissionsmessungen auswirken, wurde mit Isopropanol und unter Zuhilfenahme von planen Quarzglasküvetten unterschiedlicher Durchdringlänge bei Raumtemperatur untersucht. Im Wellenlängenintervall, bei welchem sowohl die Küvette, als auch das Isopropanol ein ausreichend kleines Absorptionsmaß aufweisen, um bei beiden Durchdringlängen (L_1, L_2) einen transmittierten Strahlungsanteil zu detektieren, zeigten die ermittelten Absorptionsmaße gut übereinstimmende Werte auf.

Ein weiteres Problem besteht in der thermischen Hintergrundstrahlung der Messeinrichtung bei hohen Temperaturen, sowie im Aufbau des verwendeten Spektrometers (Equinox55 von Bruker-Optics). Dabei gelangt die thermische Ausstrahlung der Messeinrichtung durch ein Spiegelsystem zum Interferometer, wird zusammen mit dem ausgestrahlten Licht der Lichtquelle (Glober) moduliert und gelangt wieder in den Messbereich. Dadurch wird der modulierte thermische Strahlungsanteil zusammen mit dem Licht des Globers nach der Transmission detektiert. Dies führt einem niedrigen Signal-Rausch-Verhältnis zwischen dem Signal der Lichtquelle und der thermischen Hintergrundstrahlung. Dabei weist das Spiegelsystem zur Führung des Strahlengangs nach dem Glober und Interferometer einen Cube-Corner-Spiegel auf. Dieser hat die Eigenschaft, einfallende Strahlenanteile spiegelverkehrt zur Quelle zurück zu reflektieren (Katzenaugeneffekt). Durch die Halbierung der Apertur auf der Seite der Lichtquelle mit einer Halbblende kann der modulierte thermische Strahlungsanteil vor dem Wiedereintritt in den Messbereich blockiert werden. Um den Effekt der Halbblende auf die detektierte Hintergrundstrahlung zu untersuchen, wurde die Strahlungsintensität des Küvettenhalters bei 400°C mit und ohne Halbblende und ausgeschaltetem Glober gemessen. Durch die Halbblende kann die detektierte Strahlungsintensität der thermischen Hintergrundstrahlung um das 15-fache reduziert werden. Dabei nimmt die detektierte Strahlungsintensität der vom Glober ausgehenden Strahlung um die Hälfte ab.

Zunächst wurde die Küvette mit dem Küvettenhalter im Ofen auf 600°C aufgeheizt, in das Spektrometer gestellt und Referenzmessungen ohne Salzschmelze vorgenommen. Während der optischen Messungen erfolgte die Temperaturmessung mit einem Thermoelement und einem Datenlogger. Den Messtemperaturen zugeordnet wurden die Referenzmessungen (Hintergrundmessung) abgespeichert. Dabei enthielt die detektierte Strahlungsmessgröße das modulierte Licht der Lichtquelle nach der Transmission durch die Küvette mit Luft und die thermische Hintergrundstrahlung der Messeinrichtung, welche vom heißen Messequipment direkt in die Messapertur einfiel. Nachfolgend wurde die Salzschmelze in der Küvette geschmolzen und die Transmissivität der Salzschmelzenprobe gemessen (Probenmessung). Vor der Probenmessung bei der jeweiligen Temperatur (550°C bis 350°C in 50K Schritten) wurde die entsprechende abgespeicherte Referenzmessung geladen. Durch die Abkühlung des Messequipments während der Messdauer (ca. 30 s mit $\Delta T = 5$ bis 20 K) erfolgten die Hintergrundmessung und Probenmessung bei nicht exakt übereinstimmenden Temperaturen. Die aus den Messungen abgeleiteten wellenlängen- und temperaturabhängigen Extinktionskoeffizienten sind daher ungenau und quantitativ nicht aussagekräftig. Dennoch lassen die Messungen die qualitative Interpretation zu, dass die obere Absorptionsgrenze des LiCl-KCl Eutektikums nahe 10000 nm liegt, da der Extinktionskoeffizient in diesem Wellenlängenbereich stark zunimmt.

Für weiterführende Arbeiten wird empfohlen, den Küvettenhalter und somit sowohl die Küvette als auch die Probe elektrisch zu beheizen, um bei konstanten Temperaturen arbeiten zu können. Küvetten mit planen Flächen und konstanter Wandstärke können die Probleme durch Linseneffekte beseitigen. Hierfür sind Küvetten mit Sichtfenstern und Graphitdichtungen ebenfalls denkbar. Um auch bei niedrigen Wellenlängen Messungen ausführen zu können (bspw. zur Ermittlung der unteren Absorptionsgrenze), ist Silizium ungeeignet. Es ist zu beachten, dass die meisten Salzschmelzen mit Quarzgläsern reagieren und deren Transmissivität beeinträchtigen. Anstatt einer Halbblende kann die Verwendung eines Choppers ebenfalls zum Ziel führen, die thermische Hintergrundstrahlung bei der Messung herauszufiltern.

8.6 Turmhöhe, Windeinflüsse und freie Konvektion

Im Vergleich zum Bestrahlungskonzept des Receivers an der äußeren Mantelfläche wiesen Receiver mit nach unten geöffneter Apertur und der Bestrahlung auf der inneren Mantelfläche höhere kostenoptimale Türme auf. Erhöhte Turmkonstruktionen führen zu erhöhten bautechnischen Herausforderungen. In Abbildung 76 sind die Baukosten der höchsten Türme der Welt in Abhängigkeit ihrer Höhe gegenübergestellt.

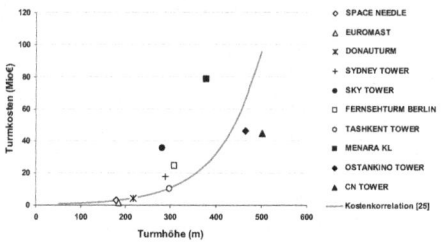

Abbildung 76 Höhenabhängige Turmkosten [33]

Eine weitere Herausforderung geht mit den Windeinflüssen einher, die mit der Turmhöhe zunehmen. Stärkere Windbelastungen führen zu Schwankbewegungen mit einer höheren Amplitude. Diese können aufgrund des bewegten Zielpunktes zu größeren Interceptverlusten führen. Die aerodynamische Formgebung der äußeren Receiverstruktur kann als Ansatz dienen, die Schwankbewegungen zu reduzieren.

Im Zusammenhang mit der Abschätzung der thermischen Verluste, die aus der freien Konvektion hervorgehen, wurde die verwendete Korrelation nach Paitoonsurikarn und Lovegrove [97] mit den Ergebnissen von instationären CFD-Simulationen verglichen. Das CFD-Modell weist dabei eine skalierte Geometrie der IDAR (Maßstab 1:10) auf. Die Bewegung der freien Oberfläche der Salzschmelze wurde mit beweglichen Wand-Randbedingungen, die eine konstante Wandtemperatur (500°C – 800°C) aufweisen, simuliert. In Abbildung 77 sind die Ergebnisse der CFD-Simulation mit der Korrelation nach Churchill und Chu [95] für die ebene Platte mit Wärmeabgabe nach unten und mit der Korrelation nach Paitoonsurikarn und Lovegrove [97] verglichen. Sowohl die mit der Froude-Zahl skalierte Fließbewegung nach unten, als auch die Rotationsbewegung des Films vergrößern die Konvektionsverluste nicht über das Maß der gewählten Korrelation (Paitoonsurikarn und Lovegrove) hinaus. Dies gilt jedoch nicht, wenn der Windeinfluss ebenfalls berücksichtigt wird.

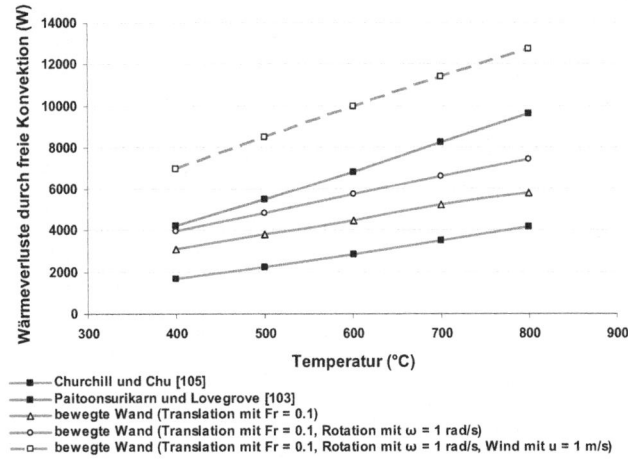

Abbildung 77   Vergleich der gewählten Korrelationen für die freie Konvektion mit den CFD-Simulationsergebnissen im Maßstab 1:10 des IDARs

Speziell für den IDAR bestehen die zusätzlichen Fragestellungen nach einem Windschutz in Aperturnähe und nach dessen geometrischer Ausgestaltung. Die Untersuchung von eingesetzten Gebläsen, die dem Windeinfluss entgegen wirken und eine Art „Luftfenster" ausbilden stellt neben anderen eine der konstruktiven Optionen dar. Andererseits kann die Erhöhung der Modulanzahl in Mehrturmsystemen zur Reduktion der Turmhöhe dienen.

8.7 Lagerung des Receivers und Filmführung

Wenn die Aperturfläche nach unten zeigt, durchkreuzt die Struktur zur Lagerung des Receivers den Strahlengang zwischen dem Heliostatenfeld und der Absorberstruktur. Dies erfordert eine besondere Ausführung der Receiverlagerung, um sowohl der Abschattung der Absorberstruktur, als auch der thermischen Belastung der Receiverlagerung, zu begegnen. Um eine Abschattung zu vermeiden, kann die Kombination aus Receiverlagerung und Heliostatenfeldaufteilung so ausgeführt sein, dass die reflektierte Strahlung die Apertur des Receivers ungehindert erreicht. Dies bedeutet, dass kein zusammenhängendes Rundumfeld realisiert wird, sondern die Segmente des Heliostatenfeldes keine Heliostate aufweisen, deren Strahlengang von der Lagerstruktur blockiert ist. Eine andere Option besteht darin, die Abschattung der Absorberstruktur zuzulassen. In diesem Fall ist die Lagerung möglichst dünn und mit wenigen Trägern auszuführen. Solche Träger sind dann vom Heliostatenfeld ebenfalls bestrahlt. Je weiter sich die bestrahlte Lagerstruktur von der Apertur befindet, desto geringer ist die Flussdichte, welche die Trägerstruktur trifft. Zur Lagerung des Receivers können mit Strahlungsschutz versehene Stahlträger dienen, an welchen die WTM Zu- und Abführleitungen montiert sind. Es ist ebenfalls denkbar, dass rohrförmige gebogene Stahlträger als Leitungen gleichzeitig die tragende Struktur darstellen. Je nach Ausgestaltung kann die Bestrahlung der Zu- und Abführleitungen zu einer geringfügigen Vorwärmung genutzt werden. In Abbildung 78 (links) ist beispielhaft die bogenförmige Lagerung des Receivers mit den Zu- und Abführleitungen skizziert. Dabei sind einzelne sich überlagernde Absorberplatten mit einem Fachwerksystem mit der Trägerstruktur verbunden. Wenn die Rotation des Receivers appliziert wird, ist anstatt eines Fachwerksystems eine zentrale und drehbare Lagerung erforderlich, die sich über dem Einlassbereich befinden kann.

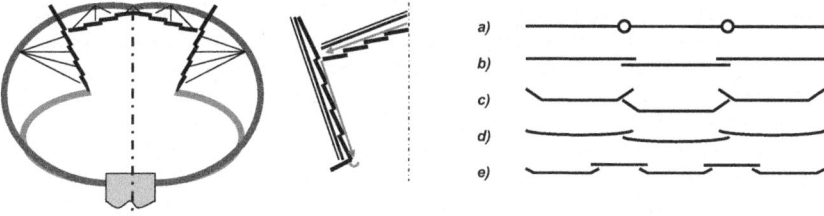

Abbildung 78   Lagerung des Receivers (links), überlagerte Absorberplatten (mittig), Anordnung über den Receiverumfang und Absorberplattengeometrie (rechts)

Die Ausführung der Filmführung mit einzelnen Absorberplatten vermeidet die Schwierigkeiten, die mit der Fertigung und Betrieb einer integralen Absorberstruktur einhergehen. Dabei ist darauf zu achten, dass das WTM den Absorberbereich zwischen den Platten nicht verlassen kann. Dies können miteinander verbundene (a) oder dachziegelartig angeordnete (b bis e) Absorberplatten verhindern. Bei angewendeter Rotation können die Absorberplatten spiralenförmig versetzt angeordnet sein. Vollständig bespülte rinnenförmige Kanalspuren können einerseits die Filmführung unterstützen und andererseits die effektive Absorberfläche vergrößern.

8.8 Verschmutzung des Wärmeträgermediums

Durch Staubpartikel oder Sand in Wüstenregionen kann das frei fließende WTM aufgrund einer offenen Apertur verschmutzt werden. Im Betrieb kann ein Gebläsesystem gleichzeitig die Windeinflüsse und damit die thermischen Verluste und auch den Eintrag an Partikeln minimieren. Beim Abfahrvorgang und in der Nacht kann ein am unteren Receiverrand angebrachtes bewegliches Strahlungsschutzelement, welches die Apertur vollständig oder teilweise schließt, den Receiver vor Verschmutzung schützen. Es ist denkbar, das bewegliche Strahlungsschutzelement so auszugestalten, dass es im Nominalbetrieb den Windschutz darstellt. Je nach Intensität der WTM Verschmutzung und der Resistenz gegenüber chemischen Interaktionen zwischen den Schmutzpartikeln und dem klaren WTM kann eine geringfügige Verschmutzung die optische Güte der Salzschmelze beeinträchtigen oder verbessern. Ist die Betriebsgüte durch Verschmutzung beeinträchtigt, kann das WTM bspw. in einem Filtersystem gereinigt werden.

8.9 Korrosion bzw. Materialpaarung

Unabhängig davon, ob Rohrreceiver oder direkt absorbierende Receiver mit Flüssigmetallen oder Flüssigsalzen gekühlt werden, sind korrosionsbeständige Materialpaarungen anzuwenden. Dies gilt ebenso für die Ausgestaltung der Leitungssysteme und Speichertanks. Zahlreiche in der Vergangenheit ausgeführte Arbeiten können Ansätze für die Auswahl geeigneter Materialpaarungen oder Korrosionsschutzschichten und für weiterführende Arbeiten auf diesem Themenkomplex bieten.

Flüssigmetalle:

Die Korrosionsbeständigkeit von austenitischen Stählen und Nickelbasislegierungen mit Natrium als Wärmeträger und bei Temperaturen von 500-750°C ist in [134] behandelt. Bis zur Temperaturgrenze von etwa 750°C weist Natrium eine ausgezeichnete Verträglichkeit mit hochwarmfesten austenitischen Stählen auf. In schnell strömendem Natrium von technisch guter Reinheit treten niedrige Korrosionsraten auf. Nickelbasislegierungen weisen eine etwas höhere Korrosionsempfindlichkeit als austenitische Stähle auf. Für Zinn als WTM eignen sich im Wesentlichen pure Metalle wie Chrom, Molybdän und Tungsten, da diese bei Hochtemperaturanwendungen bis 1100°C die höchste Korrosionsresistenz aufweisen [135]. Für das Blei-Wismut Eutektikum als WTM können mit Zirkonium beschichtete Cr-Mo Stähle zum Einsatz kommen [136].

Salzschmelzen:

Nickelbasislegierungen stellen gut verträgliche Materialpaarungen mit Alkalinitratsalzen dar [137]. Im Vergleich hinsichtlich der Korrosion von diversen Stählen und keramischen Werkstoffen mit LiF-NaF-KF (Fluoridsalz) und KCl-MgCl$_2$ (Chloridsalz) ruft das Chloridsalz geringere Korrosionsraten hervor. Die Nickelbasislegierung Incoloy® 800H wird vom Chloridsalz nur geringfügig angegriffen. Die Beschichtung von Keramikproben mit Siliziumkarbid (SiC) und pyrolytischem Kohlenstoff (CVD-Verfahren) erwies sich gegenüber beiden Salzschmelzen als ein sehr effektiver Schutz gegen Korrosion [138].

In weiterführenden Arbeiten ist zu bewerten, ob bei der technischen Ausführung unter den Bedingungen solarthermischer Anlagen ähnliche Ergebnisse erzielt werden können. Wie stark sich die Maßnahmen auf die Korrosion und auf die Lebensdauer der Bauteile und auf die Kosten auswirken, kann dann als eine Datenbasis für eine kostenoptimale Auslegung dienen.

8.10 Wärmeübertrager

Sind in solarthermischen Anlagen erhöhte Receivertemperaturen über 620°C angestrebt, können die hierfür anwendbaren WTM aus Kostengründen nicht als Speichermedium dienen [93]. Unter dieser Voraussetzung sind Wärmeübertrager zwischen dem WTM und dem Speichermedium erforderlich. Ist das Speichermedium ein Feststoff, kann das Speichersystem gleichzeitig den Wärmeübertrager darstellen [139]. Für Kombinationen aus Flüssigmetallen und

Flüssigsalzen können kompakte Wärmeübertrager dienen [140]. Für Hochtemperaturanwendungen sind hocheffiziente Direktkontaktwärmeübertrager ebenfalls denkbar [37, 141].

8.11 Thermische Speichertechnologie

Bislang wird Solar-Salt wegen dessen Kosten und sicheren Beständigkeit bis 565°C sowohl als WTM im Receiver, als auch als Speichermedium in Zwei-Tank-Speichern angewendet. Die obere Temperaturgrenze, bei welcher diese Salzmischung unter Standardatmosphäre ohne zusätzliche Maßnahmen verwendet werden kann, ist durch die temperaturabhängige Reaktionskinetik der Zersetzungsreaktionen bedingt. Die primäre Reaktion ist die partielle Zersetzung von Nitrat-Ionen (NO_3-) zu Nitrit Ionen (NO_2-) und Sauerstoff. Diese Reaktion findet langsam statt und ist vom Partialdruck des Sauerstoffes in der Atmosphäre, welche die Salzschmelze umgibt, limitiert. In einer sekundären Reaktion zerfallen bei erhöhten Temperaturen die Nitrat- und Nitrit-Ionen in verschiedene Oxid-Ion-Typen, wie Oxide, Peroxide, Hyperoxide und nitrose Gase. Als tertiäre Reaktion tritt die Bildung von Carbonaten aus atmosphärischem Kohlenstoffdioxid und den entstandenen Oxiden auf [45]. Diese Reaktionen wirken schädigend auf die Eigenschaften der Salzschmelze, da sie ihre Zusammensetzung verändern und sich somit bspw. die Schmelztemperatur erhöht oder die Wärmeleitfähigkeit so verändert, dass der Receiver nicht mehr sicher betrieben werden kann. Um diese Reaktionen zu hemmen, bestehen Ansätze den Sauerstoffpartialdruck im System zu erhöhen [137, 142]. Dazu könnte gegebenenfalls eine druckbeaufschlagte Schutzatmosphäre bestehend aus Sauerstoff verhelfen, wodurch das Reaktionsgleichgewicht der primären Reaktion so verändert wird, dass die Reaktionskinetik verlangsamt wird und sich somit nur noch sehr geringe Mengen Nitrit-Ionen bilden können. Durch die Schutzatmosphäre soll ebenso die Bildung der Carbonate unterbunden werden. Für diesen Ansatz ist es notwendig, die Kosten eines solchen Vorhabens abzuschätzen und die Machbarkeit zu überprüfen. Hinsichtlich der Machbarkeit bestehen Fragestellungen gegenüber der zu verwendenden Speicherwandmaterialien. Diese würden dann mit Sauerstoff interagieren und durch die hohen Temperaturen die Oxidation der Speicherwand begünstigten. Daher ist eine entsprechende Schutzschicht erforderlich, welche eingebracht wird oder sich selbst ausbildet und die weitere Oxidation der Speicherwand verhindert. Gegenüber den zusätzlichen Kosten steht offen, welcher Aufwand für einen eventuell druckbeaufschlagten Zwei-Tank-Speicher in Kauf genommen werden muss. Dies betrifft Maßnahmen, um die druckbeaufschlagte Schutzatmosphäre aufrecht zu erhalten, die erhöhte Speicherwanddicke aus Gründen der Druckbeaufschlagung und gegebenenfalls die erforderlichen Maßnahmen, wenn eine Schutzschicht eingebracht werden muss. Ebenso bestehen Ansätze, Flüssigmetalle wie Natrium, Zinn oder Blei-basierte Eutektika als WTM im Receiver zu verwenden. Während im Receiverkreislauf ein geringes Inventar dieser Medien erforderlich ist, würde die synergetische Verwendung von Flüssigmetallen als Speichermedium die Investitionskosten signifikant erhöhen. Um dieses Problem zu umgehen, besteht der wirtschaftliche Ansatz in der Aufstellung eines Finanzierungsplans, welcher nach der Betriebsdauer des Kraftwerkes den Verkauf des großen Inventars an dem entsprechenden Flüssigmetall auf dem Rohstoffmarkt berücksichtigt. Einen technischen Ansatz stellen kompatible Speichermedien wie Naturstein, Basalt, Grafit, Salzkeramiken oder gepresste Salze, wie bspw. NaCl dar. Die Anwendung von Rohrreceivern mit Flüssigmetall könnte hauptsächlich dann ihre Anwendung finden, wenn die Möglichkeiten zur Temperatursteigerung mit Solar-Salt ausgeschöpft sind. Um die Speicherkosten zu reduzieren bzw. die Erträge zu erhöhen, könnten kaskadierte Speichersysteme mit mehreren den Temperaturbereichen angepassten Speichermedien und / oder je nach Betriebszustand gleitende Systemtemperaturen innovative Ansätze darstellen.

8.12 Leistungsklasse überkritischer Dampfprozesse

Bei der Anhebung der Dampfprozessparameter spielt die Leistungsklasse eine wichtige Rolle. Im Gegensatz zu kleinen (15-20 MW_{el}) subkritischen Anlagen, die von Dampfturbinenherstellern kommerziell vertrieben werden, ist die mittelfristige Verfügbarkeit von kleinen Anlagen mit überkritischen Prozessparametern nicht absehbar. Dies hat unter anderem fertigungs- und strömungstechnische Gründe. Die Leistungsklasse und die mittelfristige kommerzielle Verfügbarkeit von USC-Dampfprozessen mit sehr hohen Prozessparametern bis 720°C und 350 bar kann derzeit ebenfalls nicht mit Sicherheit vorhergesagt werden. Bei der materialbezogenen Entwicklung stellen die Lebensdauer der Schweißverbindungen und die hohen Kosten der erforderlichen Nickel-Basis-Legierungen im großtechnischen Maßstab Probleme dar. Überkritische Dampfprozesse mit Prozessparametern von 600°C vor der Hochdruckturbine und 610°C vor den darauf folgenden Turbinenstufen und einem maximalem Dampfdruck von 300 bar werden dagegen ab einer Leistungsklasse von etwa 200 MW_{el} kommerziell vertrieben [127]. Aus diesen Fakten ergeben sich wesentliche Anforderungen an die Leistungsklasse des Heliostatenfeldes, des Receivers und an die Größe des thermischen Speichersystems. Bei einer kostenoptimalen Speicherkapazität von 15 h Volllastbetrieb ($SV \approx 3$) und einem thermischen Prozesswirkungsgrad von 48 % beträgt die erforderliche Wärmeleistung nach den Solarkomponenten rund 1250 MW_{th} am DP. Für diese Leistungsklassen ist die Konzentration der Solarstrahlung auf einen einzelnen Turm aufgrund der Größe des Heliostatenfeldes und der Turmhöhe suboptimal. Daraus ergibt sich die Notwendigkeit von Mehrturmsystemen und entsprechend langen Leitungssystemen zum zentralen Kraftwerksblock, sowie die Aufteilung des Speichersystems auf mehrere Einheiten, wie bspw. Speichertanks. Aus Kostengründen und aus Gründen der anfallenden thermischen Verluste, kann die Anordnung der Speichereinheiten nahe des Kraftwerksblocks oder nahe der Türme, je nach Ausführung des thermischen Speichersystems, des Wärmetransportsystems und Wahl des WTMs von Vorteil sein. Die Systematik der Heliostaten- und Turmmodulanordnung im Mehrturmsystem bzw. die Variation der Heliostatenzielpunkte auf unterschiedliche Türme, um so den Wirkungsgrad der Konzentration zu erhöhen, stehen ebenfalls mit der gewählten Leistungsklasse der Solarturmmodule im Zusammenhang.

8.13 Verwendete Dampfprozesse

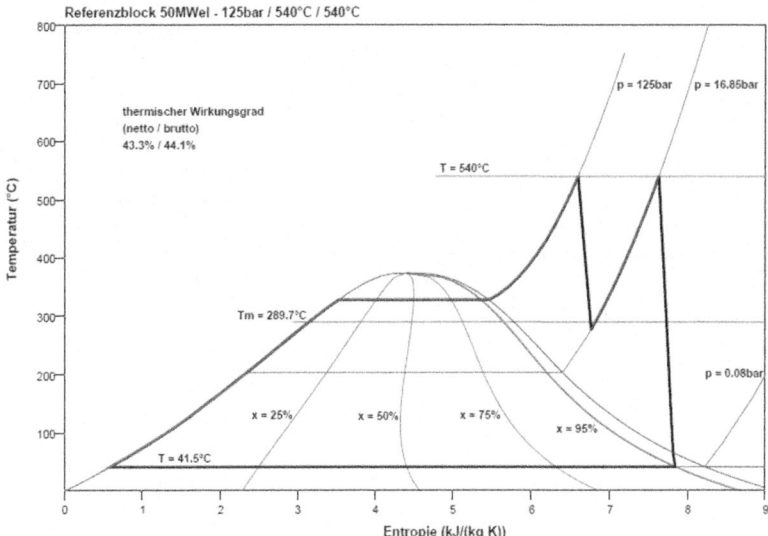

Abbildung 79   T,s-Diagramm des Kraftwerksblocks für die Solar-50-Anlage

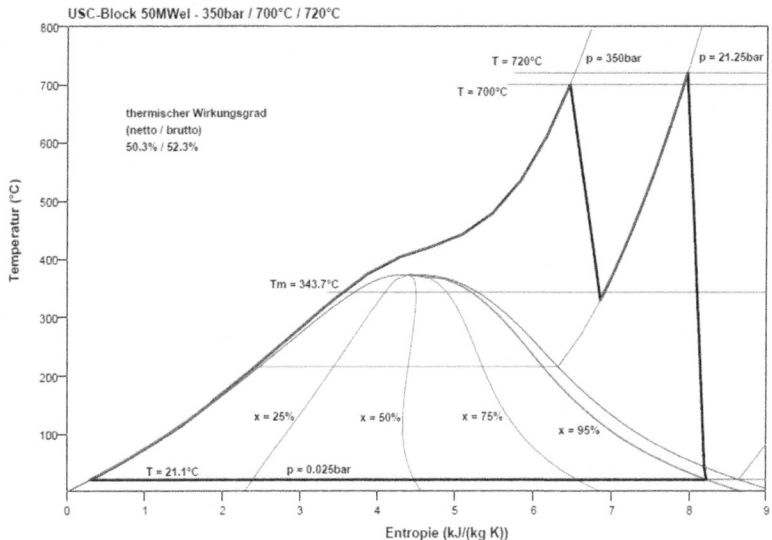

Abbildung 80   T,s-Diagramm des Kraftwerksblocks für die USC-Anlage

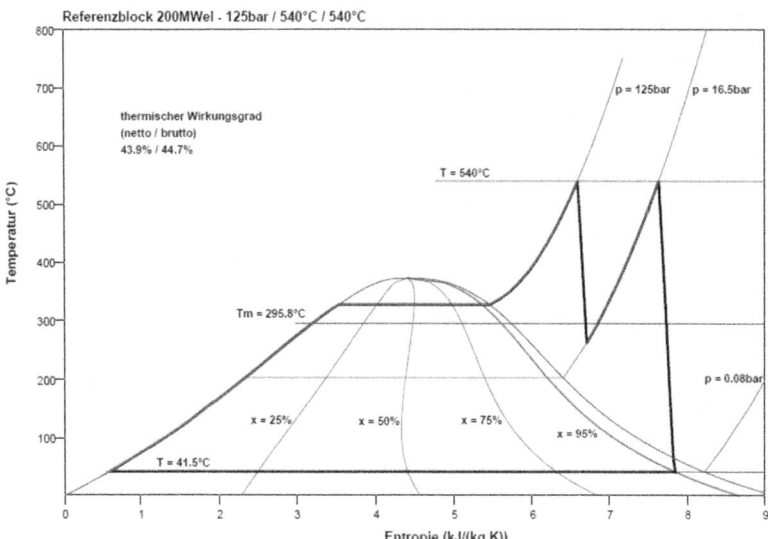

Abbildung 81   T,s-Diagramm des Kraftwerksblocks für die Solar-200-Anlage

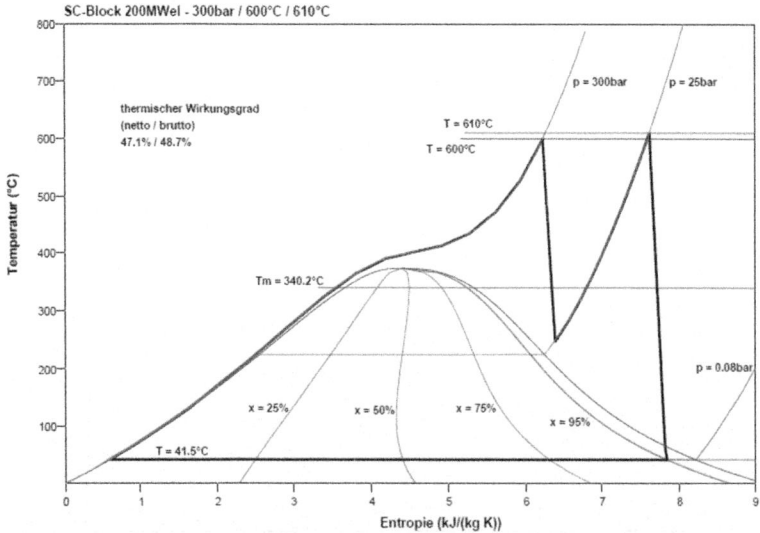

Abbildung 82 T,s-Diagramm des Kraftwerksblocks für die SC-Anlage

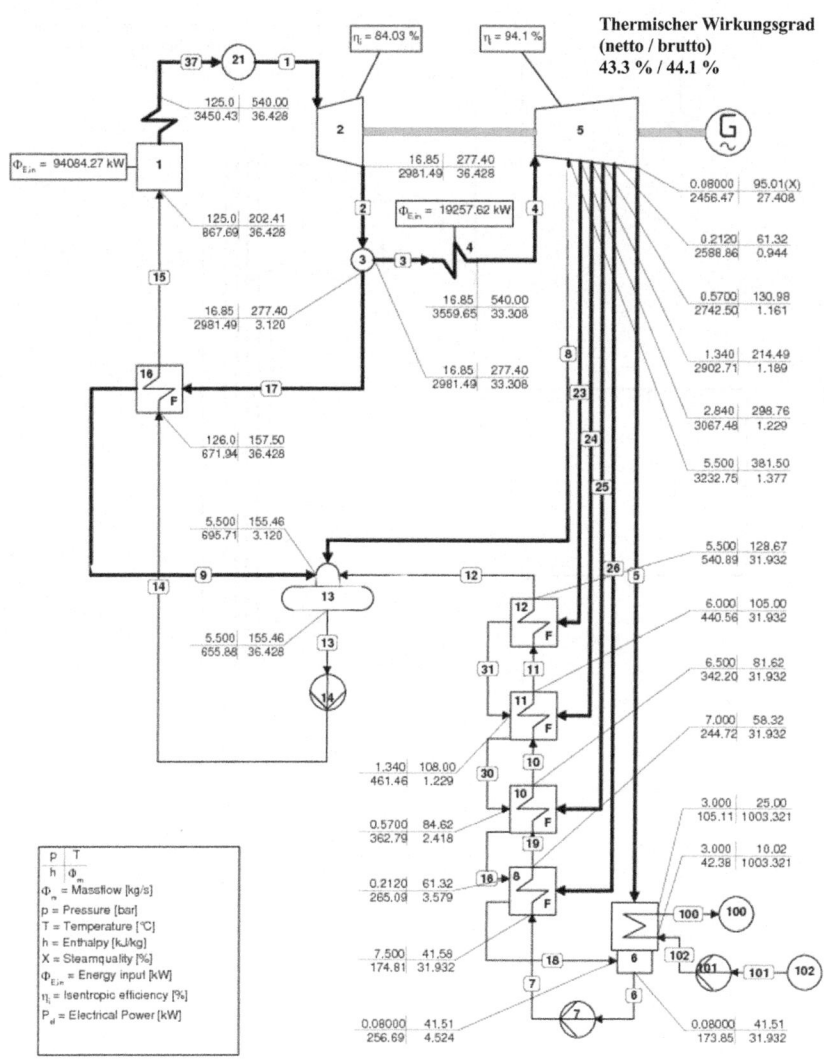

Referenzblock 50MWel - 125bar / 540 °C / 540 °C

Abbildung 83 Schaltbild des Kraftwerksblocks für die Solar-50-Anlage

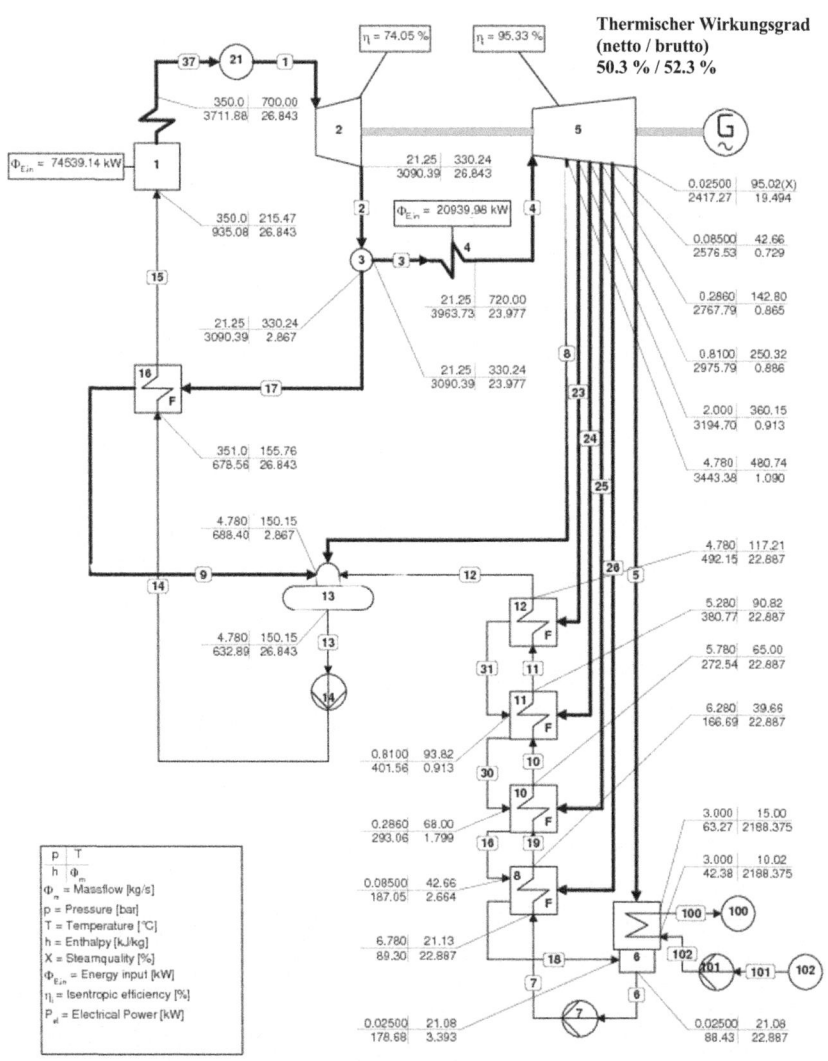

USC-Block 50MWel - 350bar / 700 °C / 720 °C

Abbildung 84 Schaltbild des Kraftwerksblocks für die USC-Anlage

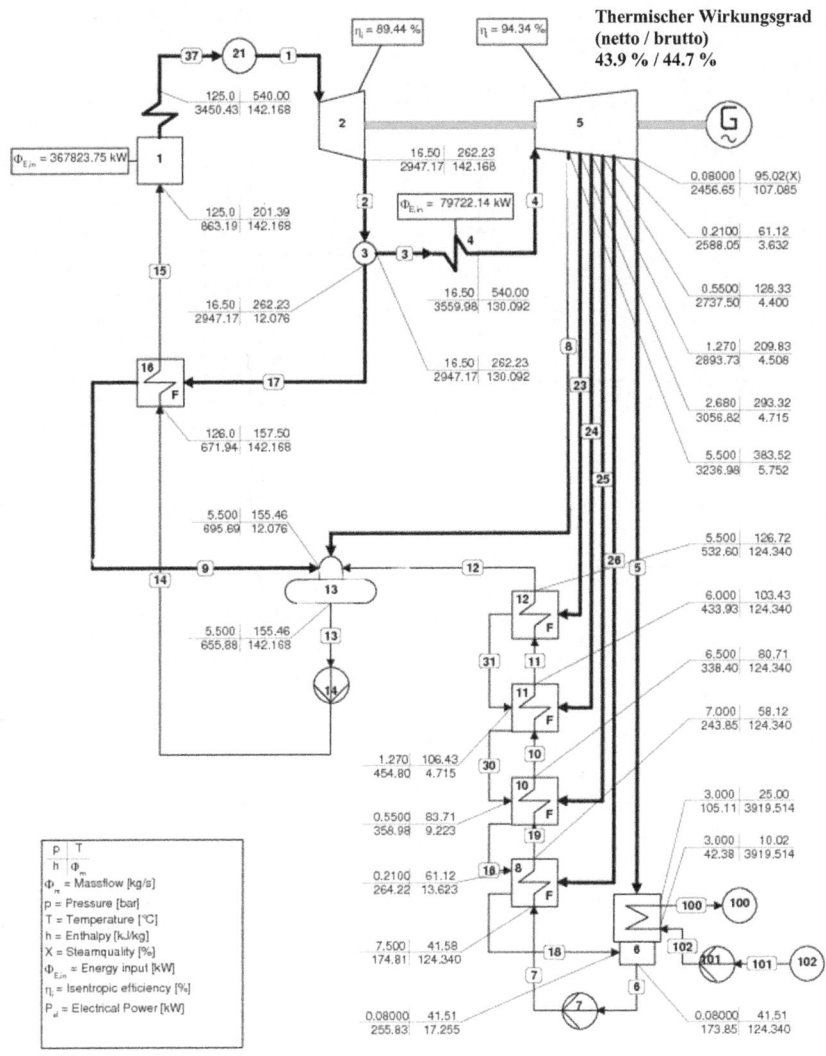

Referenzblock 200MWel - 125bar / 540°C / 540°C

Abbildung 85   Schaltbild des Kraftwerksblocks für die Solar-200-Anlage

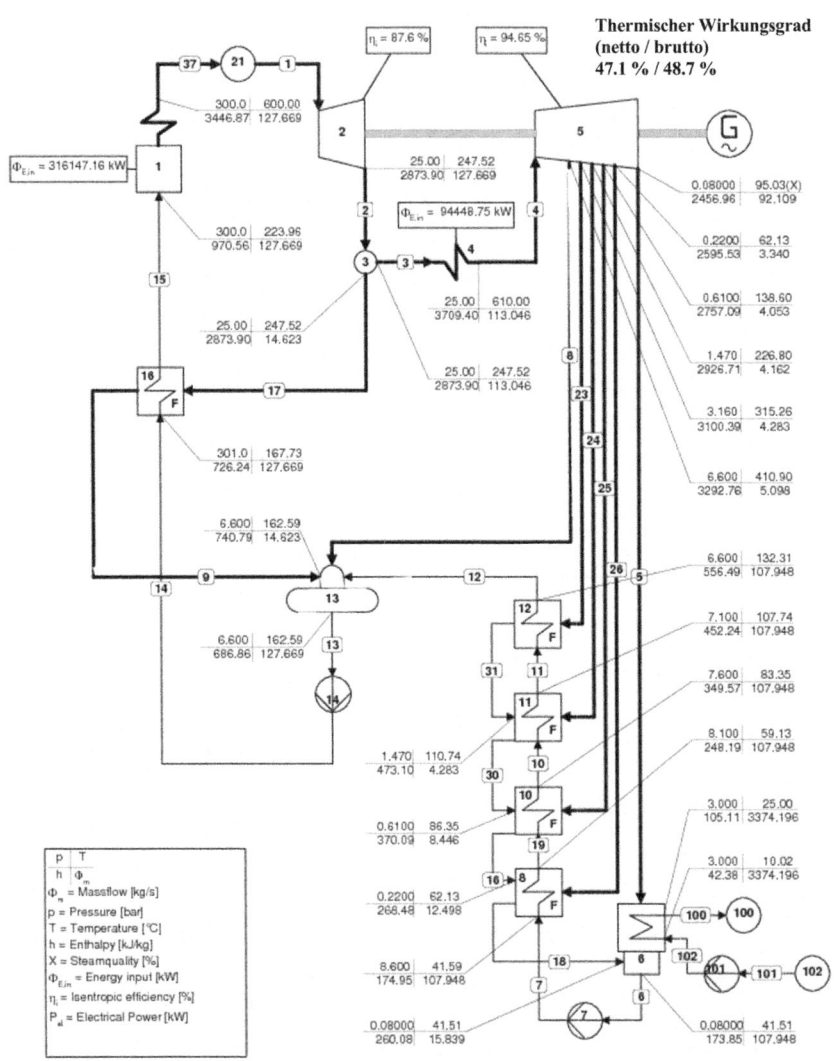

SC-Block 200MWel - 300bar / 600 °C / 610 °C

Abbildung 86 Schaltbild des Kraftwerksblocks für die SC-Anlage

8.14 Basislegende Demonstrations- und Testanlagen

8.14.1 Themis

Die solarthermische Testanlage Themis, welche sich in den südfranzösischen Pyrenäen befindet, entstand zwischen den Jahren 1979 und 1983. Während mehrerer Testphasen bis 1986 speiste die Solarturmanlage 2 MW$_{el}$ in das lokale Stromnetz ein. Der Standort Targassonne befindet sich 1600 m über dem Meeresspiegel, weshalb die Struktur aller Komponenten bis heute verstärkten wetterbedingten Belastungen, wie bspw. starken Winden und großen Schneehöhen ausgesetzt ist. Das Heliostatenfeld mit einer Gesamtspiegelfläche von 10800 m^2 bestand aus 200 Heliostaten mit jeweils 54 m^2 Spiegelfläche. Der geneigte Hohlraumreceiver des Systems war auf einem 100 m hohen Turm angebracht. Als WTM des Receivers und auch als Speichermedium wurde eine ternäre eutektische Salzschmelze eingesetzt (53 Gew.-% KNO$_3$, 40 Gew.-% NaNO$_2$, 7 Gew.-% NaNO$_3$). Diese wurde durch erzwungene Konvektion von 250°C auf 450°C erhitzt, indem es durch die bestrahlten Rohre des Receivers gepumpt wurde. Gespeist wurde der Receiver aus einem Speichersystem bestehend aus zwei Tanks mit einer Speicherkapazität von fünf Stunden Volllastbetrieb der Dampfturbine bei einer Wärmeabgabe von 8000 kW$_{th}$. Diese thermische Leistung benötigte der Dampferzeuger des Systems um mit dem angeschlossenen Dampfturbinengenerator und einem thermischen Wirkungsgrad von 27.5% eine elektrische Leistung von 2200 kW zu erzeugen. Der Gesamtwirkungsgrad der Anlage (Sonne zu Strom) erreichte 16%. Als zusätzliche Subsysteme enthielt das Gesamtsystem einen Sicherheits- und einen Puffertank [19, 148].

8.14.2 SSPS

Die SSPS-Testanlage (engl. Small Solar Power Systems) wurde zusammen mit der CESA-1-Testanlage (span. Central Termosolar de Almería) zwischen den Jahren 1980 und 1983 bei Almería in Spanien errichtet und ist als Testanlagenkomplex bis heute unter dem Namen Plataforma Solar de Almería bekannt. Sie diente ursprünglich zur Untersuchung und zum Vergleich linienfokusierender (Parabolrinnen) und punktfokusierender (Solarturm) Systeme zur solarthermischen Stromerzeugung. Hierfür wurden zwei Systeme mit einer Nennleistung von je 500 kW$_{el}$ aufgebaut. Das Heliostatenfeld der Solarturmanlage umfasste 93 Heliostate mit jeweils 39.3 m^2 Spiegelfläche. Die Heliostate wurden in einem symmetrischen Sektor von 84° Winkelöffnung nördlich des 43 m hohen Turmes positioniert. Es wurden zwei Rohrreceiver, ein offener Receiver und ein Cavity-Receiver getestet. Beide wurden mit flüssigem Natrium gekühlt. Der Konzentrationsfaktor des offenen Receivers betrug 469 und wies eine maximale Strahlungsdichte von 1.38 MW/m^2 auf. Bei einem Konzentrationsfaktor von 377 betrug die maximale Strahlungsdichte auf den Cavity-Receiver 0.6 MW/m^2. Die mittleren Strahlungsdichten zum Auslegungszeitpunkt wiesen 0.35 MW/m^2 (offener Receiver) bzw. 0.16 MW/m^2 (Cavity-Receiver) auf. Die Einlasstemperatur des flüssigen Natriums betrug 230°C, während die Auslasstemperatur bei 530°C lag. Das flüssige Natrium diente auch als Speichermedium [143]. Natrium eignet sich aufgrund seiner sehr guten Wärmeleitfähigkeit, spezifischen Wärmekapazität und Kosten als WTM in Rohrreceivern und auch als Speichermedium. Da Natrium jedoch sehr reaktionsaktiv ist, sind sehr hohe Sicherheitsstandards erforderlich, um solche Anlagen sicher betreiben zu können. Aus diesem Grund wurde die Verwendung von Natrium als WTM nicht weiter verfolgt.

8.14.3 MSEE

Das Projekt mit der Bezeichnung MSEE (engl. Molten Salt Electric Experiment) entstand am CRTF (engl. Central Receiver Test Facility) in Albuquerque, New Mexico, zwischen 1982 and 1985. Zu dieser Zeit war CRTF die größte Demonstrationsanlage in den Vereinigten Staaten und diente für Machbarkeitsstudien von Solarturmkraftwerken mit Nitratsalzschmelze. Der MSEE Rohrreceiver in einer Cavity und einer Auslegungsleistung von 5 MW$_{th}$ erhitzte die Nitratsalzschmelze (Solar-Salt) von 310°C auf 566°C. Mit der heißen Salzschmelze wurde der Dampferzeuger eines 750 kW$_{el}$ Dampfturbinenprozesses gespeist. Der längste Testbetrieb der Anlage dauerte 28 Tage. Die Ausbeute an solar erzeugtem Strom war jedoch aufgrund nicht optimierter Komponenten eher gering. Die angefertigten Berichte [144-147] dienten als Grundlage für das Solar-Two-Design.

8.15 Jahreserträge der Konzeptbewertung

Zur Ergänzung der Ergebnisse der in Teilabschnitt 3.8.3 (S.- 48 -) diskutierten Konzeptbewertung sind in Abbildung 87 die relativen Jahreserträge, bezogen auf das Referenzkonzept, unter der Annahme von USC-Dampfprozessen, miteinander verglichen. Analog erfolgt der Vergleich der relativen Jahreserträge für SC-Dampfprozesse in Abbildung 88. Zum Vergleich enthalten die Diagramme die relativen Jahreserträge des IDAR- und BDS-Konzepts, wenn diese, ebenso wie das Referenzkonzept, mit subkritischen Kraftwerksblöcken interagieren (graue Balken).

Die höchsten Potenziale für die Erhöhung der Jahreserträge zeigen für die getroffenen Annahmen Solarturmkonzepte mit USC-Dampfprozessen, welche für Rohrreceiver bis zu 17.6 % und für das IDAR 18.9 % betragen. Für Rohrreceiver werden diese mit dem Blei-Wismut Eutektikum bzw. Natrium als WTM erreicht, im IDAR erreicht die eutektische Salzschmelze LiCl-KCl höhere Erträge. Für IDAR mit einem subkritischen Dampfprozess kann eine Erhöhung des Jahresertrages um 6.6 %, für das BDS um 0.6 %, jeweils unter der Annahme einer optimalen Speicherkapazität ermittelt werden.

Die mittelfristig kommerziell verfügbaren überkritischen Dampfprozesse (SC) werden bei einer Leistungsklasse von 200 MW_{el} untersucht. Die Leistungsklasse führt dann zu einem Mehrturmsystem, welches aus vier Solar-50-Anlagen besteht. Beim Vergleich der SC-Anlagen mit Solar-200 sinkt das maximale Potenzial zur Erhöhung des Jahresertrages auf 12 % ab, jedoch weist dieses Potenzial unverändert das IDAR-Konzept mit angewendeter Chloridsalzschmelze auf. Während Natrium als sehr reaktionsfreudig und das Blei-Wismut Eutektikum als giftig angesehen werden kann, ist Zinn unter beiden Aspekten ein WTM, welches weniger Gefahren birgt und zur weiteren Untersuchung ausgewählt wurde. Wie in Anhang 8.11 näher erläutert, kommt für 620°C Auslasstemperatur von Rohrreceivern das Nitratsalz ebenfalls in Frage. Dabei werden die Ansätze einer druckbeaufschlagte Sauerstoffatmosphäre zur Erhöhung der Zersetzungstemperatur des Solar-Salts [137, 142] aus dem Blickwinkel des ökonomischen Potenzials betrachtet.

8.16 Sensitivitätsanalysen der Konzeptbewertung

Zur Ergänzung der Ergebnisse der in Teilabschnitt 3.8.3 (S.- 48 -) diskutierten Konzeptbewertung sind die Sensitivitätsanalysen der einzelnen Varianten mit dem höchsten Potenzial zur Kostenreduktion in Abbildung 89 für den Rohrreceiver (Nitratsalz, 620°C, SC-Dampfprozess) und in Abbildung 90 für das BDS (Chloridssalz, 620°C, SC-Dampfprozess) dargestellt.

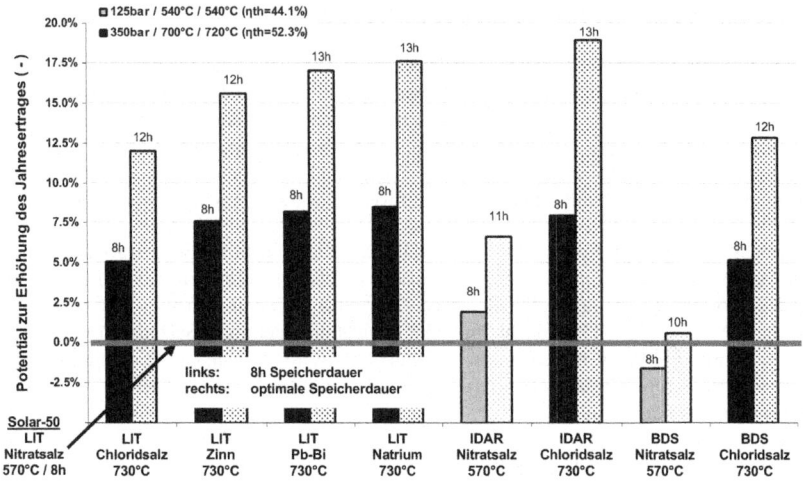

Abbildung 87 Vergleich der relativen, auf das Referenzkonzept bezogenen Jahreserträge für Solartürme mit LIT, IDAR und BDS bei unterschiedlichem WTM und USC-Dampfprozess

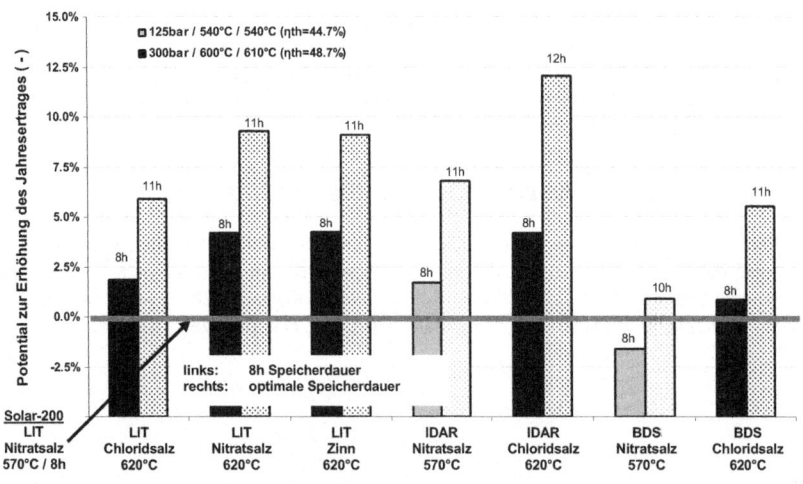

Abbildung 88 Vergleich der relativen, auf das Referenzkonzept bezogenen Jahreserträge für Solartürme mit LIT, IDAR und BDS bei unterschiedlichem WTM und SC-Dampfprozess

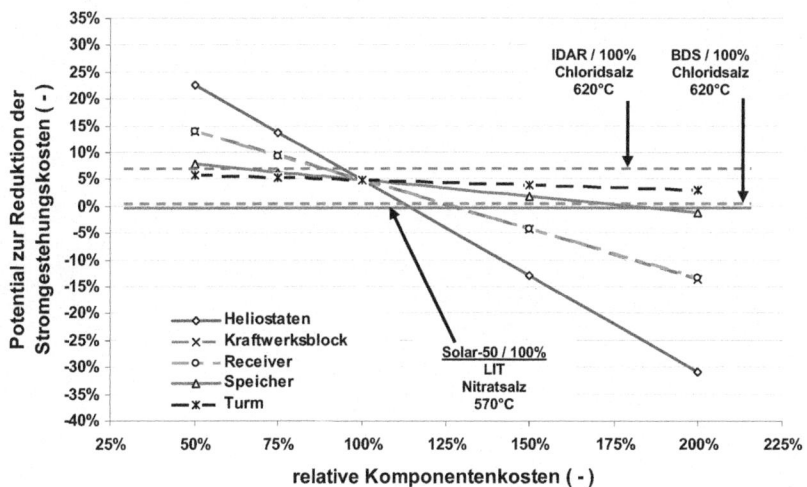

Abbildung 89   Sensitivitätsanalyse des LIT-Konzepts mit Nitratsalz und 620°C Auslasstemperatur
Hinweis: Receiver und Kraftwerksblock nehmen für LIT nahezu gleiche Werte an

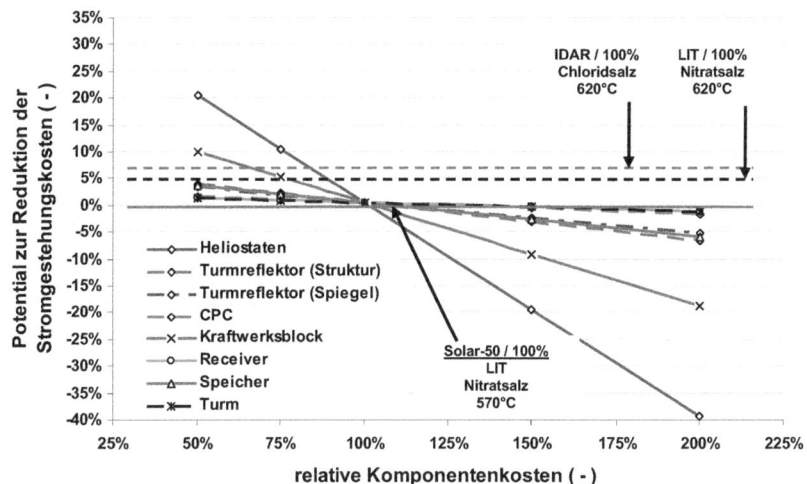

Abbildung 90   Sensitivitätsanalyse des BDS-Konzepts mit Chloridsalz und 620°C Auslasstemperatur / Hinweis: CPC, Receiver und Turm nehmen für BDS nahezu gleiche Werte an

9 Literaturverzeichnis

[1] UNITED NATIONS: *World Population Prospects: The 2008 Revision, Volume 1: Comprehensive Tables and Highlights.* Population and Development Review, New York, 2009.

[2] U.S. ENERGY INFORMATION ADMINISTRATION: *International Energy Outlook 2010.* Department of Energy, DOE/EIA-0484(2010), Washington, DC, USA, 2010.

[3] NITSCH, J. und TRIEB, F.: *Potenziale und Perspektiven regenerativer Energieträger.* Deutsches Zentrum für Luft- und Raumfahrt e.V. (DLR) im Auftrag des Büros für Technikfolgen-Abschätzung beim Deutschen Bundestag, Stuttgart, 2000.

[4] BADESCU, V.; BROOK CATHCART, R.; SCHUILING, R. D. und DU MARCHIE VAN VOORTHUYSEN, E.: *Large-scale concentrating solar power (CSP) technology, in: Macroengineering: a challenge for the future.* Springer-Verlag, Berlin, Heidleberg, New York, 2006.

[5] MEDRANO, M.; GIL, A.; MARTORELL, I.; POTAU, X. und CABEZA, L. F.: *State of the art on high-temperature thermal energy storage for power generation. Part 2--Case studies.* Renewable and Sustainable Energy Reviews, Vol. 14, 2009, S. 56-72.

[6] GIL, A.; MEDRANO, M.; MARTORELL, I.; LÁZARO, A.; DOLADO, P.; ZALBA, B. und CABEZA, L. F.: *State of the art on high temperature thermal energy storage for power generation. Part 1--Concepts, materials and modellization.* Renewable and Sustainable Energy Reviews, Vol. 14, 2009, S. 31-55.

[7] KLEEMANN, M. und MELIß, M.: *Regenerative Energien.* Springer-Verlag, Berlin, Heidleberg, New York, 1988.

[8] MEIER, A. und SATTLER, C.: *Solar Fuels from Concentrated Sunlight.* IEA SolarPACES Implementing Agreement, Tabernas, Spanien, 2009.

[9] NITSCH, J. und WENZEL, B.: *Langfristszenarien und Strategien für den Ausbau erneuerbarer Energien in Deutschland unter Berücksichtigung der europäischen und globalen Entwicklung - Leitszenario 2009.* Deutsches Zentrum für Luft- und Raumfahrt e.V. (DLR) im Auftrag des Bundesministeriums für Umwelt, Naturschutz und Reaktorsicherheit, Berlin, 2009.

[10] KNIES, G.; MÖLLER, U. und STRAUB, M.: *Clean Power from Deserts - The DESERTEC Concept for Energy, Water and Climate Security.* DESERTEC Foundation, Bonn, 2009.

[11] PITZ-PAAL, R.; DERSCH, J. und MILOW, B.: *European Concentrated Solar Thermal Road-Mapping.* Deutsches Zentrum für Luft- und Raumfahrt e. V. (DLR) im Auftrag der Europäischen Union, Contract SES6-CT-2003-502578, Köln, 2005.

[12] SARGENT & LUNDY LLC CONSULTING GROUP: *Assessment of Parabolic Trough and Power Tower Solar Technology Cost and Performance Forecasts.* National Renewable Energy Laboratory, NREL/SR-550-34440, SL-5641, Chicago, USA, 2003.

[13] SARGENT & LUNDY LLC CONSULTING GROUP: *Assessment of Parabolic Trough and Power Tower Solar Technology Cost and Performance Forecasts.* Sandia National Laboratories, SL-009682, Chicago, USA, 2008.

[14] HEINDL SERVER GMBH: *Solarthermie der Zukunft: Gemasolar, das Solarturm-Kraftwerk von Torresol Energy mit Flüssigsalz-Speicher.* http://www.solarserver.de, (abgerufen am: 21. Juni 2011).

[15] BEER, J. M.: *High efficiency electric power generation: The environmental role.* Progress in Energy and Combustion Science, Vol. 33, 2007, S. 107-134.

[16] BUGGE, J.; KJAER, S. und BLUM, R.: *High-efficiency coal-fired power plants development and perspectives.* Energy, Vol. 31, 2006, S. 1437-1445.

[17] QUASCHNING, V.: *Solarkraftwerke - Konzentration auf die Sonne.* Sonne Wind & Wärme, Bielefelder Verlag, Vol. 10-11, 2001, S. 74-78.

[18] GEYER, M.; LERCHENMÜLLER, H.; WITTWER, V.; HÄBERLE, A.; LÜPFERT, E.; HENNECKE, K.; SCHIEL, W. und BRAKMANN, G.: *Solarthermische Kraftwerke – Technologie und Perspektiven.* Proc. FVEE-Jahrestagung, 14.-15. Okt., Stuttgart, 2002.

[19] DROUOT, L. P. und HILLAIRET, M. J.: *The Themis Program and the 2500-KW Themis Solar Power Station at Targasonne.* Journal of Solar Energy Engineering, Vol. 106, 1984, S. 83-89.

[20] KOLB, G. J.; ALPERT, D. J. und LOPEZ, C. W.: *Insights from the operation of Solar One and their implications for future central receiver plants.* Solar Energy, Vol. 47, 1991, S. 39-47.

[21] REILLY, H. E. und KOLB, G. J.: *An Evaluation of Molten-Salt Power Towers Including Results of the Solar Two Project.* Sandia National Laboratories, SAND2001-3674, Albuquerque, USA, 2001.

[22] SPELLMANN, H.; MARTINEZ, L. F. und KARNICK, A.: *The CSP industry - An awakening giant.* Deutsche Bank AG, London, England, 2009.

[23] TRIEB, F.: *MED-CSP Concentrating Solar Power for the Mediterranean Region (Final Report).* Deutsches Zentrum für Luft- und Raumfahrt e.V. (DLR) im Auftrag des Bundesministeriums für Umwelt, Naturschutz und Reaktorsicherheit, Berlin, 2005.

[24] SCHMITZ, M.: *Systematischer Vergleich von solarthermischen Turmreflektor- und Turmreceiversystemen.* Dissertation, RWTH Aachen, VDI Fortschr.-Ber, Vol. 556., VDI Verlag, Düsseldorf, 2006.

[25] OSUNA, R.; FERNÁNDEZ-QUERO, V. und SÁNCHEZ, M.: *Plataforma Solar Sanlucar la Mayor: The Largest European Solar Power Site.* Proc. 14th Biennial SolarPACES Symposium, 4.-7. März, Las Vegas, USA, 2008.

[26] KOLB, G.; JONES, S.; LUMIA, R.; Davenport, R.; Thomas, R.; Gorman, D. und Donnelly, M.: *Heliostat cost reduction study.* Sandia National Laboratories, SAND2007-3293, Albuquerque, USA, 2007.

[27] RABL, A.: *Active Solar Collectors and their Applications.* Oxford University Press, New York, Oxford, 1985.

[28] HASUIKE, H.; YUASA, M.; WADA, H.; EZAWA, K.; OKU, K.; KAWAGUCHI, T.; MORI, N.; HAMAKAWA, W.; KANEKO, H. und TAMAURA, Y.: *Demonstration of Tokyo Tech Beam-Down*

Solar Concentration Power System in 100kW Pilot Plant. Proc. 15th Int. SolarPACES Symposium 15.-18. Sept., Berlin, 2009.

[29] DENK, T.: *Weiterentwicklung des optischen Designs von Sekundärkonzentratoren.* Deutsches Zentrum für Luft- und Raumfahrt e. V. (DLR), interner Bericht, 1999.

[30] SEGAL, A. und EPSTEIN, M.: *The optics of the solar tower reflector.* Solar Energy, Vol. 69, S. 229-241.

[31] DEUTSCHES ZENTRUM FÜR LUFT- UND RAUMFAHRT e. V. (DLR): *Bilder Energie.* http://www.dlr.de/media, (abgerufen am: 01. Aug. 2011).

[32] SANDIA NATIONAL LABORATORIES: *Applied Energy Database.* http://www.energylan.sandia.gov, (abgerufen am: 01. Aug. 2011).

[33] WORLD FEDERATION OF GREAT TOWERS: *The Towers.* http://www.great-towers.com/, (abgerufen am: 19. Jan. 2010).

[34] BERTOCCHI, R.; KARNI, J. und KRIBUS, A.: *A High Temperature Solar Particle Receiver.* Journal of Solar Energy Engineering, Vol. 126, 2004, S. 826-826.

[35] LATA, J. M.; RODRIGUEZ, M. und DE LARA, M. A.: *High Flux Central Receivers of Molten Salts for the New Generation of Commercial Stand-Alone Solar Power Plants.* Journal of Solar Energy Engineering, Vol. 130, 2008, S. 021002-5.

[36] ROMERO, M.; BUCK, R. und PACHECO, J. E.: *An Update on Solar Central Receiver Systems, Projects, and Technologies.* Journal of Solar Energy Engineering, Vol. 124, 2002, S. 98-108.

[37] SHAW, D.; BRUCKNER, A. P. und HERTZBERG, A.: *A new method of efficient heat transfer and storage at very high temperatures.* Proc. 15th Intersociety Energy Conversion Engineering Conference 18.-22. Aug., Seattle, Washington, 1980.

[38] CHAVEZ, J. M.; TYNER, C. E. und COUCH, W. A.: *Direct absorption receiver flow testing and evaluation.* Sandia National Laboratories, SAND-87-2875C, Albuquerque, USA, 1988.

[39] LEÓN, J.; SANCHEZ-GONZALEZ, M.; ROMERO, M.; SANCHEZ-JIMENEZ, M. UND BARRERA, G.: *Design and First Tests of an Advanced Salt Receiver Based on the Internal Film Concept.* Proc. 7th Int. Symposium on Solar Thermal Concentrating Technologies, 26.-30. Sept., Moskau, Russland, 1994.

[40] PACHECO, J. E.; BRADSHAW, R. W.; DAWSON, D. B.; DE LA ROSA, W.; GILBERT, R.; GOODS, S. H.; HALE, M. J.; JACOBS, P.; JONES, S. A.; KOLB, G. J.; PRAIRIE, M. R.; REILLY, H. E.; SHOWALTER, S. K. und VANT-HULL, L. L.: *Final Test and Evaluation Results from the Solar Two Project.* Sandia National Laboratories, SAND2002-0120, Albuquerque, USA, 2002.

[41] EVANS, G.: *Gas-Particle Flow Within a High Temperature Solar Cavity Receiver Including Radiation Heat Transfer.* Journal of Solar Energy Engineering, Vol. 109, 1987, S. 134-142.

[42] FALCONE, P. K.: *A handbook for solar central receiver design.* Sandia National Laboratories, SAND86-8009, Livermore, USA, 1986.

[43] SOLAR MILLENNIUM AG: *The parabolic trough power plants Andasol 1 to 3 - The largest solar power plants in the world - Technology premiere in Europe.* Erlangen, 2009.

[44] HERRMANN, U.; KELLY, B. und PRICE, H.: *Two-tank, Molten Salt Storage for Parabolic Trough Solar Power Plants.* Energy, Vol. 29, 2004, S. 883-893.

[45] BRADSHAW, R. W.; CORDARO, J. G. und SIEGEL, N. P.: *Molten Nitiate Salt Development for Solar Thermal Energy Storage in Parabolic Trough Solar Power Systems.* Proc. ASME 3rd International Conference of Energy Sustainability, 19.-23. Juli, San Fransisco, USA, 2009.

[46] HERRMANN, U. und KEARNEY, D. W.: *Survey of Thermal Energy Storage for Parabolic Trough Power Plants.* Journal of Solar Energy Engineering, Vol. 124, 2002, S. 145-152.

[47] PACHECO, J. E.; SHOWALTER, S. K. und KOLB, W. J.: *Development of a Molten-Salt Thermocline Thermal Storage System for Parabolic Trough Plants.* Journal of Solar Energy Engineering, Vol. 124, 2002, S. 153-159.

[48] PY, X.; CALVET, N. und OLIVES, R.: *Low-Cost Material for Sensible Heat Based Thermal Storage to be Used in Thermodynamic Solar Power Plants.* Proc. ASME 3rd International Conference of Energy Sustainability, 19.-23. Juli, San Fransisco, USA, 2009.

[49] TAMME, R.; STEINMANN, W.-D.; BUSCHLE, J.; BAUER, T. und CHRIST, M.: *Hochtemperatur-Latentwärmespeicher für Prozessdampf und solare Kraftwerkstechnik.* Tagungsband - Statusseminar Thermische Energiespeicherung, 2.-3. Nov. 2006, Freiburg, 2006.

[50] RWE POWER AG: *power:perspektiven 2005, Innovationen zur Klimavorsorge in der fossil gefeuerten Kraftwerkstechnik.* RWE Power AG, Essen, Köln, 2005.

[51] SURESH, M. V. J. J.; REDDY, K. S. und KOLAR, A. K.: *Energy and exergy analysis of thermal power plants based on advanced steam parameters.* Proc. 1st National Conference on Advances in Energy Research, 4.-5. Dez., Bombay, Indien, 2006.

[52] ANGELINO, G. und INVERNIZZI, C.: *Binary conversion cycles for concentrating solar power technology.* Solar Energy, Vol. 82, 2008, S. 637-647.

[53] HELLER, P.; PFÄNDER, M.; DENK, T.; TELLEZ, F.; VALVERDE, A.; FERNANDEZ, J. und RING, A.: *Test and evaluation of a solar powered gas turbine system.* Solar Energy, Vol. 80, 2006, S. 1225-1230.

[54] JEDAMSKI, J.: *Vorbereitende FuE zur Markteinführung solarer Gasturbinensysteme (FUTUR-Abschlussbericht)* Deutsches Zentrum für Luft- und Raumfahrt e. V. (DLR), Förderkennzeichen: 03UM0055 1.A., Stuttgart, 2010.

[55] KOLB, G.: *Development of a Control Algorithm for a Molten-Salt Solar Central Receiver in a Cylindrical Configuration.* Proc. ASME Solar Energy Conference, 5.-9. Apr., Maui, Hawaii, 1992.

[56] ZAVOICO, A. B.: *Solar Power Tower Design Basis Document.* Sandia National Laboratories, SAND2001-2100, Albuquerque, USA, 2001.

[57] BUCK, R.: *Massenstrom-Instabilitäten bei volumetrischen Receiver-Reaktoren.* Dissertation, Universität Stuttgart, VDI Fortschr.-Ber, Vol. 648., VDI Verlag, Düsseldorf, 2000.

[58] HELLER, P.: *Untersuchung zu Strahlungsempfängern von Solarturmkraftwerken.* Dissertation, RWTH Aachen, VDI Fortschr.-Ber, Vol. 488., VDI Verlag, Düsseldorf, 2002.

[59] HOFFSCHMIDT, B.: *Vergleichende Bewertung verschiedener Konzepte volumetrischer Strahlungsempfänger*. Dissertation, RWTH Aachen, DLR-Forschungsbericht 97-35, Köln, 1997.

[60] PITZ-PAAL, R.: *Entwicklung eines selektiven volumetrischen Receivers für Solarturmkraftwerke - Parameter-Untersuchungen und exergetische Bewertung*. Dissertation, Ruhr-Universität Bochum, DLR-Forschungsbericht 93-05, 1993

[61] KOLL, G.; SCHWARZBÖZL, P.; HENNECKE, K.; HARTZ, T.; SCHMITZ, M. und HOFFSCHMIDT, B.: *The Solar Tower Jülich - A Research and Demonstration Plant for Central Receiver Systems*. Proc. 15th Int. SolarPACES Symposium, 15.-18. Sept., Berlin, 2009.

[62] BUCK, R.; BRAUNING, T.; DENK, T.; PFANDER, M.; SCHWARZBOZL, P. und TELLEZ, F.: *Solar-Hybrid Gas Turbine-based Power Tower Systems (REFOS)*. Journal of Solar Energy Engineering, Vol. 124, 2002, S. 2-9.

[63] ORMAT; CIEMAT; DLR; SOLÚCAR und TUMA: *SOLGATE - Solar Hybrid Gas Turbine Electric Power System (Final Publishable Report)*. Forschungsprojekt im Auftrag der EU-Kommission, Contract ENK5-CT-2000-00333, Brussels, Belgien, 2004.

[64] BUCK R.; BIEHLER T. und HELLER P.: *Advanced volumetric reactor-receiver for solar methane reforming*. Proc. 6th IEA-Symposium on Solar Thermal Concentrating Technologies, 28. Sept. - 2. Okt., Almería, Spanien, 1992.

[65] HELLER, P.: *Optimization of windows for closed receivers and receiver-reactors: enhancement of optical performance*. Solar Energy Materials, Vol. 24, 1991, S. 720-724.

[66] RÖGER, M.: *Fensterkühlung für solare Hochtemperatur-Receiver*. Dissertation, Universität Stuttgart, VDI Fortschr.-Ber, Vol. 534., VDI Verlag, Düsseldorf, 2005.

[67] COPELAND, R. J.; LEACH, J. W. und STERN, G.: *High temperature molten salt solar thermal systems*. Proc. 17th Intersociety Energy Conversion Engineering Conference, 8.-12. Aug., Los Angeles, USA, 1982.

[68] GREEN, H. J.; BOHN, M. S. und CARASSO, M.: *Hydrodynamic, thermal, and radiative transfer behavior of molten salt films as applied to the direct absorption receiver concept*. Proc. 4th Int. Symposium on Research, Development and Applications of Solar Thermal Technology, 13. Juni, Santa Fe, USA, 1988.

[69] WU, S. F. und NARAYANAN, T. V.: *Commercial direct absorption receiver design studies*. Foster Wheeler Solar Development Corp., SAND-88-7038, Livingston, USA, 1988.

[70] WEBB, B. W. und VISKANTA, R.: *Analysis of Heat Transfer and Solar Radiation Absorption in an Irradiated Thin, Falling Molten Salt Film*. Journal of Solar Energy Engineering, Vol. 107, 1985, S. 113-119.

[71] NEWELL, T. A.; WANG, K. Y. und COPELAND, R. J.: *Falling film flow characteristics of the direct absorption receiver*. Solar Energy Research Institute, SERI/TR-252-2641, Golden, USA, 1986.

[72] PERSÖNLICHE KOMMUNIKATION: Gregory Kolb (Sandia National Laboratories), 21. Sept. 2009.

[73]   SIEGEL, N. P.; HO, C. K.; KHALSA, S. S. und KOLB, G. J.: *Development and Evaluation of a Prototype Solid Particle Receiver: On-Sun Testing and Model Validation*. Journal of Solar Energy Engineering, Vol. 132, 2010, S. 021008-8.

[74]   SINGER, CS.; GOBEREIT, B. und WU, W.: *Receiver mit direkt absorbierenden Medien für hohe Temperaturen*. Proc. 13. Kölner Sonnenkolloquium, 29. Juni, Köln, 2010.

[75]   EPSTEIN, M.; SEGAL, A. und YOGEV, A.: *A molten salt system with a ground base-integrated solar receiver storage tank*. J. Phys. IV France, Vol. 9, 1999, S. 95-104.

[76]   TAMAURA, Y.; HASUIKE, H.; YOSHIZAWA, Y. und SUZUKI, A.: *Study on design of molten salt solar receivers for beam-down solar concentrator*. Solar Energy, Vol. 80, 2006, S. 1255-1262.

[77]   TAMAURA, Y.; ISHIHARA, H.; UTAMURA, M.; YOSHIZAWA, Y.; TAKAMATSU, T. und HASUIKE, H.: *Sunlight heat collector, sunlight collecting reflection device, sunlight collecting system, and sunlight energy utilizing system*. Tokyo Institute of Technology, WO06/025449, 2005.

[78]   SOLÚCAR; INABENSA; FICHTNER; CIEMAT und DLR: *10 MW Solar Thermal Power Plant for Southern Spain (Final Technical Progress Report)*. Forschungsprojekt im Auftrag der EU-Kommission, Contract NNE5-1999-356, Brussels, Belgien, 2005.

[79]   MOHR, M.; SVOBODA, P. und UNGER, H.: *Praxis solarthermischer Kraftwerke*. Springer-Verlag, Berlin, Heidleberg, New York, 1999.

[80]   WIKIPEDIA: *List of solar thermal power stations*. http://en.wikipedia.org, (abgerufen am: 23. Feb. 2011).

[81]   LITWIN, R. Z.: *Receiver Systems: Lessons Learned From Solar Two*. Sandia National Laboratories, SAND2002-0084, Albuquerque, USA, 2002.

[82]   SIMTH, D. C.: *Design and optimization of tube-type receiver panels for molten salt application*. Proc. ASME Solar Energy Conference, 5.-9. Apr., Maui, Hawaii, 1992.

[83]   BURGALETA, J. I.; ARIAS, S. und SALBIDEGOITIA, I. B.: *Operative Advantages of a Central Tower Solar Plant with Thermal Storage System*. Proc. 15th Int. SolarPACES Symposium 15.-18. Sept., Berlin, 2009.

[84]   ORTEGA, J. I.; BURGALETA, J. I. und TELLEZ, F. M.: *Central Receiver System Solar Power Plant Using Molten Salt as Heat Transfer Fluid*. Journal of Solar Energy Engineering, Vol. 130, 2008, S. 024501-6.

[85]   AMSBECK, L.; DENK, T.; EBERT, M.; GERTIG, C.; HELLER, P.; HERRMAN, P.; JEDAMSKI, J.; JOHN, J.; TOBIAS, P. und REHN, J.: *Test of a Solar-Hybrid Microturbine System and Evaluation of Storage Development*. Proc. 16th Int. SolarPACES Symposium 21.-24. Sept., Perpignan, Frankreich, 2010.

[86]   SCHWARZBÖZL, P.; PITZ-PAAL, R. und SCHMITZ, M.: *Visual HFLCAL - A Software Tool for Layout and Optimisation of Heliostat Fields*. Proc. 15th Int. SolarPACES Symposium, 15.-18. Sept., Berlin, 2009.

[87] BUCK, R.: *Solar Power Raytracing Tool SPRAY*. Deutsches Zentrum für Luft- und Raumfahrt e. V. (DLR), User Manual -Version 2.6, Stuttgart, 2010.

[88] LEARY, P. L. und HANKINS, J. D.: *User's guide for MIRVAL: a computer code for comparing designs of heliostat-receiver optics for central receiver solar power plants*. Sandia National Laboratories, SAND-77-8280, Livermore, USA, 1979.

[89] REIMANN, M.: *Thermodynamik mit Mathcad*. Oldenburg Verlag, München, 2010.

[90] ANSYS INC.: *ANSYS CFX-Solver Theory Guide*. Release 12.1., Canonsburg, USA, 2009.

[91] VAN DER STELT, T. P.; WOUDSTRA, N. und COLONNA, P.: *Cycle-Tempo: a program for thermodynamic modeling and optimization of energy conversion systems*. Delft University of Technology, Delft, Niederlande, 1980–2006.

[92] PITZ-PAAL, R.; DERSCH, J.; MILOW, B.; TELLEZ, F.; FERRIERE, A.; LANGNICKEL, U.; STEINFELD, A.; KARNI, J.; ZARZA, E. und POPEL, O.: *Development Steps for Parabolic Trough Solar Power Technologies With Maximum Impact on Cost Reduction*. Journal of Solar Energy Engineering, Vol. 129, 2007, S. 371-377.

[93] SINGER, CS.; BUCK, R.; PITZ-PAAL, R. und MÜLLER-STEINHAGEN, H.: *Assessment of Solar Power Tower Driven Ultrasupercritical Steam Cycles Applying Tubular Central Receivers With Varied Heat Transfer Media*. Journal of Solar Energy Engineering, Vol. 132, 2010, S. 041010-12.

[94] MERKER, G. P.: *Konvektive Wärmeübertragung*. Springer-Verlag, Berlin, Heidleberg, New York, 1987.

[95] CHURCHILL, S. W.: *A Correlating Equation for almost Everything*. Etaner-Press, Thornton, 1982.

[96] CHUN, K. R. und SEBAN, R. A.: *Heat Transfer to Evaporating Liquid Films*. Journal of Heat Transfer, Vol. 93, 1971, S. 391-396.

[97] PAITOONSURIKARN, S. und LOVEGROVE, K.: *A new correlation for predicting the free convection loss from solar dish concentrating receivers*. Proc. 44th Conference of the Australia and New Zealand Solar Energy Society, 13.-15. Sept., Canberra, Australien, 2006.

[98] PETRASCH, J.; MEIER, F.; FRIESS, H. und STEINFELD, A.: *Tomography based determination of permeability, Dupuit-Forchheimer coefficient, and interfacial heat transfer coefficient in reticulate porous ceramics*. International Journal of Heat and Fluid Flow, Vol. 29, 2008, S. 315-326.

[99] DYSERT, L.: *Sharpen Your Cost Estimating Skills*. Cost Engineering, Vol. 45, 2003, S. 22-30.

[100] REDA, I. und ANDREAS, A.: *Solar position algorithm for solar radiation applications*. Solar Energy, Vol. 76, 2004, S. 577-589.

[101] PERSÖNLICHE KOMMUNIKATION: Peter Schwarzbözl (DLR), 7. Juni 2008.

[102] TAUMOEFOLAU, T.; PAITOONSURIKARN, S.; HUGHES, G. und LOVEGROVE, K.: *Experimental Investigation of Natural Convection Heat Loss From a Model Solar Concentrator Cavity Receiver*. Journal of Solar Energy Engineering, Vol. 126, 2004, S. 801-807.

[103] HIRT, C. W. und NICHOLS, B. D.: *Volume of fluid (VOF) method for the dynamics of free boundaries*. Journal of Computational Physics, Vol. 39, 1981, S. 201-225.

[104] KARAPANTSIOS, T. D. und KARABELAS, A. J.: *Longitudinal characteristics of wavy falling films*. International Journal of Multiphase Flow, Vol. 21, 1995, S. 119-127.

[105] DROTNING, W. D.: *Solar absorption properties of a high temperature direct-absorbing heat transfer fluid*. Proc. 7th Symposium on Thermophysical Properties, 10. Mai, Gaithersburg, USA, 1977.

[106] GRUEN, D. M. und MCBETH, R. L.: *Absorption Spectra of the II, III, IV and V Oxidation States of Vanadium in LiCl-KCl Eutectic. Octahedral-Tetrahedral Ttansformations of V(II) and V(III)l*. The Journal of Physical Chemistry, Vol. 66, 1962, S. 57-65.

[107] GRUEN, D. M.: *Fused Salt Spectrophotometry*. Quarterly Reviews, Chemical Society, Vol. 19, 1965, S. 349-368.

[108] HÖGLAUER, C.: *Untersuchung zu konvektiven Verlusten eines Hohlraumreceivers für hochkonzentrierte Solarstrahlung*. Diplomarbeit, Technische Universität München, DLR, Institut für Solarforschung, Stuttgart, 2009.

[109] BLANKE, W. und GRIGULL, U.: *Thermophysikalische Stoffgrößen*. Springer-Verlag, Berlin, Heidleberg, New York, 1989.

[110] BAEHR, H. D. und STEPHAN, K.: *Wärme- und Stoffübertragung*. 3. Aufl., Springer-Verlag, Berlin, Heidleberg, New York, 2004.

[111] HARTLEY, D. E. und MURGATROYD, W.: *Criteria for the break-up of thin liquid layers flowing isothermally over solid surfaces*. International Journal of Heat and Mass Transfer, Vol. 7, 1964, S. 1003-1015.

[112] HOFFMANN, A.: *Untersuchung mehrphasiger Filmströmungen unter Verwendung einer Volume-Of-Fluid-ähnlichen Methode*. Dissertation, Technische Universität Berlin, Fakultät III - Prozesswissenschaften, Institut für Prozess- und Anlagentechnik, Berlin, 2009.

[113] ZUBER, N. und STAUB, F. W.: *Stability of dry patches forming in liquid films flowing over heated surfaces*. International Journal of Heat and Mass Transfer, Vol. 9, 1966, S. 897-905.

[114] WOODMANSEE, D. E. und HANRATTY, T. J.: *Mechanism for the removal of droplets from a liquid surface by a parallel air flow*. Chemical Engineering Science, Vol. 24, 1969, S. 299-307.

[115] ISHII, M. und GROLMES, M. A.: *Inception criteria for droplet entrainment in two-phase concurrent film flow*. AIChE Journal, Vol. 21, 1975, S. 308-318.

[116] ISHII, M. und MISHIMA, K.: *Droplet entrainment correlation in annular two-phase flow*. International Journal of Heat and Mass Transfer, Vol. 32, 1989, S. 1835-1846.

[117] INUMARU, J.; OHTAKA, M. und WATANABE, H.: *Study on Droplet Entrainment of High-Viscosity Falling Liquid Film*. Journal of Fluid Science and Technology, Vol. 5, 2010, S. 169-179.

[118] WHITE, F. M.: *Viscous Fluid Flow*. 2. Aufl., McGraw-Hill, New York, 1991.

[119] SHISHKINA, O. und WAGNER, C.: *A fourth order accurate finite volume scheme for numerical simulations of turbulent Rayleigh-Bénard convection in cylindrical containers.* Comptes Rendus Mécanique, Vol. 333, 2005, S. 17-28.

[120] COOK, M. J.; ZITZMANN, T. und PFROMMER, P.: *Dynamic thermal building analysis with CFD - modelling radiation.* International Journal of Building Simulation, Vol. 1, 2008, S. 117-131.

[121] SLOCUM, A. H.; CODD, D. S.; BUONGIORNO, J.; FORSBERG, C.; MCKRELL, T.; NAVE, J.-C.; PAPANICOLAS, C. N.; GHOBEITY, A.; NOONE, C. J.; PASSERINI, S.; ROJAS, F. und MITSOS, A.: *Concentrated solar power on demand.* Solar Energy, Vol. 85, S. 1519-1529.

[122] Janz, G. J.; ALLEN, C. B.; BANSAL, N. P.; MURPHY, R. M. und TOMKINS, R. P. T.: *Physical properties data compilations relevant to energy storage. II. Molten salts: data on single and multi-component salt systems.* National Standard Reference Data System, NSRDS-NBS-61, OSTI ID: 6302819, Troy, USA, 1979.

[123] WILLIAMS, D. F.: *Assessment of Candidate Molten Salt Coolants for the NGNP/NHI Heat-Transfer Loop.* Oak Ridge National Laboratory, ORNL/TM-2006/69, Oak Ridge, USA, 2006.

[124] WILLIAMS, D. F.; TOTH, L. M. und CLARNO, K. T.: *Assessment of Candidate Molten Salt Coolants for the Advanced High-Temperature Reactor (AHTR).* Oak Ridge National Laboratory, ORNL/TM-2006/69, Oak Ridge, USA, 2006.

[125] LEÓN, J.; SÁNCHEZ, M. und PACHECO, J. E.: *Internal film receiver possibilities for the third generation of central receiver technology.* J. Phys. IV France, Vol. 9, 1999, S. 525-530.

[126] SOCHA, R. P.; LAAJALEHTO, K. und NOWAK, P.: *Influence of the surface properties of silicon carbide on the process of SiC particles codeposition with nickel.* Colloids and Surfaces A: Physicochemical and Engineering Aspects, Vol. 208, 2002, S. 267-275.

[127] ANSALDO ENERGIA: *Steam Turbines.* Genua, Italien, 2008.

[128] PERSÖNLICHE KOMMUNIKATION: David Pollard (Alstom), 9. Nov. 2007.

[129] HUR, J. M.; JEONG, S. M. und LEE, H.: *Molten Salt Vaporization During Electrolytic Reduction.* Nuclear Engineering and Technology, Vol. 42, S. 73-78.

[130] KUTATELADZE, S. S.: *Liquid-metal heat transfer media.* 2. Aufl., Consultants Bureau Enterprises, Chapman & Hall, New York, 1959.

[131] LONDON METAL EXCHANGE: *Tin price graph.* http://www.lme.com/, (abgerufen am: 23. Juli 2007).

[132] PERSÖNLICHE KOMMUNIKATION: Reiner Buck (DLR), 08. Dez. 2009

[133] FAZLUDDIN, S.; SMIT, K. und SLABBER, J.: *The use of advanced materials in VHTR's.* Proc. 2nd Int. Top. Meet. High. Temp. React. Technol., 22.-24. Sept., Beijing, China, 2004.

[134] BORGSTEDT, H. U. und FREES, G.: *Natrium als flüssiger Wärmeträger bei Temperaturen von 500–750°C.* Materials and Corrosion, Vol. 38, 1987, S. 732-737.

[135] PETROVA, A. R.; KAUFMAN, V. G.; VDOVINA, L. M. und SHAKHNES, Y. A.: *The selection of materials resistant to molten tin at high temperatures.* Metal Science and Heat Treatment, Vol. 11, 1969, S. 819-821.

[136] PARK, J. J.; BUTT, D. P. und BEARD, C. A.: *Review of liquid metal corrosion issues for potential containment materials for liquid lead and lead-bismuth eutectic spallation targets as a neutron source.* Nuclear Engineering and Design, Vol. 196, 2000, S. 315-325.

[137] BRADSHAW, R. W. und GOODS, S. H.: *Accelerated Corrosion Testing of a Nickel-Base Alloy in a Molten Salt.* Sandia National Laboratories, SAND2001-8758, Livermore, USA, 2002.

[138] OLSON, L. C.: *Materials corrosion in molten lithium fluoride-sodium fluoride-potassium fluoride eutectic salt.* Dissertation, University of Wisconsin, ProQuest Doc.-ID: 1982954291, Madison, USA, 2009.

[139] PY, X.; CALVET, N.; OLIVES, R.; ECHEGUT, P.; BESSADA, C. und JAY, F.: *Thermal storage for solar power plants based on low cost recycled material.* Proc. 11th International Conference on Thermal Energy Storage, 14.-17. Juni Stockholm, Schweden, 2009.

[140] MACPHERSON, R. E.; AMOS, J. C. und SAVAGE, H. W.: *Development Testing of Liquid Metal and Molten Salt Heat Exchangers.* Nuclear Sci. and Eng., Vol. 8, 1960, S. 14-20.

[141] KREITH, F. und BOEHM, R.: *Direct contact heat transfer.* Springer-Verlag, Berlin, Heidelberg, New York, 1988.

[142] FORSBERG, C. W.; PETERSON, P. F. und ZHAO, H.: *High-Temperature Liquid-Fluoride-Salt Closed-Brayton-Cycle Solar Power Towers.* Journal of Solar Energy Engineering, Vol. 129, 2007, S. 141-146.

[143] WETTERMARK, G.: *Performance of the SSPS Solar Power Plants at Almeria.* Journal of Solar Energy Engineering, Vol. 110, 1988, S. 235-247.

[144] ALLMAN, W. A.; SMITH, D. C. und KAKARALA, C. R.: *The Design and Testing of a Molten Salt Steam Generator for Solar Application.* Journal of Solar Energy Engineering, Vol. 110, 1988, S. 38-44.

[145] DELAMETER, W. R. und BERGAN, N. E.: *Review of the Molten Salt Electric Experiment: A solar central receiver project.* Sandia National Laboratories, SAND-86-8249, Livermore, USA, 1986.

[146] MARTIN MARIETTA AEROSPACE: *Molten Salt Electric Experiment (MSEE).* Sandia National Laboratories, SAND85-8175 (Vol. I - III), Denver, USA, 1985.

[147] MOELLER, C. E. und TRACEY, T. R.: *Molten Salt Electric Experiment at CRTF.* Journal of Energy Engineering, Vol. 112, 1986, S. 51-70.

[148] ETIÉVANT, C.; AMRI, A.; IZYAGON, M. und TEDJIZA, B.: *Central Receiver Plant Evaluation.* Sandia National Laboratories, SAND-88-8102, Albuquerque, USA, 1988

The manufacturer's authorised representative in the EU is Springer
Nature Customer Service Centre GmbH, Europaplatz 3, 69115 Heidelberg,
Germany. If you have any concerns regarding our products, please
contact ProductSafety@springernature.com

Printed and bound by CPI Group (UK) Ltd, Croydon, CR0 4YY
20/04/2026
02093307-0001